2013

退耕还林工程

生态效益监测国家报告

■ 国家林业局

中国林业出版社

图书在版编目（CIP）数据

2013退耕还林工程生态效益监测国家报告 / 国家林业局编著. —北京：中国林业出版社，2014.3
ISBN 978-7-5038-7417-8

Ⅰ. ①2… Ⅱ. ①国… Ⅲ. ①退耕还林－生态效应－监测－研究报告－中国－2013 Ⅳ. ①S718.56

中国版本图书馆CIP数据核字（2014）第048055号

责任编辑 刘家玲 李菁 张锴

出版发行 中国林业出版社（100009 北京市西城区德内大街刘海胡同7号）
电话：(010)83225836
http://lycb.forestry.gov.cn

制 版 北京美光设计制版有限公司
印 刷 北京中科印刷有限公司
版 次 2014年3月第1版
印 次 2014年3月第1次
开 本 889mm×1194mm 1/16
印 张 14.25
字 数 260千字
定 价 120.00元

《退耕还林工程生态效益监测国家报告（2013）》编辑委员会

技术支持专家

刘春江	上海交通大学教授
Jan Mulder	挪威科学院院士、挪威生命科学大学
邹晓明	美国波多黎各大学教授
Peter Dörsch	挪威生命科学大学教授
王玉杰	北京林业大学教授
Pekka E. Kauppi	芬兰赫尔辛基大学教授
吴连海	英国洛桑研究所洛桑试验站教授
Jannes Stolte	挪威农业与环境研究所研究员
姜好相	韩国首尔大学教授
Bourque Charles	加拿大纽布伦斯威克大学教授
Mozafa Shirvani	德国近自然林业协会会长

项目名称

退耕还林工程生态效益监测国家报告（2013）

项目主管单位

国家林业局退耕还林（草）工程管理中心

项目实施单位

中国林业科学研究院

北京市农林科学院

项目合作单位

河北省林业厅退耕还林工程管理办公室

辽宁省退耕还林工程中心

湖北省退耕还林管理办公室

湖南省退耕还林办公室

云南省林业厅退耕还林办公室

甘肃省退耕还林工程建设办公室

特别提示

本次评估主要依据以下条件完成的：

1. 国家林业局《退耕还林工程生态效益监测评估技术标准与管理规范》（办退字〔2013〕16号）；
2. 以全国退耕还林工程资源清查数据（1999～2013年）、12个退耕还林工程生态效益专项监测站的生态连清数据为主，以中国森林生态系统定位观测研究网络（CFERN）的生态连清数据为辅；
3. 中华人民共和国林业行业标准《森林生态系统长期定位观测方法》（LY/T 1952-2011）；
4. 中华人民共和国林业行业标准《森林生态系统服务功能评估规范》（LY/T 1721-2008）；
5. 本次评估仅限于退耕还林工程6项生态服务功能（涵养水源、保育土壤、固碳释氧、林木积累营养物质、净化大气环境、生物多样性保护）的评估；
6. 本次评估（2013年）主要选取了退耕还林工程6个重点监测省份（河北省、辽宁省、湖北省、湖南省、云南省、甘肃省）的703个区县、保护区、林场等进行了分析研究；
7. 本次退耕还林工程不同林种类型生态效益评估中不涉及竹林和退耕还草；
8. 本次评估中所涉及的价格参数均以2013年作为价格基准年。

序

退耕还林是我国实施自然生态系统修复的标志性工程，突出特点是政策性强、投资量大、涉及面广、群众参与度高、综合效益明显。截至2013年年底，国家共下达退耕还林工程营造林任务44728.7万亩，其中退耕地还林13896.2万亩，宜林荒山荒地造林26182.5万亩，封山育林4650.0万亩[①]，国家累计投资3541亿元，全国25个工程省区和新疆生产建设兵团的2279个县、1.24亿农民直接从工程建设中得到实实在在的利益。实践充分表明，实施退耕还林工程对于推进生态文明和美丽中国建设具有重大意义，在工程区产业结构调整、生产方式转变和农民脱贫致富等方面发挥了重要作用，被誉为功在当代、荫及子孙的德政工程。

党的十八届三中全会通过的《中共中央关于全面深化改革若干重大问题的决定》明确提出："建设生态文明，必须建立系统完整的生态文明制度体系"，生态文明制度体系建设包括健全自然资源资产产权制度和用途管制制度，建立空间规划体系，划定生产、生活、生态空间开发管制界限；完善自然资源监管体制，行使所有国土空间用途管制职责；划定生态保护红线，建立资源环境承载能力监测预警机制，对水土资源、环境容量和海洋资源超载区域实行限制性措施；建立生态环境损害责任追究制；实行资源有偿使用制度和生态补偿制度；加快自然资源及其产品价格改革，全面反映市场供求、资源稀缺程度、生态环境损害成本和修复效益。贯彻落实《决定》做出的一系列部署要求，无一不需要加强重大生态工程绩效监测评估，无一不需要用科学的监测评估数据做支撑。从林业重点生态工程建设管理的实际需求来看，开展绩效监测评估，不仅是深化工程管理，实现管理精细化、科学化的迫切需要，也是调整完善工程政策、建立工程实施反馈机制、修正机制的迫切需要；不仅是加强干部考核，建立考核评估体系的客观要求，也是坚持"用数字说话"，向人民"报账"、"交卷"的客观要求。同时，这也是提升林业治理能力、实现林业治理能力现代化的必由之路。

完整的工程管理必然要求完整的绩效评估。林业重点生态工程绩效监测评估，既包括工程效益监测评估，又包括工作成绩监测评估；工程效益监测评估既包括生态效益监测评估，又包括经济、社会效益监测评估。生态效益监测评估既包括实物量的监测评估，又包括价值量的监测评估。做好林业重点生态工程绩效监测评估，必须不断增强监测评估工作的科学性和权威性，找准方法和尺度，重点是在完整性、科学性、针对性上下工夫，以尽快建立全面系统的监测评估体系，全面涵盖退耕还林、天然林

① 1亩=1/15公顷，下同。

保护、防沙治沙、湿地保护、各项防护林建设、平原绿化等所有重点生态工程，并在具体工作中坚持统分结合、分合相济，既有每项工程绩效监测评估都需要的共性平台，又有符合各项工程管理要求的个性安排。监测评估体系建设要做到统一规划、统一建设、统一管理、统一规范、统一标准，资源整合，数据共享。要不断完善监测评估的技术指标体系和组织管理体系；努力拓展监测评估工作的深度和精度，注意连续性和可比性，讲求规范化和系统化。要切实增强监测评估工作的目的性、实用性，着力解决工程管理中的实际问题。各有关部门要密切配合，通力协作，力争在软硬件条件上给予保障。监测评估结果，要加强宣传运用，以用促建，以建促用。

开展退耕还林工程生态效益监测评估，是建立健全林业重点生态工程绩效评估体系的一项重要探索，是我国林业重点生态工程绩效评估的重要突破，监测评估成果对于各级林业部门进一步强化退耕还林工程管理、统筹谋划好新一轮退耕还林工作具有十分重要的指导作用，也很好地回应了国际社会和国内上下对退耕还林工程的关切。《退耕还林工程生态效益监测国家报告（2013）》以其与退耕还林实际工作结合的严密性、技术方法的先进性、监测评估结果的科学性，必将受到各级林业部门特别是退耕还林工程管理机构的高度重视，成为重点生态工程决策人和广大林业工作者的重要参考书。

张永利

2014年1月21日

前 言

退耕还林实施14年来，在党中央、国务院的正确领导下，通过各级党委政府和工程区干部群众的共同努力，工程建设取得了显著成效。实践证明，实施退耕还林工程，对于提高森林覆盖率、保育土壤和肥力、减少风沙危害、涵养水源、增加生物量和碳储存、丰富生物多样性、增加农民收入、促进地方经济发展等具有重大作用，退耕还林工程因此被誉为功在当代、荫及子孙的德政工程，已经成为我国生态文明建设和实施自然生态系统修复的标志性工程。

绩效监测评估是工程建设与管理的重要基础性工作。为不断提升退耕还林工程管理的科学化、精细化水平，健全和完善工程建设绩效评估、经验推广、问题反馈的体制机制，自2012年起，国家林业局退耕还林（草）工程管理中心组织就开展退耕还林工程生态效益监测工作进行了深入调查研究，制定并印发了《退耕还林工程生态效益监测评估技术标准与管理规范》，把退耕还林生态效益监测评估纳入林业生态服务功能和生态定位站研究整体工作中，按照统一规划、统一建设、统一管理、统一规范、统一标准的“五个统一”的总要求，充分发挥科研院所和基层工程管理主管单位的作用，全力构建退耕还林工程生态效益监测评估的技术标准体系和组织管理体系，积极争取有效解决相关资金项目问题，在此基础上，依托国家林业局森林生态系统定位观测研究网络中心，2013年启动了河北、辽宁、湖北、湖南、云南、甘肃6个重点省份退耕还林工程生态效益监测评估工作，从物质量和价值量对6个省退耕还林工程生态效益进行了监测评估。监测评估工作由国家林业局退耕还林（草）工程管理中心组织，中国林业科学研究院（国家林业局森林生态系统定位观测研究网络中心）和北京市农林科学院负责技术指导、数据汇总分析及监测评估报告的编写，河北、辽宁、湖北、湖南、云南、甘肃6个省退耕办及相关科技支撑单位负责数据采集。

《退耕还林工程生态效益监测国家报告（2013）》（以下简称《报告》）在技术标准上，严格遵照《退耕还林工程生态效益监测评估技术标准与管理规范》确定的监测评估方法。在监测样本上，选择了代表退耕还林工程区一定自然地理类型的河北、辽宁、湖北、湖南、云南、甘肃6个重点监测省份，共计703个区县。在数据采集上，利用了全国退耕还林工程生态连清数据集，包括工程区内12个退耕还林工程生态效益监测站，42个中国森林生态系统定位观测研究网络（CFERN）所属的森林生态站，200余个以林业生态工程为观测目标的辅助观测点以及3000多块固定样地的海量数据集。在测算方法上，采用分布式测算方法，对退耕还林工程生态效益重点监测省份按照3种不同植被恢复类型（退耕地还林、宜林荒山荒地造林、封山育林）和3种林种类型

（生态林、经济林、灌木林）的四级分布式测算等级，划分为6327个相对均质化的生态效益测算单元进行评估测算。该《报告》指标包括涵养水源、保育土壤、固碳释氧、林木积累营养物质、净化大气环境、生物多样性保护等6项功能11类指标。为了进一步提高测算单元精度，还创造性地引入了“森林生态功能修正系数”。

监测评估结果表明，截至2013年年底，退耕还林工程重点监测省份生态效益的物质量为：涵养水源183.27亿立方米/年、固土2.04亿吨/年、保肥444.05万吨/年、固定二氧化碳1397.00万吨/年、释放氧气3214.90万吨/年、林木积累营养物质40.20万吨/年、提供空气负离子5452.62×10^{22}个/年、吸收污染物102.00万吨/年、滞尘1404.24亿千克/年。按照2013年现价评估，退耕还林工程重点监测省份每年生态效益价值量的总和为4502.39亿元，其中，涵养水源总价值量为2109.48亿元/年，保育土壤总价值量为486.09亿元/年，固碳释氧总价值量为593.65亿元/年，林木积累营养物质总价值量为71.80亿元/年，净化大气环境总价值量为344.68亿元/年，生物多样性保护总价值量为896.69亿元。2014年1月21日，国家林业局退耕还林（草）工程管理中心邀请国内相关专家对《报告》进行了论证。与会专家一致认为：《报告》的监测评估结果比较真实地反映了退耕还林工程重点监测省份所取得的生态效益，必将对工程管理部门科学有效地制定退耕还林工程成果巩固政策措施、启动新一轮退耕还林发挥重要指导作用。《报告》构建了退耕还林工程生态连清体系，保证了评估结果的合理性和可靠性；监测评估指标体系完善，评估方法科学，文本内容全面，分析研究深入，评估结果可信，建议予以公布。

国家林业局高度重视退耕还林工程生态效益监测评估工作，党组书记、局长赵树丛同志多次组织研究并做出专门指示和批示。党组成员、副局长张永利同志直接指导《报告》的编写，亲自出席了《报告》论证会，并为《报告》作序。国家林业局计财司和科技司、国家发改委西部司和农经司、财政部农业司等单位给予了大力支持，重点监测省份的退耕办和相关技术支撑单位的人员付出了辛勤的劳动。

退耕还林工程生态效益监测评估工作涉及多个学科，监测评估过程极为复杂，2013年也是第一次系统开展该项工作，因此，在监测评估方法、指标体系选择等方面，必然存在需要进一步完善和改进的地方。我们相信，随着工作的不断深入开展，退耕还林工程生态效益监测评估工作会越来越完善。在此，我们敬请广大读者提出宝贵意见，以便在今后的工作中及时改进。

编委会

2014年1月

目 录

第三章　退耕还林工程重点监测省份省级生态效益

第四章　退耕还林工程重点监测省份地市级生态效益

第一章 退耕还林工程生态连清体系

退耕还林工程生态连清是退耕还林工程生态效益全指标体系连续观测与清查的简称，指以生态地理区划为单位，依托退耕还林工程生态效益专项监测站和国家现有森林生态站，采用长期定位观测技术和分布式测算方法，定期对退耕还林工程生态效益进行全指标体系观测与清查，它与国家森林资源和退耕还林资源连续清查耦合，评估一定时期内退耕还林工程生态效益，进一步了解退耕还林工程生态效益的动态变化。

1.1 退耕还林工程生态连清的基础

从第七次全国森林资源清查开始，国家启动了“中国森林生态系统服务功能评估”项目，这是一个依靠一整套森林生态连清体系进行的针对中国森林生态系统服务的评估报告，量化了中国森林生态系统服务功能生态效益的物质量与价值量，也为本次退耕还林工程生态效益监测评估的开展奠定了技术指导和理论基础。同时，退耕还林工程每年进行的国家级核查工作为退耕还林工程生态效益监测评估提供了翔实资源数据基础。退耕还林工程区内的中国森林生态系统定位观测研究网络（CFERN）台站和退耕还林工程区各个专项监测站，为退耕还林工程生态效益的评估提供了全面的生态连清数据。

1.2 退耕还林工程生态连清体系理论及框架

退耕还林工程生态效益监测与评估采用退耕还林工程生态连清体系，如图1-1所示。

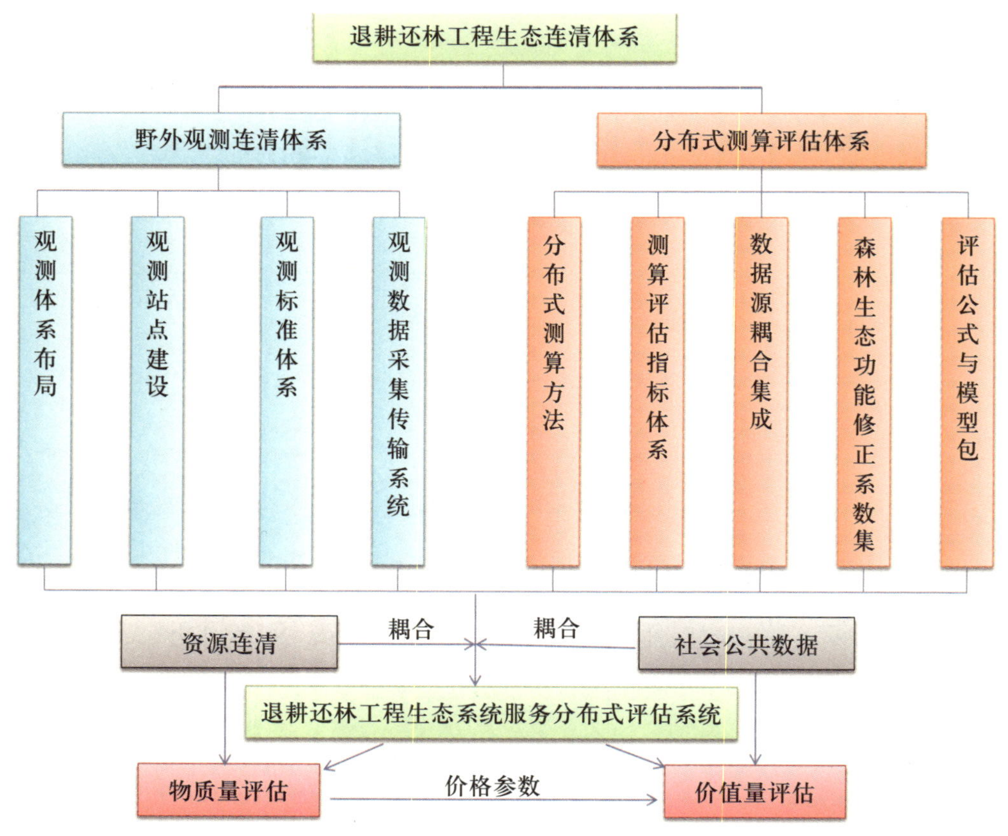

图1-1 退耕还林工程生态连清体系框架

1.2.1 退耕还林工程监测站布局与建设

退耕还林工程生态效益专项监测站与国家森林生态站建设坚持“统一规划、统一布局、统一建设、统一规范、统一标准，资源整合，数据共享”原则。

野外观测连清体系是构建退耕还林工程生态连清体系的重要基础，为了做好这一基础工作，需要考虑如何构架观测体系布局，即首先要考虑退耕还林工程生态效益专项监测站在全国布局的数量，选择能代表该区域主要退耕还林类型且能表征土壤、水文及生境等特征，交通、水电等条件相对便利的典型植被区域。为此，国家相关部门进行了大量的前期工作，包括科学规划、站点设置、合理性评估等。

退耕还林各工程区的自然条件、社会经济发展状况各不相同，因此在监测方法和监测指标上应各有侧重。目前，依据我国25个省（自治区、直辖市）和新疆生产建设兵团退耕还林工程建设和自然、经济、社会的实际情况，将全国退耕还林规划建设区分为6个大区，即东北黑土区（包括黑、吉、辽）、西北黄土区（包括陕、甘、宁、新、晋和新疆兵团）、北部风沙区（包括内蒙古、京、津、冀）、青藏高原区（包括藏、青）、西南高山峡谷区（包括云、贵、川、渝）、中南部山地丘陵区（包括豫、鄂、湘、赣、皖、桂、琼）等，对全国退耕还林工程综合效益监测体系建设进行了详细科学的规划布局。为了保证监测精度和获取足够的监测数据，至少需要对其中5%的县市进行长期监测，全国退耕还林工程实施总县数2279个，以此计算，至少需要设置112个退耕还林工程生态效益监测站。

森林生态站作为退耕还林工程生态效益辅助观测站，同样发挥着重要作用。中国目前的森林生态站和辅助站点在布局上能够充分体现区位优势和地域特色，兼顾了森林生态站布局在国家和地方等层面的典型性和重要性，目前已形成层次清晰、代表性强的森林生态站网，可以负责相关站点所属区域的森林生态连清工作。

森林生态站网络布局是以典型抽样为指导思想，以全国水热分布和森林立地情况为布局基础，选择具有典型性、代表性和层次性明显的区域完成森林生态网络布局。首先，依据《中国森林立地区划图》和《中国地理区域系统》两大区划体系完成中国森林生态区，并将其作为森林生态站网络布局区划的基础。同时，结合重点生态功能区、生物多样性优先保护区，量化并确定我国重点森林生态站的布局区域。最后，将中国森林生态区和重点森林生态站布局区域相结合，作为森林生态站的布局依据，确保每个森林生态区内至少有一个森林生态站，区内如有重点森林生态站的布局区域，则优先布设森林生态站。

借助这些退耕还林工程生态效益专项监测站和森林生态站，可以满足退耕还林工程生态效益监测和科学研究需求。随着国家生态环境建设形势的发展，必将建立起退耕还林效益监测的完备体系，为科学全面地评估退耕还林工程建设成效奠定坚实的基础。同时，通过各综合效益监测站点作用长期、稳定的发挥，必将为健全和完善国家生态监测网络，特别是构建完备的林业及其生态建设监测评估体系做出重大贡献。

1.2.2 观测标准体系

退耕还林工程生态效益监测评估所依据的标准体系有《退耕还林工程生态效益监测评估技术标准与管理规范》（办退字〔2013〕16号），中华人民共和国林业行业标准《森林生态系统长期定位观测方法》（LY/T 1952-2011）和中华人民共和国林业行业标准《森林生态系统服务功能评估规范》（LY/T 1721-2008）。所涉及的指标体系包括气象常规指标、森林小气候观测及梯度指标、净化大气指标、森林土壤指标、森林水文、森林群落学特征指标等。生态因子定位监测指标体系采用三级分层式结构设计，将每一大类指标划分为若干指标类别，每一指标类别中又包含若干同类观测指标。

1.2.3 监测方法

各项监测方法严格参照国家林业局《退耕还林工程生态效益监测评估技术标准与管理规范》（办退字〔2013〕16号）执行。

1.2.4 退耕还林工程生态效益分布式测算体系

1.2.4.1 分布式测算方法

分布式测算源于计算机科学，是研究如何把一项整体复杂的问题分割成相对独立运算的单元，并将这些单元分配给多个计算机进行处理，最后将计算结果统一合并得出结论的一种计算科学。

退耕还林工程生态效益测算是一项非常庞大、复杂的系统工程，很适合划分成多个均质化的生态测算单元开展评估。因此，分布式测算方法是目前评估全国退耕还林工程生态效益所采用的较为科学有效的方法。并且，通过第一次全国森林生态系统服务评估（2008年）已经证实，分布式测算方法能够保证结果的准确性及可靠性。退耕还林工程生态效益评估分布式测算方法如图1-2所示。

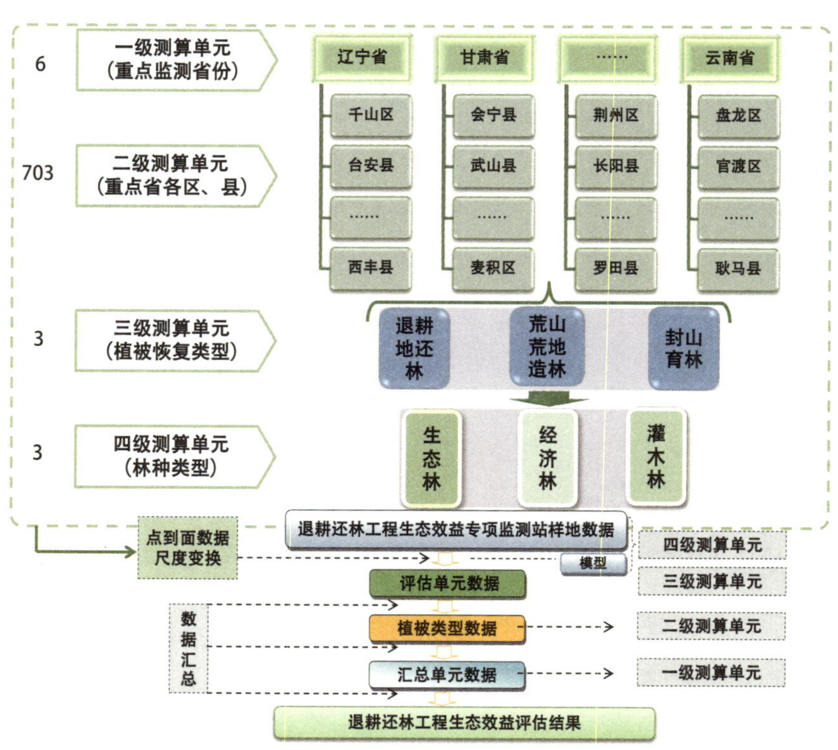

图1-2 退耕还林工程生态效益评估分布式测算方法

退耕还林工程生态效益评估分布式测算方法为：①将退耕还林工程重点监测省份按照省级行政区划分为6个一级测算单元；②每个一级测算单元按照区县划分成703个二级测算单元；③每个二级测算单元再按照不同退耕还林工程植被恢复类型分为退耕地还林、宜林荒山荒地造林和封山育林3个三级测算单元；④按照退耕还林林种类型将每个三级测算单元再分为生态林、经济林和灌木林。最后，结合不同立地条件的对比观测，最终确定6327个相对均质化的生态效益评估单元。

基于生态系统尺度的定位实测数据，运用遥感反演、模型模拟等技术手段，进行由点到面的数据尺度转换，将点上实测数据转换至面上测算数据，得到各生态效益评估单元的测算数据；以上均质化的单元数据累加的结果即为退耕还林工程重点监测省份生态效益测算结果。

1.2.4.2 测算评估指标体系

退耕还林工程生态效益评估参考了《退耕还林工程生态效益监测评估技术标准与管理规范》，测算评估指标体系如图1-3所示，共包括6个类别11个评估指标。监测评估有针对性地完善了退耕还林工程生态效益的部分评估方法和指标体系，特别增加了退耕还林工程3种植被恢复类型（退耕地还林、宜林荒山荒地造林、封山育林）的测算，以及生态林、经济林和灌木林等不同林种类型的测算，使得整个评估结果更加具有针对性和全面性。

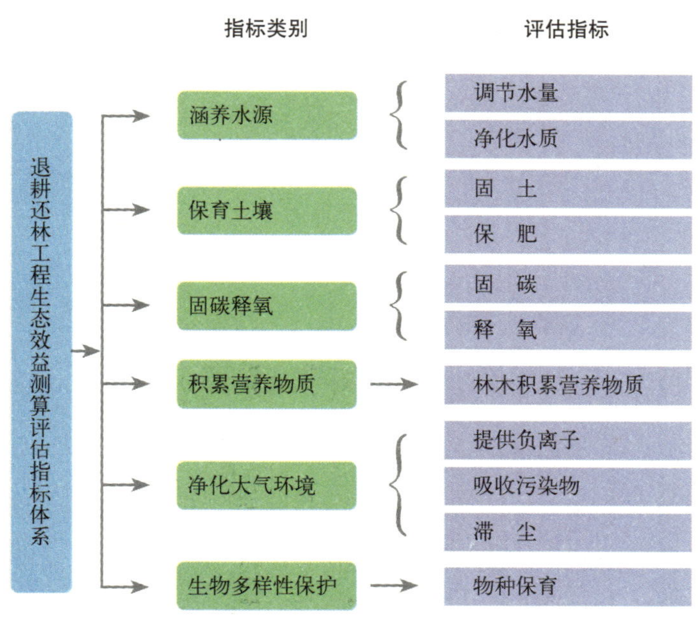

图1-3 退耕还林工程生态效益监测评估指标体系

1.2.4.3 数据源耦合集成

（1）退耕还林工程生态连清数据集

数据来源于12个退耕还林工程生态效益专项监测站、中国森林生态系统定位研究网络（CFERN）所属42个森林生态站（图1-4）、200多个辅助观测点以及3000多块样地，依据《退耕还林工程生态效益监测评估技术标准与管理规范》（办退字〔2013〕16号）、中华人民共和国林业行业标准《森林生态系统服务功能评估规范》（LY/T 1721-2008）和中华人民共和国林业行业标准《森林生态系统长期定位观测方法》（LY/T 1952-2011）开展的退耕还林工程生态连清数据。

图1-4 退耕还林工程重点监测省份生态效益监测站点分布示意

（2）退耕还林工程资源清查数据集

退耕还林工程资源清查工作主要由国家林业局退耕还林办公室牵头，各工程省退耕还林管理机构负责组织有关部门及其科技支撑单位，于次年3月前，将上一年本省的退耕还林工程三种植被恢复类型中各退耕还林树种营造面积、树龄等资源数据进行清查，最终整合上报至国家林业局退耕还林办公室。

（3）社会公共数据集

退耕还林工程生态效益监测评估中所使用的社会公共数据主要采用我国权威机

构公布的社会公共数据（见附表4），主要来源于《中国水利年鉴》（1993～1999年）、《中华人民共和国水利部水利建筑工程预算定额》、农业部信息网（http://www.agri.gov.cn/）、卫生部网站（http://wsb.moh.gov.cn/）、中华人民共和国国家发展和改革委员会等四部委2003年第31号令《排污费征收标准及计算方法》等。

将上述三类数据源有机地耦合集成，应用于一系列的评估公式中，最终可以获取全国退耕还林工程生态效益评估结果。

1.2.4.4 森林生态功能修正系数

森林生态系统服务价值的合理测算对绿色国民经济核算具有重要意义，社会进步程度、经济发展水平、森林资源质量等对森林生态系统服务均会产生一定影响，而森林自身结构和功能状况则是体现森林生态系统服务可持续发展的基本前提。“修正”作为一种状态，表明系统各要素之间具有相对“融洽”的关系。当用现有的野外实测值不能代表同一生态单元同一目标林分类型的结构或功能时，就需要采用森林生态功能修正系数（Forest Ecological Function Correction Coefficient，简称FEF-CC）客观地从生态学精度的角度反映同一林分类型在同一区域的真实差异。其理论公式为：

$$FEF\text{-}CC = \frac{Be}{Bo} = \frac{BEF * V}{Bo} \tag{1-1}$$

公式中：$FEF\text{-}CC$ —森林生态功能修正系数；

Be —评估林分的生物量（千克/立方米）；

Bo —实测林分的生物量（千克/立方米）；

BEF—蓄积量与生物量的转换因子；

V—评估林分的蓄积量（立方米）。

实测林分的生物量可以通过退耕还林工程生态连清的实测手段来获取，而评估林分的生物量在本次退耕还林工程资源连续清查中还没有完全统计。因此，通过评估林分蓄积量和生物量转换因子（BEF，见附表2），测算评估林分的生物量。

1.2.4.5 贴现率

退耕还林工程生态效益价值量评估中，由物质量转价值量时，部分价格参数并非评估年价格参数，因此需要使用贴现率（Discount Rate）将非评估年价格参数换算为评估年份价格参数以计算各项功能价值量的现价。

退耕还林工程生态效益价值量评估中所使用的贴现率指将未来现金收益折合成现

在收益的比率。贴现率是一种存贷款均衡利率，利率的大小，主要根据金融市场利率来决定，其计算公式为：

$$t = (Dr + Lr) / 2 \tag{1-2}$$

公式中：t — 存贷款均衡利率（%）；

Dr — 银行的平均存款利率（%）；

Lr — 银行的平均贷款利率（%）。

贴现率利用存贷款均衡利率，将非评估年份价格参数，逐年贴现至评估年2013的价格参数。贴现率的计算公式为：

$$d = (1 + t_{n+1})(1 + t_{n+2})\cdots(1 + t_m) \tag{1-3}$$

公式中：d — 贴现率；

t — 存贷款均衡利率（%）；

n — 价格参数可获得年份（年）；

m — 评估年年份（年）。

1.2.4.6 评估公式与模型包

1.2.4.6.1 涵养水源功能

退耕还林工程涵养水源功能主要是指森林对降水的截留、吸收和贮存，将地表水转为地表径流或地下水的作用。主要功能表现在增加可利用水资源、净化水质和调节径流三个方面。本报告选定2个指标，即调节水量指标和净化水质指标，以反映退耕还林工程的涵养水源功能。

（1）调节水量指标

①年调节水量

退耕还林工程生态系统年调节水量公式为：

$$G_{调} = 10A(P - E - C) \tag{1-4}$$

公式中：$G_{调}$ — 实测林分年调节水量（立方米/年）；

P — 实测林外降水量（毫米/年）；

E — 实测林分蒸散量（毫米/年）；

C — 实测地表快速径流量（毫米/年）；

A —林分面积（公顷）。

②年调节水量价值

退耕还林工程生态系统年调节水量价值根据水库工程的蓄水成本（替代工程法）

来确定，采用如下公式计算：

$$U_{调} = 10C_{库}A（P-E-C）d \quad 1\text{-}5$$

公式中：$U_{调}$— 实测森林年调节水量价值（元/年）；

$C_{库}$— 水库库容造价（元/年）（见附表4）；

P — 实测林外降水量（毫米/年）；

E — 实测林分蒸散量（毫米/年）；

C — 实测地表快速径流量（毫米/年）；

A — 林分面积（公顷）；

d — 贴现率。

（2）净化水质指标

①年净化水量

退耕还林工程生态系统年净化水量采用年调节水量的公式：

$$G_{调} = 10A（P-E-C） \quad 1\text{-}6$$

公式中：$G_{调}$— 实测林分年调节水量（立方米/年）；

P — 实测林外降水量（毫米/年）；

E — 实测林分蒸散量（毫米/年）；

C — 实测地表快速径流量（毫米/年）；

A —林分面积（公顷）。

②年净化水质价值

退耕还林工程生态系统年净化水质价值根据净化水质工程的成本（替代工程法）计算，公式为：

$$U_{水质} = 10K_{水}A（P-E-C）d \quad 1\text{-}7$$

公式中：$U_{水质}$— 实测林分净化水质价值（元/年）；

$K_{水}$— 水的净化费用（元/年）（见附表4）；

P — 实测林外降水量（毫米/年）；

E — 实测林分蒸散量（毫米/年）；

C — 实测地表快速径流量（毫米/年）；

A — 林分面积（公顷）；

d — 贴现率。

1.2.4.6.2 保育土壤功能

退耕还林工程营造林凭借庞大的树冠、深厚的枯枝落叶层及强壮且成网络的根系截留大气降水，减少或免遭雨滴对土壤表层的直接冲击，有效地固持土体，降低了地表径流对土壤的冲蚀，使土壤流失量大大降低。而且退耕还林营造林的生长发育及其代谢产物不断对土壤产生物理及化学影响，参与土体内部的能量转换与物质循环，使土壤肥力提高，营造林是土壤养分的主要来源之一。为此，本报告选用2个指标，即固土指标和保肥指标，以反映退耕还林工程营造林保育土壤功能。

（1）固土指标

①年固土量

林分年固土量公式为：

$$G_{固土} = A\ (X_2 - X_1) \qquad 1\text{-}8$$

公式中：$G_{固土}$ — 实测林分年固土量（吨/年）；

X_1 — 退耕还林工程后土壤侵蚀模数〔吨/（公顷·年）〕；

X_2 — 退耕还林工程前土壤侵蚀模数〔吨/（公顷·年）〕；

A — 林分面积（公顷）。

②年固土价值

由于土壤侵蚀流失的泥沙淤积于水库中，减少了水库蓄积水的体积，因此本报告根据蓄水成本（替代工程法）计算林分年固土价值，公式为：

$$U_{固土} = AC_{土}\ (X_2 - X_1)\ d/\rho \qquad 1\text{-}9$$

公式中：$U_{固土}$— 实测林分年固土价值（元/年）；

X_1— 退耕还林工程后土壤侵蚀模数〔吨/（公顷·年）〕；

X_2— 退耕还林工程前土壤侵蚀模数〔吨/（公顷·年）〕；

$C_{土}$— 挖取和运输单位体积土方所需费用（元/立方米）（见附表4）；

ρ — 土壤容重（克/立方厘米）；

A — 林分面积（公顷）；

d — 贴现率。

（2）保肥指标

①年保肥量

$$G_N = AN\ (X_2 - X_1) \qquad 1\text{-}10$$

$$G_P = AP\ (X_2 - X_1) \qquad 1\text{-}11$$

$$G_K = AK(X_2 - X_1) \quad 1\text{-}12$$

公式中：G_N — 退耕还林工程营造林固持土壤而减少的氮流失量（吨/年）；

G_P — 退耕还林工程营造林固持土壤而减少的磷流失量（吨/年）；

G_K — 退耕还林工程营造林固持土壤而减少的钾流失量（吨/年）；

X_1 — 退耕还林工程后土壤侵蚀模数〔吨/（公顷·年）〕；

X_2 — 退耕还林工程前土壤侵蚀模数〔吨/（公顷·年）〕；

N — 土壤含氮量（%）；

P — 土壤含磷量（%）；

K — 土壤含钾量（%）；

A — 林分面积（公顷）。

②年保肥价值

年固土量中氮、磷、钾的物质量换算成化肥价值即为林分年保肥价值。本报告的林分年保肥价值以固土量中的氮、磷、钾数量折合成磷酸二铵化肥和氯化钾化肥的价值来体现。公式为：

$$U_{肥} = A(X_2 - X_1)(NC_1d/R_1 + PC_1d/R_2 + KC_2d/R_3 + MdC_3) \quad 1\text{-}13$$

公式中：$U_{肥}$ — 实测林分年保肥价值（元/年）；

X_1 — 退耕还林工程后土壤侵蚀模数〔吨/（公顷·年）〕；

X_2 — 退耕还林工程前土壤侵蚀模数〔吨/（公顷·年）〕；

N — 退耕还林工程营造林土壤平均含氮量（%）；

P — 退耕还林工程营造林土壤平均含磷量（%）；

K — 退耕还林工程营造林土壤平均含钾量（%）；

M — 退耕还林工程营造林土壤有机质含量（%）；

R_1 — 磷酸二铵化肥含氮量（%）；

R_2 — 磷酸二铵化肥含磷量（%）；

R_3 — 氯化钾化肥含钾量（%）；

C_1 — 磷酸二铵化肥价格（元/吨）（见附表4）；

C_2 — 氯化钾化肥价格（元/吨）（见附表4）；

C_3 — 有机质价格（元/吨）（见附表4）；

A — 林分面积（公顷）；

d — 贴现率。

1.2.4.6.3 固碳释氧功能

退耕还林工程营造林与大气的物质交换主要是二氧化碳与氧气的交换，即营造林固定并减少大气中的二氧化碳和提高并增加大气中的氧气，这对维持大气中的二氧化碳和氧气动态平衡、减少温室效应以及为人类提供生存的基础都有巨大和不可替代的作用。为此本报告选用固碳、释氧2个指标反映退耕还林工程营造林固碳释氧功能。根据光合作用化学反应式，营造林植被每积累1.0克干物质，可以吸收1.63克二氧化碳，释放1.19克氧气。

（1）固碳指标

①植被和土壤年固碳量

$$G_{碳}=A\ (1.63R_{碳}B_{年}+F_{土壤碳}) \quad 1\text{-}14$$

公式中：$G_{碳}$—实测林分年固碳量（吨/年）；

$B_{年}$— 实测林分年净生产力〔吨/（公顷·年）〕；

$F_{土壤碳}$— 单位面积林分土壤年固碳量〔吨/（公顷·年）〕；

$R_{碳}$— 二氧化碳中碳的含量，为27.27%；

A— 林分面积（公顷）。

公式得出退耕还林工程营造林的潜在年固碳量，再从其中减去由于林木采伐造成的生物量移出从而损失的碳量，即为退耕还林工程营造林的实际年固碳量。

②年固碳价值

退耕还林工程植被和土壤年固碳价值的计算公式为：

$$U_{碳}=AC_{碳}\ (1.63R_{碳}B_{年}+F_{土壤碳})\ d \quad 1\text{-}15$$

公式中：$U_{碳}$— 实测林分年固碳价值（元/年）；

$B_{年}$— 实测林分年净生产力〔吨/（公顷·年）〕；

$F_{土壤碳}$— 单位面积森林土壤年固碳量〔吨/（公顷·年）〕；

$C_{碳}$— 固碳价格（元/吨）（见附表4）；

$R_{碳}$— 二氧化碳中碳的含量，为27.27%；

A— 林分面积（公顷）；

d— 贴现率。

公式得出退耕还林工程营造林的潜在年固碳价值，再从其中减去由于林木年采伐消耗量造成的碳损失，即为退耕还林工程营造林的实际年固碳价值。

（2）释氧指标

①年释氧量

公式为：

$$G_{氧} = 1.19AB_{年} \quad 1\text{-}16$$

公式中：$G_{氧}$ — 实测林分年释氧量（吨/年）；

$B_{年}$ — 实测林分年净生产力〔吨/（公顷·年）〕；

A — 林分面积（公顷）。

②年释氧价值

年释氧价值采用以下公式计算：

$$U_{氧} = 1.19C_{氧}AB_{年}d \quad 1\text{-}17$$

公式中：$U_{氧}$ — 实测林分年释氧价值（元/年）；

$B_{年}$ — 实测林分年净生产力〔吨/（公顷·年）〕；

$C_{氧}$ — 制造氧气的价格（元/吨）（见附表4）；

A — 林分面积（公顷）；

d — 贴现率。

1.2.4.6.4 林木积累营养物质功能

退耕还林工程营造林在生长过程中不断从周围环境吸收营养物质，固定在植物体中，成为全球生物化学循环不可缺少的环节，为此选用林木营养积累指标反映营造林积累营养物质功能。

（1）林木营养年积累量

$$G_{氮} = AN_{营养}B_{年} \quad 1\text{-}18$$

$$G_{磷} = AP_{营养}B_{年} \quad 1\text{-}19$$

$$G_{钾} = AK_{营养}B_{年} \quad 1\text{-}20$$

公式中：$G_{氮}$ — 植被固氮量（吨/年）；

$G_{磷}$ — 植被固磷量（吨/年）；

$G_{钾}$ — 植被固钾量（吨/年）；

$N_{营养}$ — 林木氮元素含量（%）；

$P_{营养}$ — 林木磷元素含量（%）；

$K_{营养}$ — 林木钾元素含量（%）；

$B_{年}$ — 实测林分年净生产力〔吨/（公顷·年）〕；

A — 林分面积（公顷）。

（2）林木营养年积累价值

采取把营养物质折合成磷酸二铵化肥和氯化钾化肥方法计算林木营养积累价值，公式为：

$$U_{营养}=AB\left(N_{营养}C_1d/R_1+P_{营养}C_1d/R_2+K_{营养}C_2d/R_3\right) \quad 1\text{-}21$$

公式中：$U_{营养}$ — 实测林分氮、磷、钾年增加价值（元/年）；

$N_{营养}$ — 实测林木含氮量（%）；

$P_{营养}$ — 实测林木含磷量（%）；

$K_{营养}$ — 实测林木含钾量（%）；

R_1 — 磷酸二铵含氮量（%）；

R_2 — 磷酸二铵含磷量（%）；

R_3 — 氯化钾含钾量（%）；

C_1 — 磷酸二铵化肥价格（元/吨）（见附表4）；

C_2 — 氯化钾平化肥价格（元/吨）（见附表4）；

B — 实测林分年净生产力〔吨/（公顷·年）〕；

A — 林分面积（公顷）；

d — 贴现率。

1.2.4.6.5 净化大气环境功能

近年雾霾天气的频繁、大范围出现，使空气质量状况成为民众和政府部门关注的焦点，大气颗粒物（如PM10，PM2.5，TSP）被认为是造成雾霾天气的罪魁出现在人们的视野中。如何控制大气污染、改善空气质量成为众多科学研究的热点。

退耕还林工程营造林能有效吸收有害气体和阻滞粉尘，还能释放氧气与萜烯物，从而起到净化大气作用。为此，本报告选取提供负离子、吸收污染物和滞尘3个指标反映营造林净化大气环境能力，由于降低噪音指标计算方法尚不成熟，所以本报告中不涉及降低噪音指标。

（1）提供负离子指标

①年提供负离子量

$$G_{负离子}=5.256\times10^{15}\times Q_{负离子}AH/L \quad 1\text{-}22$$

公式中：$G_{负离子}$ — 实测林分年提供负离子个数（个/年）；

$Q_{负离子}$ — 实测林分负离子浓度（个/立方厘米）；

H— 林分高度（米）；

L— 负离子寿命（分钟）；

A— 林分面积（公顷）。

②年提供负离子价值

国内外研究证明，当空气中负离子达到600个/立方厘米以上时，才能有益人体健康，所以林分年提供负离子价值采用如下公式计算：

$$U_{负离子}=5.256\times10^{15}\times AHK_{负离子}d（Q_{负离子}-600）/L \tag{1-23}$$

公式中：$U_{负离子}$— 实测林分年提供负离子价值（元/年）；

$K_{负离子}$— 负离子生产费用（元/个）（见附表4）；

$Q_{负离子}$— 实测林分负离子浓度（个/立方厘米）；

L— 负离子寿命（分钟）；

H— 林分高度（米）；

A— 林分面积（公顷）；

d— 贴现率。

（2）吸收污染物指标

二氧化硫、氟化物和氮氧化物是大气污染物的主要物质，因此本报告选取退耕还林工程营造林吸收二氧化硫、氟化物和氮氧化物3个指标评估营造林吸收污染物的能力。退耕还林工程营造林对二氧化硫、氟化物和氮氧化物的吸收，可使用面积－吸收能力法、阈值法、叶干质量估算法等。本报告采用面积－吸收能力法评估退耕还林工程营造林吸收污染物的总量和价值。

①吸收二氧化硫

a. 二氧化硫年吸收量

$$G_{二氧化硫}=Q_{二氧化硫}A \tag{1-24}$$

公式中：$G_{二氧化硫}$— 实测林分年吸收二氧化硫量（吨/年）；

$Q_{二氧化硫}$— 单位面积实测林分年吸收二氧化硫量〔千克/（公顷·年）〕；

A— 林分面积（公顷）。

b. 年吸收二氧化硫价值

$$U_{二氧化硫}=K_{二氧化硫}Q_{二氧化硫}Ad \tag{1-25}$$

公式中：$U_{二氧化硫}$— 实测林分年吸收二氧化硫价值（元/年）；

$K_{二氧化硫}$— 二氧化硫的治理费用（元/千克）（见附表4）；

$Q_{二氧化硫}$— 单位面积实测林分年吸收二氧化硫量〔千克/（公顷·年）〕；

A— 林分面积（公顷）；

d— 贴现率。

②吸收氟化物

a. 氟化物年吸收量

$$G_{氟化物}=Q_{氟化物}A \quad 1\text{-}26$$

公式中：$G_{氟化物}$— 实测林分年吸收氟化物量（吨/年）；

$Q_{氟化物}$— 单位面积实测林分年吸收氟化物量〔千克/（公顷·年）〕；

A— 林分面积（公顷）。

b. 年吸收氟化物价值

$$U_{氟化物}=K_{氟化物}Q_{氟化物}Ad \quad 1\text{-}27$$

公式中：$U_{氟化物}$— 实测林分年吸收氟化物价值（元/年）；

$Q_{氟化物}$— 单位面积实测林分年吸收氟化物量〔千克/（公顷·年）〕；

$K_{氟化物}$— 氟化物治理费用（元/千克）（见附表4）；

A— 林分面积（公顷）；

d— 贴现率。

③吸收氮氧化物

a. 氮氧化物年吸收量

$$G_{氮氧化物}=Q_{氮氧化物}A \quad 1\text{-}28$$

公式中：$G_{氮氧化物}$— 实测林分年吸收氮氧化物量（吨/年）；

$Q_{氮氧化物}$— 单位面积实测林分年吸收氮氧化物量〔千克/（公顷·年）〕；

A— 林分面积（公顷）。

b. 年吸收氮氧化物价值

$$U_{氮氧化物}=K_{氮氧化物}Q_{氮氧化物}Ad \quad 1\text{-}29$$

公式中：$U_{氮氧化物}$— 实测林分年吸收氮氧化物价值（元/年）；

$K_{氮氧化物}$— 氮氧化物治理费用（元/千克）（见附表4）；

$Q_{氮氧化物}$— 单位面积实测林分年吸收氮氧化物量〔千克/（公顷·年）〕；

A— 林分面积（公顷）；

d— 贴现率。

④滞尘指标

退耕还林工程营造林有阻挡、过滤和吸附粉尘的作用，可提高空气质量，因此滞尘功能是退耕还林工程营造林生态系统重要的服务功能之一。

a. 年滞尘量

$$G_{滞尘} = Q_{滞尘}A \qquad 1\text{-}30$$

公式中：$G_{滞尘}$ — 实测林分年滞尘量（吨/年）；

$Q_{滞尘}$ — 单位面积实测林分年滞尘量〔千克/（公顷·年）〕；

A — 林分面积（公顷）。

b. 年滞尘价值

$$U_{滞尘} = K_{滞尘}Q_{滞尘}Ad \qquad 1\text{-}31$$

公式中：$U_{滞尘}$ — 实测林分年滞尘价值（元/年）；

$K_{滞尘}$ — 降尘清理费用（元/千克）（见附表4）；

$Q_{滞尘}$ — 单位面积实测林分年滞尘量〔千克/（公顷·年）〕；

A — 林分面积（公顷）；

d — 贴现率。

1.2.4.6.6 生物多样性保护

生物多样性维护了自然界的生态平衡，并为人类的生存提供了良好的环境条件。生物多样性是生态系统不可缺少的组成部分，对生态系统服务的发挥具有十分重要的作用。Shannon-Wiener指数是反映森林中物种的丰富度和分布均匀程度的经典指标。传统Shannon-Wiener指数对生物多样性保护等级的界定不够全面。本次报告增加濒危指数和特有种指数，通过对Shannon-Wiener指数进行修正，有利于生物资源的合理利用和相关部门保护工作的合理分配。

修正后的生物多样性保护功能评估公式如下：

$$U_{总} = \left(1 + 0.1\sum_{m=1}^{x}E_m + 0.1\sum_{n=1}^{y}B_n + 0.1\sum_{r=1}^{z}O_r\right)S_I Ad \qquad 1\text{-}32$$

公式中：$U_{总}$ — 实测林分年生物多样性保护价值（元/年）；

E_m — 实测林分或区域内物种m的濒危分值（表1-1）；

B_n — 实测林分或区域内物种n的特有种（表1-2）；

O_r — 实测林分或区域内物种r的古树年龄指数（表1-3）；

x — 计算濒危指数物种数量；

y — 计算特有种指数物种数量；

z — 计算古树年龄指数物种数量*；

*注：截至2013年年底，退耕还林工程仅实施14年，未达到指数等级1级，故该项z取0。

S_I—单位面积物种多样性保护价值量〔元/（公顷·年）〕；

A—林分面积（公顷）；

d—贴现率。

本报告根据Shannon-Wiener指数计算生物多样性价值，共划分7个等级：

当指数<1时，S_I为3000元/（公顷·年）；

当1≤指数<2时，S_I为5000元/（公顷·年）；

当2≤指数<3时，S_I为10000元/（公顷·年）；

当3≤指数<4时，S_I为20000元/（公顷·年）；

当4≤指数<5时，S_I为30000元/（公顷·年）；

当5≤指数<6时，S_I为40000元/（公顷·年）；

当指数≥6时，S_I为50000元/（公顷·年）。

表1-1 特有种指数体系

特有种指数	分布范围
4	仅限于范围不大的山峰或特殊的自然地理环境下分布
3	仅限于某些较大的自然地理环境下分布的类群，如仅分布于较大的海岛（岛屿）、高原、若干个山脉等
2	仅限于某个大陆分布的分类群
1	至少在2个大陆都有分布的分类群
0	世界广布的分类群

参见《植物特有现象的量化》（苏志尧，1999）

表1-2 物种濒危指数体系

濒危指数	濒危等级	物种种类
4	极危	参见《中国物种红色名录（第一卷）：红色名录》
3	濒危	
2	易危	
1	近危	

表1-3 古树年龄指数体系

古树年龄	指数等级	来源及依据
100～299年	1	参见全国绿化委员会、国家林业局文件《关于开展古树名木普查建档工作的通知》
300～499年	2	
≥500年	3	

1.2.4.6.7 退耕还林工程生态效益价值评估

退耕还林工程重点监测省份生态效益总价值为上述分项之和，公式为：

$$U_{\mathrm{I}} = \sum_{i=1}^{11} U_i \quad 1\text{-}33$$

公式中：U_{I} — 退耕还林工程重点监测省份生态效益总价值（元/年）；

U_{i} — 退耕还林工程重点监测省份生态效益各分项年价值（元/年）。

第二章 退耕还林工程资源状况

2.1 全国退耕还林工程资源概况

退耕还林工程是党中央、国务院从中华民族生存和发展的战略高度出发，为合理利用土地资源、增加林草覆被、再造秀美山川、维护国家生态安全，实现人与自然和谐共进而实施的一项重大生态工程。近几年的实践证明，退耕还林工程对改善生态环境、改变不合理生产方式、加快贫困地区农民脱贫致富、优化农村产业结构、促进农村经济发展发挥了积极的作用，被群众称为“民心”工程、“德政”工程。

2.1.1 退耕还林工程实施的背景

长期以来人们盲目毁林开荒，造成水土流失，沙进人退，生态环境恶化，灾害频繁。根据全国第二次土壤侵蚀遥感调查，20世纪90年代末期全国水土流失面积约365万平方千米（中华人民共和国水利部，2004）。毁林开荒虽然增加了耕地面积和粮食产量，但在生态环境方面却付出了巨大代价。长江、黄河上中游地区由于毁林开荒，陡坡耕种，已成为世界上水土流失最严重的地区之一，每年流入长江、黄河的泥沙量达20多亿吨，其中三分之二来自坡耕地（唐克丽等，2004）。不断加剧的水土流失，导致江河湖泊不断淤积、水患加剧的同时存在严重水资源短缺，给国民经济和人民生产生活造成巨大危害。日益严重的生态问题，已经成为制约地区以至全国经济社会可持续发展的最紧迫、最突出的问题之一。退耕还林工程的主要目的就是将水土流失严重或沙化、石漠化、盐碱化严重的耕地以及产量低而不稳的耕地有步骤有计划地停止耕种，因地制宜，恢复植被。根据第七次和第八次全国森林资源清查数据，我国部分省份五年来森林面积的增长几乎全部来自于退耕还林工程所营造的林地面积。同时，退耕还林工程对改善生态环境、防治水土流失有明显效果，由此可见退耕还林工程对于我国生态环境改善的重要性。

2.1.2 退耕还林工程实施的范围

退耕还林工程始于1999年，是迄今为止我国政策性最强、投资量最大、涉及面最广、群众参与程度最高的一项生态建设工程，也是最大的“强农、惠农”项目，还是迄今为止世界上最大的生态建设工程。退耕还林工程区域范围广，自然条件差异大。在气候上，从大兴安岭北部的寒温带一直到海南岛的热带，从西北内陆的年平均降水量20毫米左右到东南沿海的2000毫米，包括东南季风气候、西北干旱半干旱气候、青藏高原高寒气候；包括了我国3大阶梯、4大高原、5大盆地、3大平原、7大江河流域和几乎所有的大型山系；囊括了所有的重要林分类型、土壤类型。全国退耕还林工程建设范围见图2-1。

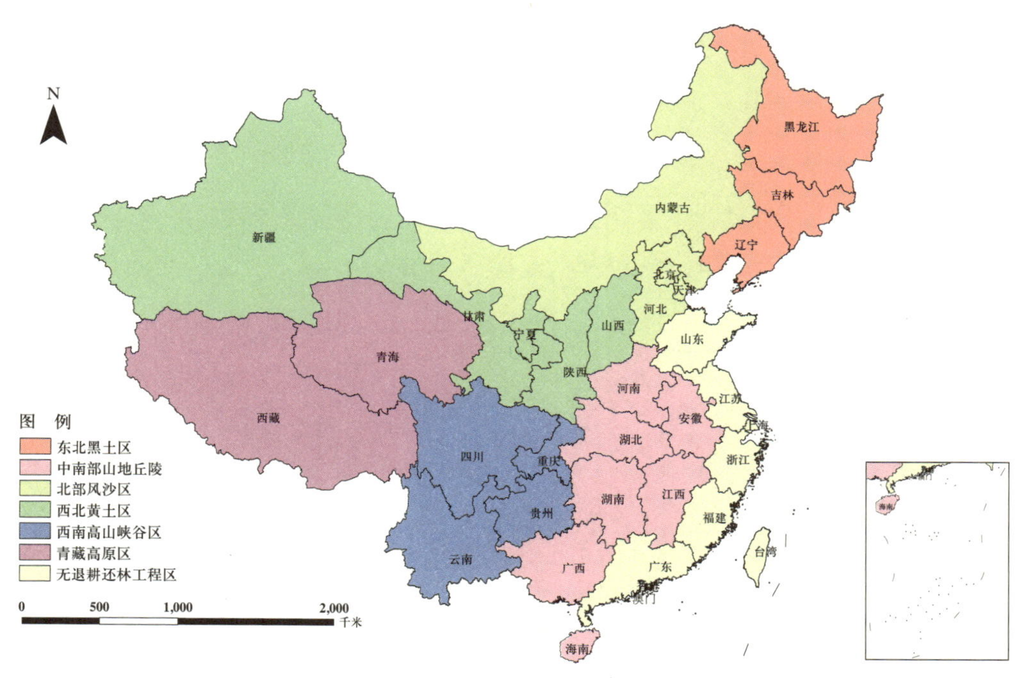

图2-1 全国退耕还林工程实施范围示意

退耕还林工程建设范围涉及我国中西部的所有省（自治区、直辖市）和东部的部分省（市），共25个省（自治区、直辖市）和新疆生产建设兵团，涉及全国2279个县（含市、区、旗），3200万农户近1.24亿农民。

2.1.3 退耕还林工程实施的进展情况

1998年特大洪灾之后，为从根本上扭转我国生态急剧恶化的状况，党中央、国务院将“封山植树，退耕还林”作为灾后重建、整治江湖的重要措施。为了摸索经验，完善政策，从1999年开始选择四川、陕西、甘肃3省按照“退耕还林、封山绿化、以粮代赈、个体承包”的政策措施，率先开展了退耕还林工程试点。到2001年年底，全国先后有20个省（自治区、直辖市）和新疆生产建设兵团进行了试点。2002年，在试点成功的基础上，退耕还林工程全面启动。截至2013年，全国退耕还林面积达到2981.91万公顷，其中退耕地还林面积926.41万公顷，宜林荒山荒地造林面积1745.50万公顷，封山育林面积310.00万公顷，面积核实率和造林合格率都在90%以上。

2.2 退耕还林工程重点监测省份自然概况

2.2.1 地形地貌

中国地势西高东低，地形地貌复杂，退耕还林工程重点监测省份分别位于西北、西南、中南、华北和东北地区。辽宁省北高南低，主要地形包括平原和山地丘陵，辽宁东部和西部均为山地丘陵，中部为平原；河北省地势西北高，东南低，包括坝上高

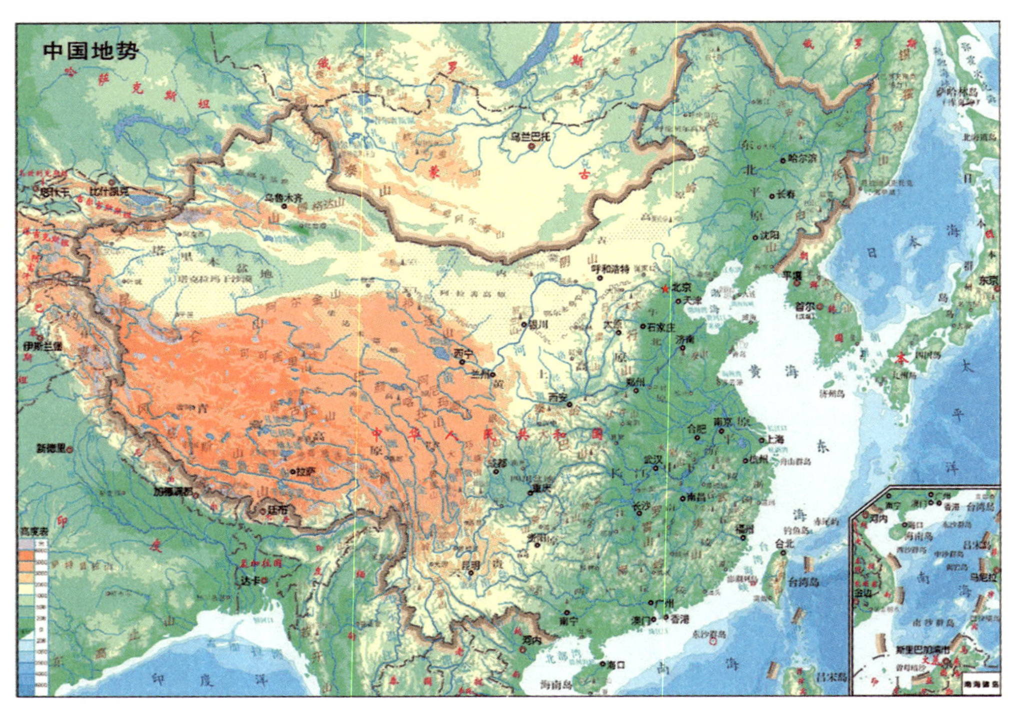

图2-2 中国地势示意（来源：中华人民共和国政府网站）

原、燕山和太行山山地、河北省平原三大地貌单元，西北主要地形有山地、丘陵、高原，中部和南部为平原。辽宁省与河北省均位于中国第三级阶梯。湖北省山地、丘陵、岗地和平原兼备，地势相差悬殊，西部有神农架，北边三面环山，中南部为江汉平原；湖南省以中低山与丘陵为主，东、南、西三面环山，南部地势较高，中部和北部地势低平；云南省河谷盆地、丘陵、山地、高原相间分布，高山峡谷相间，各类地貌之间差异极大。湖北省、湖南省和云南省均位于中国第二级阶梯。甘肃省地形狭长，山地、平川、河谷等交错分布，地势自西南向东北倾斜，位于第一级阶梯到第二级阶梯过渡地带，以第二级阶梯为主。各省地形地貌见图2-2，省内地形地貌分布概况见表2-1。

表2-1　退耕还林工程重点监测省份地形地貌

省份	地域	主要地形	主要城市
河北省	西北部地区	山区、丘陵和高原	张家口、承德、秦皇岛、唐山
	东南部地区	平原	保定、廊坊、沧州、衡水、石家庄、邢台、邯郸
辽宁省	辽东地区	山地丘陵	本溪、辽阳、鞍山、营口、大连、抚顺、丹东、铁岭东部
	辽中地区	平原	沈阳、铁岭西部、盘锦
	辽西地区	山地丘陵	锦州、朝阳、阜新、葫芦岛
湖北省	鄂北地区	低山丘陵	襄阳、随州、荆门、黄石、孝感、黄冈、鄂州
	鄂西地区	山地	十堰市、神农架、恩施、宜昌西部
	江汉平原	平原	荆州、宜昌东部、潜江、仙桃、天门、武汉
	鄂东南地区	山地	咸宁
湖南省	北部和中部地区	平原	岳阳、益阳
	东南和西北山区	山地	常德、张家界、湘西、怀化、邵阳、永州、郴州、衡阳、湘潭、长沙、娄底、株洲
云南省	滇东、滇中地区	云南高原，为起伏和缓的低山丘陵	昭通、昆明、曲靖、文山、红河、玉溪、楚雄
	滇西地区	高山峡谷相间，到西南部边境渐趋和缓	迪庆、怒江、丽江、大理、保山、德宏、临沧、普洱、西双版纳
甘肃省	陇南地区	山地	陇南、甘南、临夏
	陇东、陇中地区	黄土高原	庆阳、平凉、天水、定西、兰州、白银
	河西走廊	平原	武威、张掖、酒泉、金昌、嘉峪关

2.2.2 降水条件

中国降水分布从北到南、从西到东呈逐渐增多的趋势，该变化主要由于纬度变化和水陆位置变化引起。在退耕还林工程重点监测省中，1984～2013年年平均降水量：湖南省>湖北省>云南省>辽宁省>河北省>甘肃省。河北省属于温带大陆性季风气候，降水趋势东南多于西北；辽宁省属于温带大陆型季风气候区，降水量趋势东多西少；湖北省属于北亚热带季风气候，降水量由东南向西北递减；湖南省属于亚热带季风湿润气候，降水量由东南向西北递减；云南省气候兼具低纬气候，季风气候、山原气候的特点，由于区内地形起伏较大，降水量分布随着海拔变化明显，分布不均匀；甘肃省深居西北内陆，属大陆性很强的温带季风气候，降水量由东南向西北递减。除了云南省外，其他五省的降水量变化趋势与全国降水量变化趋势一致。1984～2013年退耕还林工程重点监测省降水量分布见图2-3，各省具体降水量情况见表2-2。

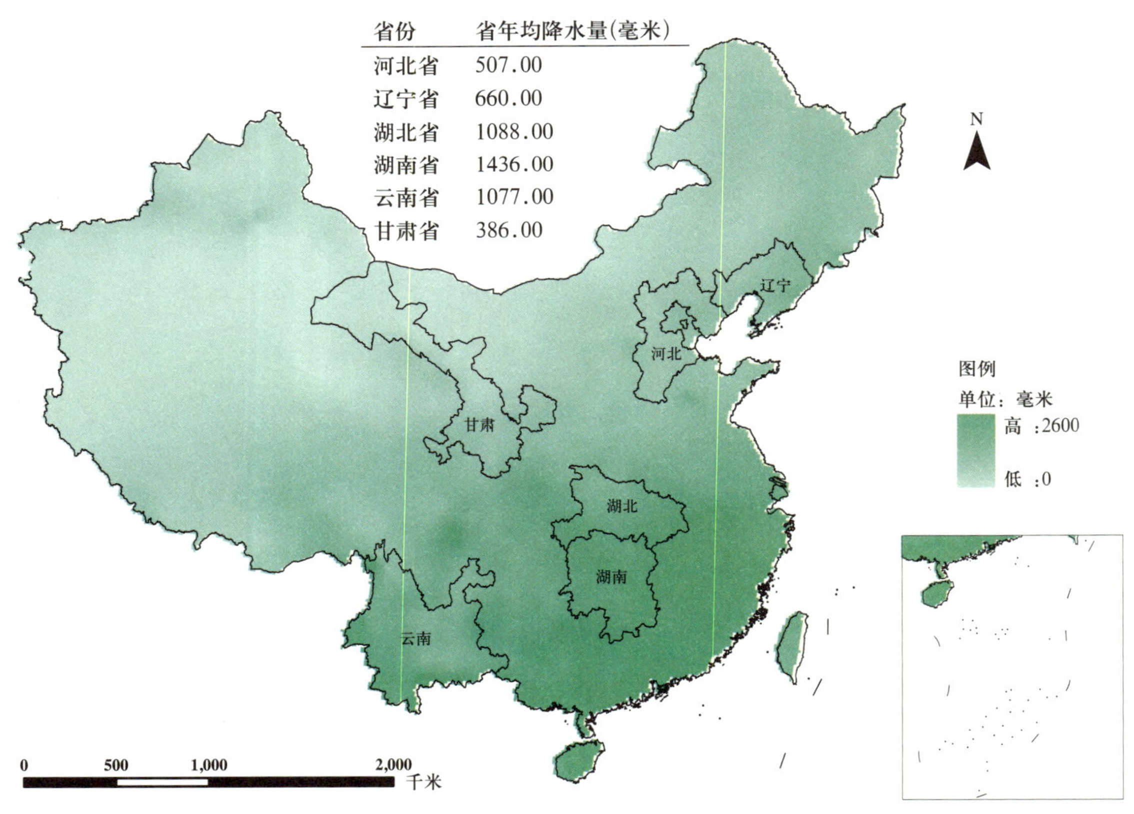

图2-3 退耕还林工程重点监测省份年平均降水量分布示意

（数据来源：中国气象科学数据共享服务网）

表2-2 退耕还林工程重点监测省份年平均降水量

省份	地区年平均降水量(毫米)	主要城市
河北省	<500	承德、保定、邢台
	500～600	廊坊、沧州、衡水、石家庄、邯郸
	>600	张家口、唐山、秦皇岛
辽宁省	<600	阜新、朝阳、锦州、葫芦岛
	600～700	沈阳、盘锦、铁岭、大连、营口
	>700	辽阳、鞍山、抚顺、本溪、丹东
湖北省	<1000	十堰、襄阳、神农架
	1000～1400	荆门、宜昌、孝感、荆州、恩施、武汉、天门、潜江、仙桃、随州
	>1400	鄂州、黄冈、黄石、咸宁
湖南省	<1400	湘西、怀化、邵阳、常德
	1400～1500	岳阳、益阳、娄底、永州、长沙、衡阳、张家界
	>1500	郴州、湘潭、株洲
云南省	<1000	昭通、迪庆、楚雄、昆明、玉溪、丽江、曲靖
	>1000	大理、文山、怒江、红河、保山、临沧、普洱、西双版纳、德宏
甘肃省	<200	酒泉、嘉峪关、金昌、武威
	200～500	张掖、白银、兰州、临夏、定西、庆阳
	>500	天水、平凉、甘南、陇南

2.2.3 土壤条件

土壤作为岩石圈表面的疏松表层，是生物生活的基底，其分布与纬度和海拔均有密切关系。退耕还林工程重点监测省份中，河北省与辽宁省均以碳酸钙质森林类土为主，河北省局部地区有红壤和黄壤类，辽宁省部分地区分布荒漠土类和盐碱土类；湖北省和湖南省则以红壤和黄壤类为主，湖北省东部和湖南省北部分布有少量草甸土和沼泽土类；甘肃省土壤类型较为丰富，以风沙土类为主；云南省大部分地区为红壤和黄壤类，局部地区分布有碳酸钙质森林土类。各省具体土壤分布见图2-4和表2-3。

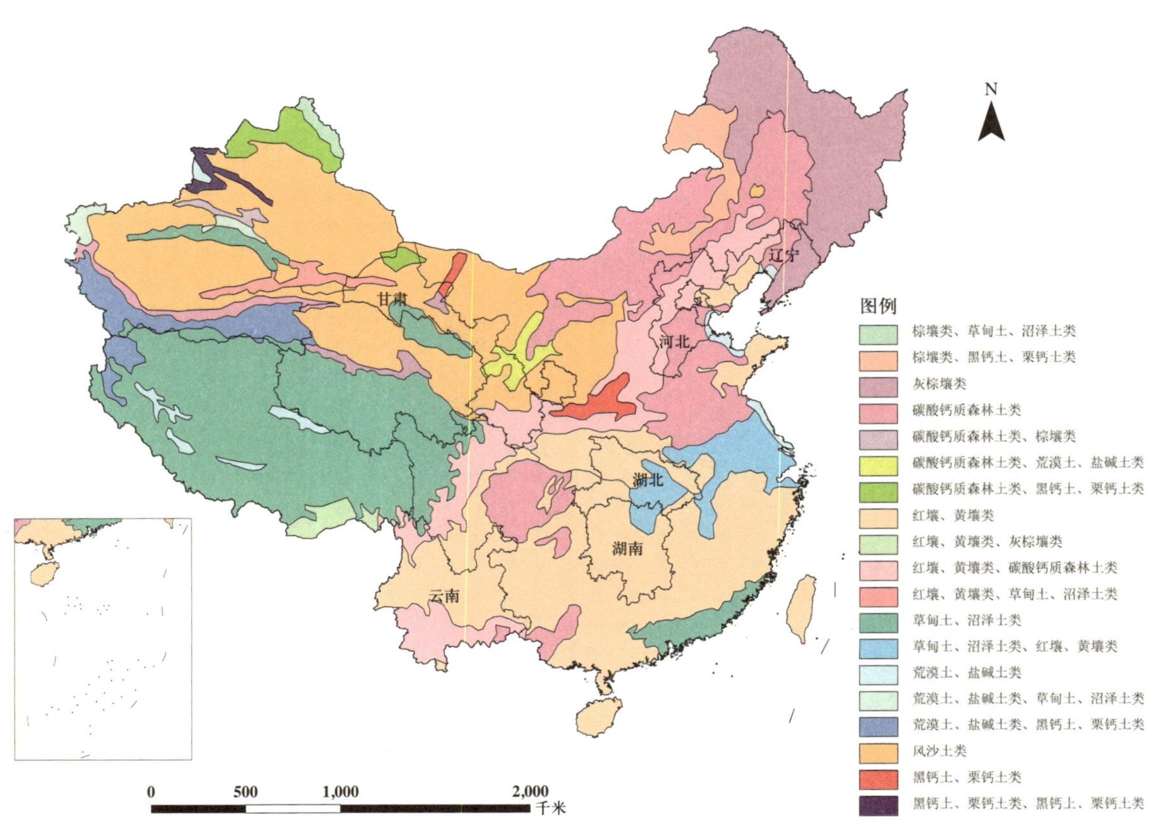

图2-4 退耕还林工程重点监测省份土壤分类示意
（来源：《中国土壤地理》）

表2-3 退耕还林工程重点监测省份土壤分类

省份	土壤类型	主要城市
河北省	红壤、黄壤类	秦皇岛、唐山
	红壤、黄壤、碳酸钙质森林土类	承德、张家口东部、保定西部、石家庄西部、邢台西部、邯郸西部
	碳酸钙质森林土类	张家口西部、廊坊、沧州、衡水、保定东部、石家庄东部、邢台东部、邯郸东部
辽宁省	灰棕壤类	抚顺、本溪、丹东、鞍山东部、辽阳东部、营口东部、大连
	碳酸钙质森林土类	铁岭、沈阳、辽阳西部、鞍山西部、盘锦西部、锦州北部
	荒漠土、盐碱土类	盘锦东部、营口西部、鞍山西南部
	红壤、黄壤、碳酸钙质森林土类	阜新、朝阳
	红壤、黄壤类	葫芦岛、锦州南部

（续）

省份	土壤类型	主要城市
湖北省	红壤、黄壤类	十堰、襄阳、黄冈、宜昌北部、孝感北部、荆门、宜昌、恩施、神农架、随州北部、神农架
	草甸土、沼泽土类、红壤、黄壤类	武汉、孝感南部、荆州、咸宁、天门、潜江、仙桃、随州南部
湖南省	草甸土、沼泽土类、红壤、黄壤类	岳阳西部、益阳北部、常德东部
	红壤、黄壤类	湘西、张家界、常德西部、益阳南部、怀化、娄底、邵阳、永州、郴州、衡阳、湘潭、株洲、长沙
云南省	红壤、黄壤类	昭通、丽江、大理、保山、德宏、楚雄、昆明、玉溪、曲靖、红河北部、文山北部、临沧北部、西双版纳南端、怒江南部
	红壤、黄壤、碳酸钙质森林土类	迪庆南部、怒江北部、临沧南部、普洱、红河南部、文山中部
	碳酸钙质森林土类	文山南部
	沼泽土、草甸土类	迪庆北部
甘肃省	风沙土类	酒泉、张掖、金昌、武威、临夏、定西、甘南北部、庆阳、平凉、天水西部、嘉峪关
	红壤、黄壤、碳酸钙质森林土类	陇南、甘南东南部、天水东部
	碳酸钙质森林土、荒漠土、盐碱土类	白银、兰州
	碳酸钙质森林土、黑钙土、栗钙土类	酒泉北部
	草甸土、沼泽土类	甘南南端
	灰棕壤类	酒泉和张掖交界处
	黑钙土、栗钙土类	酒泉东北端

中国是世界上土壤侵蚀最严重的国家之一，退耕还林工程对于扭转我国土壤侵蚀状况作用巨大。土壤侵蚀分为水力侵蚀、风力侵蚀和冻融侵蚀三种。中国水蚀区主要分布在大兴安岭东坡，沿内蒙古高原和青藏高原向西南直到藏东高山峡谷区以东；风蚀区分布在中国北部和西北部的蒙新青高原上；冻融区分布在青藏高原、天山、阿尔泰山和大兴安岭北部。退耕还林工程重点监测省份各级水力侵蚀强度面积与比例见表2-4，风力侵蚀强度面积与比例见表2-5。

表2-4 退耕还林工程重点监测省份各级水力侵蚀强度面积与比例

省份	水力侵蚀总面积(平方千米)	轻度		中度		强烈		极强烈		剧烈	
		面积(平方千米)	比例(%)	面积(平方千米)	比例(%)	面积(平方千米)	比例(%)	面积(平方千米)	比例(%)	面积(平方千米)	比例(%)
河北省	42135	22397	53.15	13087	31.06	4585	10.84	1464	3.47	622	1.48
辽宁省	43988	21975	49.96	12005	27.29	6456	14.68	2769	6.29	783	1.78
湖北省	36903	20732	56.18	10272	27.83	3637	9.86	1573	4.26	689	1.87
湖南省	32288	19615	60.75	8687	26.90	2515	7.79	1019	3.16	452	1.40
云南省	109588	44876	40.95	34764	31.72	15860	14.47	8963	8.18	5125	4.68
甘肃省	76112	30263	39.76	25455	33.45	12866	16.90	5407	7.10	2121	2.79

*来源：《第一次全国水利普查水土保持情况公报》

表2-5 退耕还林工程重点监测省份各级风力侵蚀强度面积与比例

省份	风力侵蚀总面积(平方千米)	轻度		中度		强烈		极强烈		剧烈	
		面积(平方千米)	比例(%)	面积(平方千米)	比例(%)	面积(平方千米)	比例(%)	面积(平方千米)	比例(%)	面积(平方千米)	比例(%)
河北省	4961	3498	70.52	1310	26.40	153	3.08	—	—	—	—
辽宁省	1947	1794	92.15	117	6.01	1	0.05	25	1.28	10	0.51
湖北省	—	—	—	—	—	—	—	—	—	—	—
湖南省	—	—	—	—	—	—	—	—	—	—	—
云南省	—	—	—	—	—	—	—	—	—	—	—
甘肃省	125075	24972	19.97	11280	9.02	11325	9.05	33858	27.07	43640	34.89

*来源：《第一次全国水利普查水土保持情况公报》

所有退耕还林工程重点监测省份都有水力侵蚀，针对水力侵蚀总面积进行比较：云南省>甘肃省>辽宁省>河北省>湖北省>湖南省。各省的轻度侵蚀占主要方面，其次为中度侵蚀，强烈、极强烈和剧烈侵蚀所占比重较小。风力侵蚀仅限于中国北方，退耕还林工程重点监测省份中，辽宁省、甘肃省和河北省有风力侵蚀。针对各省风力侵蚀总面积进行比较：甘肃省>河北省>辽宁省。其中辽宁省和河北省轻度风力侵蚀造成的侵蚀面积较大，但甘肃省剧烈风力侵蚀造成侵蚀面积远大于其他强度等级。河北省内没有极强烈和剧烈等级的土壤侵蚀。侵蚀强度具体等级划分见表2-6，中国土壤侵蚀图见图2-5，各省土壤侵蚀区划见表2-7。

表2-6 土壤侵蚀强度分级标准表

级别	平均侵蚀模数 [吨/(平方千米·年)]			平均流失厚度 (毫米/年)		
	西北黄土高原区	东北黑土区/北方土石山区	南方红壤丘陵区/西南土石山区	西北黄土高原区	东北黑土区/北方土石山区	南方红壤丘陵区/西南土石山区
微　度	<1000	<200	<500	<0.74	<0.15	<0.37
轻　度	1000～2500	200～2500	500～2500	0.74～1.9	0.15～1.9	0.37～1.9
中　度		2500～5000			1.9～3.7	
强　度		5000～8000			3.7～5.9	
极强烈		8000～15000			5.9～11.1	
剧　烈		>15000			>11.1	

表2-7 退耕还林工程重点监测省份土壤侵蚀情况（参照中国土壤侵蚀区划）

省份	中国土壤侵蚀区划	主要城市
河北省	黄淮海平原栽培植被微度水蚀区	石家庄、承德、邢台、衡水、邯郸、沧州、秦皇岛、唐山、保定、廊坊
	太行山山地林灌中度水蚀区	张家口
辽宁省	长白山千山山地丘陵林灌木轻度水蚀区	大连、丹东、营口
	松辽平原栽培植被微度水蚀区	沈阳、辽阳、抚顺、本溪、鞍山、铁岭
	辽西冀北山地林灌中度水蚀区	锦州、朝阳、阜新、葫芦岛、盘锦
湖北省	秦岭大别山鄂西山地森林轻度水蚀区	十堰、神农架、恩施
	长江中下游平原栽培植被微度水蚀区	荆州、武汉、宜昌、仙桃、天门、潜江、襄阳、随州、黄石、黄冈、孝感、鄂州
	江南山地丘陵森林栽培植被微度水蚀区	咸宁
湖南省	长江中下游平原栽培植被微度水蚀区	岳阳、株洲、湘潭、益阳、常德
	江南山地丘陵森林栽培植被微度水蚀区	长沙、衡阳、邵阳、永州、郴州、娄底
	黔桂滇高原山地森林栽培植被轻度水蚀区	张家界、湘西、怀化
云南省	黔桂滇高原山地森林栽培植被轻度水蚀区	昭通、昆明、曲靖、文山、红河、玉溪、楚雄
	横断山山地森林栽培植被轻度水蚀区	迪庆、怒江、西双版纳、丽江、大理、保山、德宏、临沧、普洱
甘肃省	黄土高原栽培植被极强度水蚀区	庆阳、平凉，天水、定西、兰州、白银、陇南、甘南、临夏
	蒙新青高原盆地荒漠强度风蚀区	武威、张掖、酒泉、金昌、嘉峪关

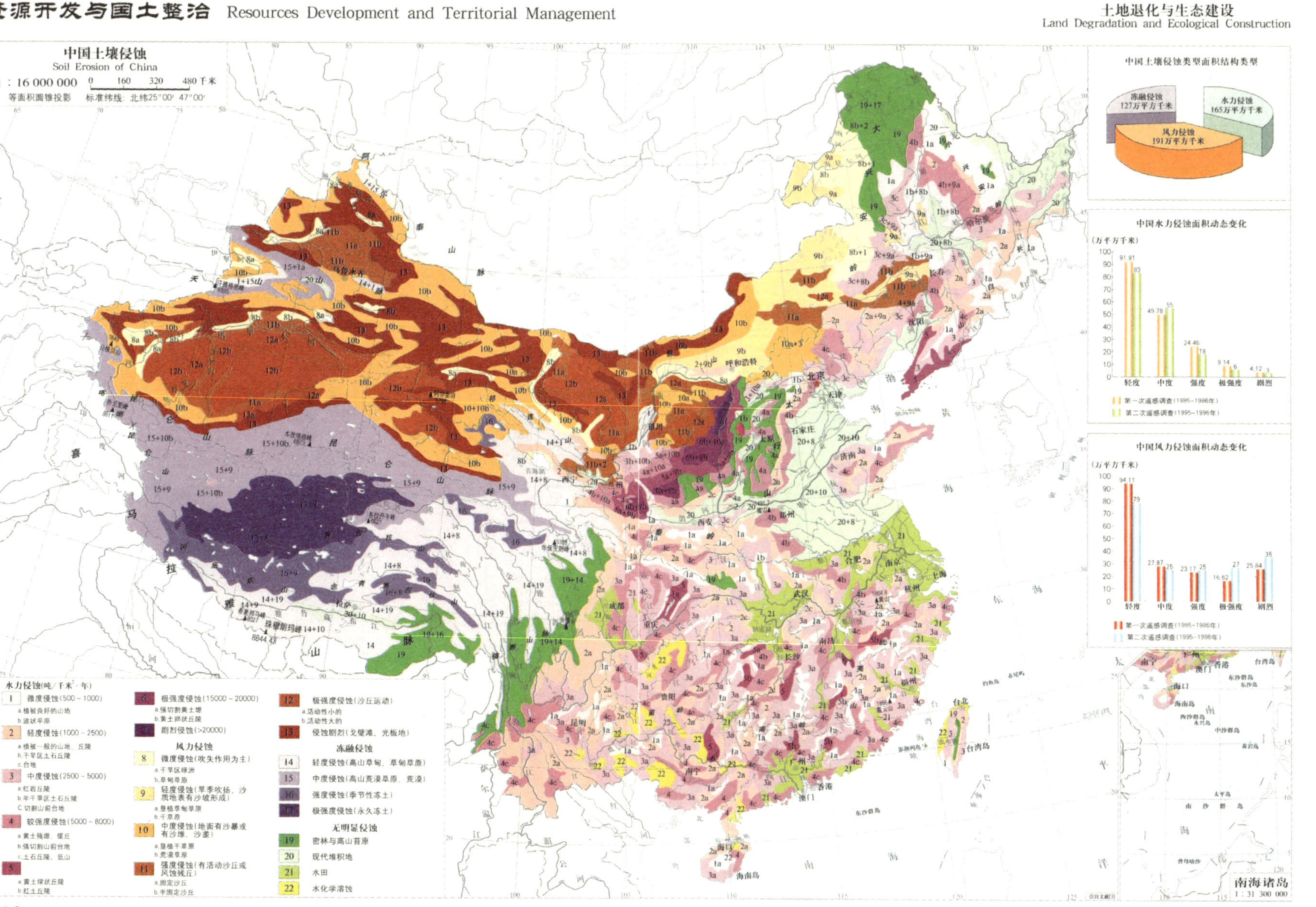

图2-5 中国土壤侵蚀示意（来源：中国地理图集）

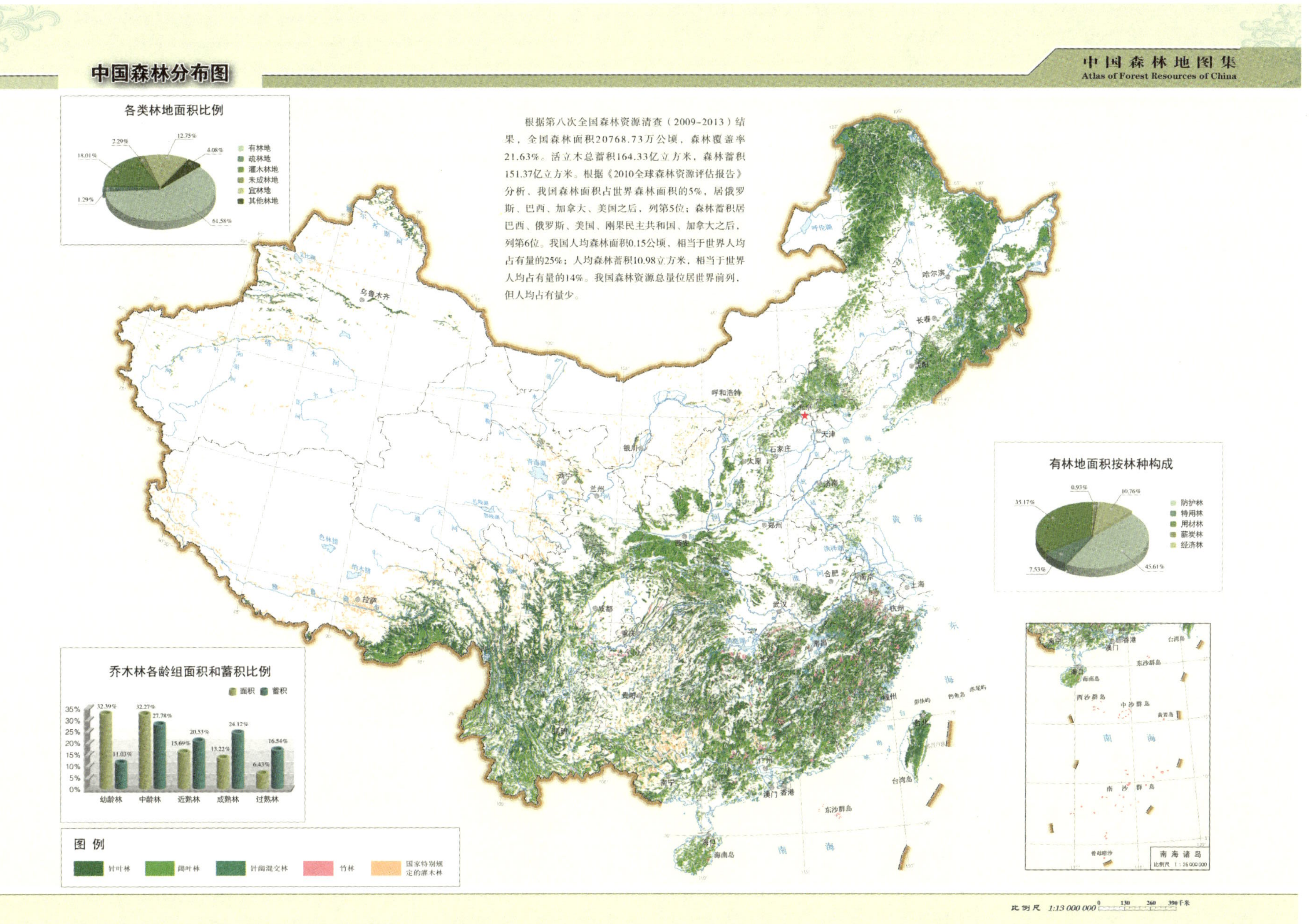

图2-6 中国森林分布示意（来源：中国林业网）

2.2.4 植被分布情况

根据中国植被区划，中国被分为寒温带落叶针叶林区域、温带针叶、落叶阔叶混交林区域、暖温带落叶阔叶林区域、亚热带常绿阔叶林区域、热带季风雨林、雨林区域、温带草原区域、温带荒漠区域和青藏高原高寒植被区域（中国科学院中国植被图编辑委员会，2007），中国森林分布图见图2-6。

植被净初级生产力（NPP）是对植被生产能力特征进行定量描述的指标，由于林分类型、水热条件和土壤状况的差异性，各区域的植被NPP亦不同。根据适地适树的原则，在不同地区选择不同的树种，才能更好地达到退耕还林的效果，对指导退耕还林工程实施和评估退耕还林生态效益有一定指导作用。全国植被年NPP空间分布见图2-7。

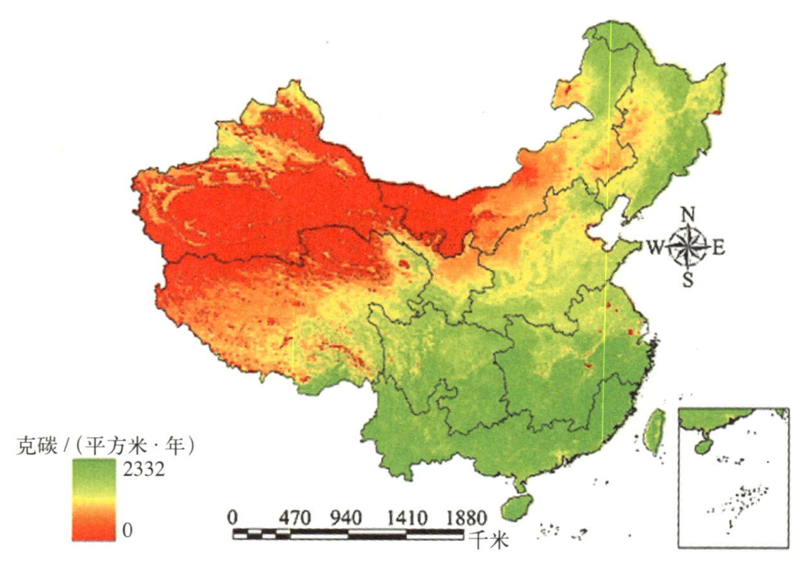

图2-7 中国NPP空间分布示意（高志强等，2008）

退耕还林工程重点监测省份中，河北省和辽宁省大部分地区位于暖温带落叶阔叶林区域，另外，辽宁东北部位于温带针叶、落叶阔叶混交林区域；河北张家口和承德北部即坝上地区位于温带草原区，主要植被类型为针叶林、阔叶林、针阔混交林和灌木林。湖北省和湖南省位于亚热带常绿阔叶林区域，主要植被为针叶林、阔叶林、针阔混交林、竹林，灌木林比较少。云南省大部分区域位于亚热带常绿阔叶林区域，南部边境地带位于热带季雨林、雨林区域，主要植被为针叶林、阔叶林、针阔混交林和灌木林。甘肃省西部和中部区域均位于温带荒漠区域，从白银、兰州往南分别属于温带草原区、暖温带落叶阔叶林区、亚热带常绿阔叶林区，西南部属于青藏高原高寒植被区，主要植被类型有针叶林、阔叶林、针阔混交林和灌木林。与植被类型相对应，甘肃省大部分地区植被NPP较低，南部略高；云南省、湖北省和湖南省植被NPP较高，辽宁省和河北省临近，且植被类型相似，植被NPP空间分布情况也比较相近。退耕还林工程重点监测省份主要监测树种见表2-8。

表2-8 退耕还林工程重点监测省份主要树种

省份	林种类型	主要树种
河北省	生态林	油松、落叶松、樟子松、杨树、泡桐、柏木、栎类、桦木、水曲柳、胡桃楸、黄波罗、榆树、椴树、柳树、其他硬阔类、其他软阔类、针叶混交林、阔叶混交林、针阔混交林
	经济林	苹果、栗树、核桃、樱桃、梨树、桃树、杏树、花椒、李子、山楂、葡萄、板栗、柿子、枸杞、杜仲、石榴、枣树
	灌木林	灌木林
辽宁省	生态林	冷杉、云杉、柏木、栎类、油松、落叶松、红松、黑松、杨树、柳树、桦木、水曲柳、胡桃楸、黄波罗、榆树、椴树、其他硬阔、其他软阔、针阔混交林
	经济林	大樱桃、扁杏、板栗、枣树、梨树、山杏、刺嫩芽、李子、杏树、桃树、苹果、山枣、山楂、核桃、樱桃树、枸杞、五味子、树莓、蓝莓
	灌木林	刺五加、五味子、刺嫩芽、沙棘、荆条
湖北省	生态林	杉木、杨树、泡桐、其他松类、其他硬阔类、针阔混交林、阔叶混交林
	经济林	油茶、核桃、柑橘、桃树、梨树、李子、茅栗
	灌木林	—
湖南省	生态林	云南松、马尾松、国外松、杉木、柏木、华山松、枫香、桦木
	经济林	柑橘、油茶、板栗
	灌木林	灌木林
云南省	生态林	云南松、华山松、冷杉、云杉、落叶松、其他松类、杉木、柳杉、柏木、栎类、桦木、枫香、桉树、檫木、楝树、杨树、柳树、油杉、其他硬阔类、其他软阔类、阔叶混交林、针叶混交林、针阔混交林
	经济林	板栗、核桃、柑橘、桃树、李子、花椒、柿子、八角、枇杷、橡胶、杨梅、杜仲、梨树、茶叶、油茶、柿、油桐、油橄榄、樱桃、龙眼、杧果、咖啡
	灌木林	车桑子、海棠、青刺尖、青刺、蚕桑等
甘肃省	生态林	云杉、落叶松、油松、华山松、其他松类、柏木、栎类、榆树、泡桐、杨树、刺槐、柳树、栎类、桦木、其他硬阔类、其他软阔类、针叶混交林、阔叶混交林、针阔混交林
	经济林	板栗、樱桃、花椒、山杏、仁用杏、柿子、杜仲、山桃、杏树、桃树、苹果、梨树、葡萄、漆树、油桃、枸杞、山楂、油橄榄
	灌木林	梭梭、红砂、红柳、沙棘等灌木

随着工程的不断推进，到2013年，工程前期部分树种幼龄林已经成长为中龄林或近熟林。现以杨树为例，分析退耕还林工程重点监测省份杨树的林龄组成。优势树种（组）龄组划分表见表2-9，杨树林龄划分参照该表。

表2-9 优势树种（组）龄组划分表

树种	地区	起源	龄组划分					龄级划分
			幼龄林	中龄林	近熟林	成熟林	过熟林	
红松、云杉、柏木、紫杉、铁杉	北方	天然	60以下	61～100	101～120	121～160	161以上	20
	北方	人工	40以下	41～60	61～80	81～120	121以上	10
	南方	天然	40以下	41～60	61～80	81～120	121以上	20
	南方	人工	20以下	21～40	41～60	61～80	81以上	10
落叶松、冷杉、樟子松、赤松、黑松	北方	天然	40以下	41～80	81～100	101-140	141以上	20
	北方	人工	20以下	21～30	31～40	41～60	61以上	10
	南方	天然	40以下	41～60	61～80	81～120	121以上	20
	南方	人工	20以下	21～30	31～40	41～60	61以上	10
油松、马尾松、云南松、思茅松、华山松、高山松	北方	天然	30以下	31～50	51～60	61～80	81以上	10
	北方	人工	20以下	21～30	31～40	41～60	61以上	10
	南方	天然	20以下	21～30	31～40	41～60	61以上	10
	南方	人工	10以下	11～20	21～30	31～50	51以上	10
杨、柳、桉、檫、泡桐、木麻黄、楝、枫杨、相思、软阔	北方	人工	10以下	11～15	16～20	21～30	31以上	5
	南方	人工	5以下	6～10	11～15	16～25	26以上	5
桦、榆、木荷、枫香、珙桐	北方	天然	30以下	31～50	51～60	61～80	81以上	10
	北方	人工	20以下	21～30	31～40	41～60	61以上	10
	南方	天然	20以下	21～40	41～50	51～70	71以上	10
	南方	人工	10以下	11～20	21～30	31～50	51以上	10
栎、柞、槠、栲、樟、楠、椴、水曲柳、胡桃楸、黄波罗、硬阔	南北	天然	40以下	41～60	61～80	81～120	121以上	20
	南北	人工	20以下	21～40	41～50	51～70	71以上	
杉木、柳杉、水杉	南方	人工	10以下	11～20	21～25	26～35	36以上	5

注：表中未列树种（包括经济乔木树种）和短轮伐期用材林树种的划分标准由各省自行制定。

由表2-9可知，在北方，杨树林龄小于10年为幼龄林，11～15年为中龄林；南方5年以下为幼龄林，6～10年为中龄林，10～15年为近熟林。退耕还林工程始于1999年，截至2013年，共15年，因此，在北方地区，退耕还林工程中，杨树有幼龄林和中龄林，但是在南方地区还会出现近熟林。杨树在退耕还林工程重点监测省份具体情况见表2-10。

表2-10 退耕还林工程重点监测省份杨树林龄

省份	总面积（万公顷）	幼龄林（万公顷）	比例	中龄林（万公顷）	比例	近熟林（万公顷）	比例
河北省	68.98	34.25	0.50	34.73	0.50	—	—
辽宁省	22.53	9.24	0.41	13.29	0.59	—	—
湖北省	18.31	0.59	0.03	12.41	0.68	5.31	0.29
湖南省	—	—	—	—	—	—	—
云南省	—	—	—	—	—	—	—
甘肃省	0.12	0.02	0.17	0.10	0.83	—	—

根据表2-10，湖南省和云南省内退耕还林工程无杨树，甘肃省杨树面积较小，河北省杨树种植面积最广。在所有种植杨树的省份中，杨树中龄林所占比例均超过50%。湖北省属于北亚热带地区，杨树林龄按照南方地区划分，有幼龄林、中龄林和近熟林三种林龄，其中中龄林面积最大，占湖北省全部杨树面积的68%，其次为近熟林，幼龄林面积最小，仅有3%。其他省份位于中国北方地区，杨树只有幼龄林和中龄林。河北省和辽宁省的杨树幼龄林和中龄林基本相等，甘肃省在退耕还林工程前期栽种杨树较多，中龄林比例远大于幼龄林比例。

2.3 退耕还林工程重点监测省份资源概况

退耕还林工程重点省份于2000年首先在部分县市开始试点，直到2002年才在各省范围内铺开。目前，河北省退耕还林工程建设范围涉及11个市的176个县（市、区），200多万农户；辽宁省退耕还林工程发展到15市74县，工程覆盖1115个乡县11517个自然村，涉及659592农户；湖北省退耕还林工程共惠及了全省16个市州和3个保护区99个县市区900多个乡171余万农户；湖南省退耕还林工程共覆盖14个州市127个县；云南省退耕还林工程覆盖16个州市129个县，惠及130万农户544.6万人；甘肃省退耕还林工程实施以来，共惠及全省14个州市86个县市区166万农户728万农村人口。

2.3.1 重点监测省份植被恢复类型及林种分析

在本次生态效益评估中，退耕还林工程共分三种植被恢复类型，即退耕地还林、宜林荒山荒地造林和封山育林。退耕还林工程林种主要分为生态林、经济林和灌木林。在工程实施的不同阶段，三种植被恢复类型所占比重存在差异。根据各地生态环境的差异，不同省份的林种选择侧重点不同。退耕还林工程重点监测省份工程实施情况见表2-11。

表2-11 截至2013年退耕还林工程重点监测省份工程实施情况

省份	总面积（万公顷）	三种植被恢复类型						三种林种类型					
		退耕地还林（万公顷）	比例	宜林荒山荒地造林（万公顷）	比例	封山育林（万公顷）	比例	生态林（万公顷）	比例	经济林（万公顷）	比例	灌木林（万公顷）	比例
河北省	186.67	63.13	0.34	107.00	0.57	16.54	0.09	139.97	0.75	24.27	0.13	22.43	0.12
辽宁省	113.57	24.67	0.22	71.17	0.63	17.73	0.15	81.89	0.72	25.91	0.23	5.77	0.05
湖北省	107.57	33.13	0.31	62.54	0.58	11.90	0.11	80.86	0.75	26.71	0.25	—	—
湖南省	140.93	50.40	0.36	75.77	0.54	14.76	0.10	133.05	0.94	7.85	0.06	0.03	<0.01
云南省	120.17	35.54	0.30	69.93	0.58	14.70	0.12	68.26	0.57	38.06	0.32	13.85	0.11
甘肃省	189.69	66.89	0.35	107.03	0.57	15.77	0.08	110.14	0.58	31.57	0.17	47.98	0.25

1999～2013年各省退耕还林工程三种植被恢复类型及不同林种类型面积和比例见图2-8和图2-9。

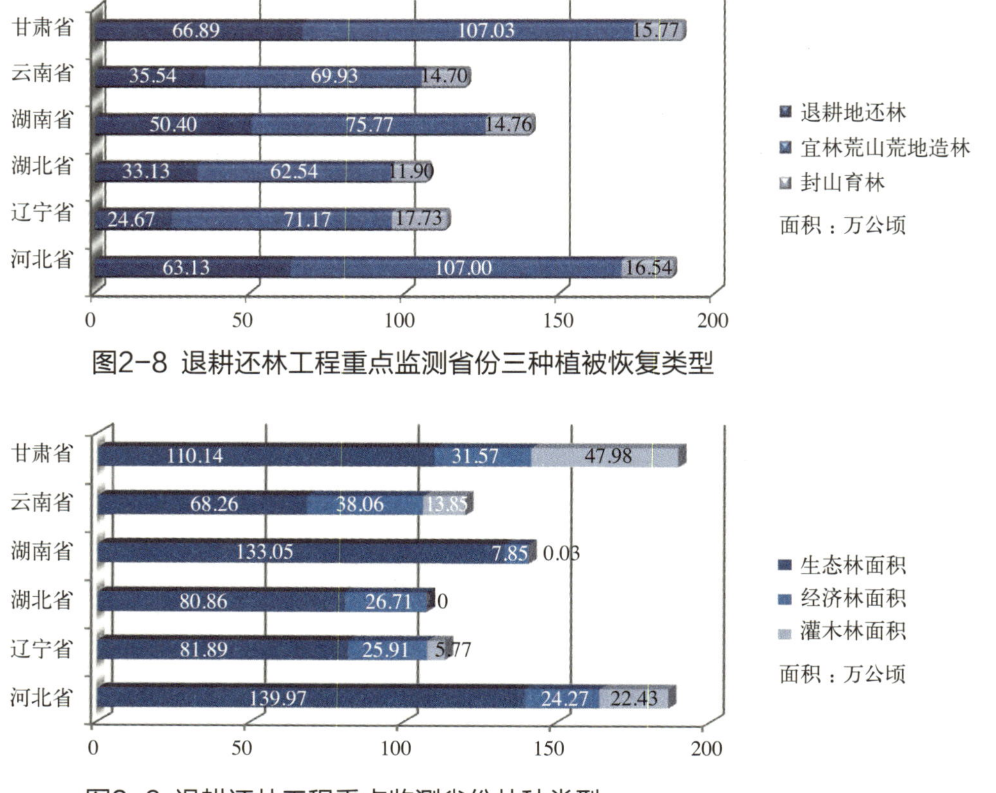

图2-8 退耕还林工程重点监测省份三种植被恢复类型

图2-9 退耕还林工程重点监测省份林种类型

甘肃省地处黄土高原，水土流失现象极其严重，其退耕还林总面积是重点监测省中最大的，达到189.69万公顷，其次为河北省，为186.67万公顷，湖北省面积最小，为107.57万公顷。退耕地还林中，除辽宁省退耕地还林面积占辽宁省退耕总面积22%外，其他五省均在30%以上。各省宜林荒山荒地造林所占比例最大。

在退耕还林工程重点监测省中，生态林是每个省内面积最大的林种，为改善退耕还林工程区的生态环境起到了非常重要的作用。灌木林面积在大部分省份中所占比重最小，这主要是由当地生境特点决定的。甘肃省退耕还林工程中，灌木林所占比重达到25%，是重点监测省份中灌木林面积最大、所占比重最高的省份，这主要是由于甘肃省纬度较高、年平均降水量不到400毫米、土壤多为风沙土类，大部分地区不适宜耗水量高的植被生长，梭梭、沙棘等灌木林是该地区较好的退耕还林林种。由图2-6可看出，中国灌木林主要分布在西部地区，云贵高原由于海拔较高也多有分布，长江流域中下游和华北平原一带灌木林较少，河北省退耕还林工程中灌木林面积也比较大，主要分布在河北临近内蒙古、辽宁和山西的地区。

2.3.2 重点监测省份退耕还林工程进展情况分析

退耕还林工程重点监测省份自1999年工程实施以来，不同的阶段有不同的工程实施特点。1999～2013年，6个重点监测省份的退耕还林工程可以分为三个阶段：1999～2003年，退耕还林工程试点工作全面铺开，退耕还林工程面积迅速增加；2003～2006年，由于之前完成大部分退耕地还林工作和荒山造林工作，因此本阶段退耕还林工程面积显著下降；2006～2013年，退耕还林工程进入巩固阶段。1999～2013年退耕还林工程重点监测省份工程实施情况见图2-10。

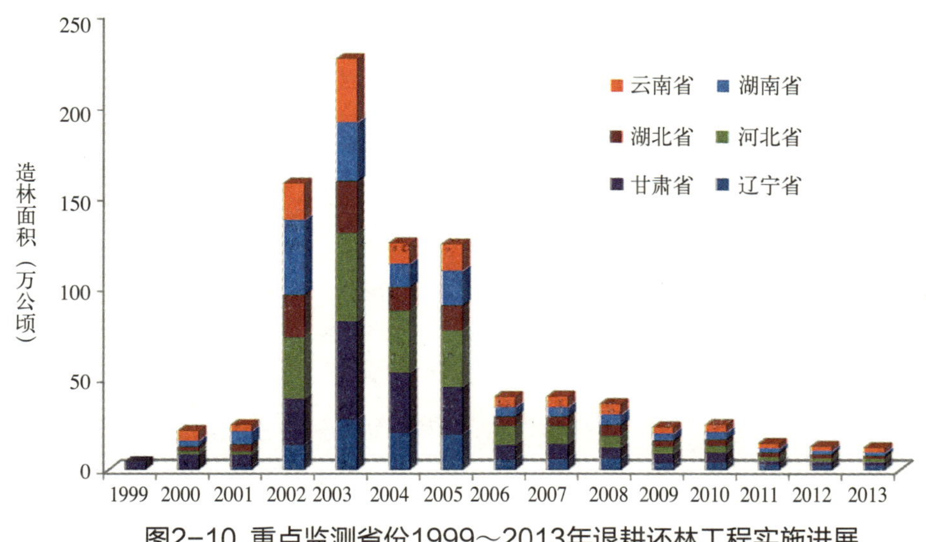

图2-10 重点监测省份1999～2013年退耕还林工程实施进展

退耕地还林在工程实施前期发展非常迅速，2003年，退耕地还林面积最大，此后逐渐减少，针对坡耕地改造基本完成后，2007年开始，退耕还林工程重点监测省内无退耕地还林（图2-11）。

针对宜林荒山荒地造林，退耕还林工程重点监测省份在工程初期发展非常迅速，2000年重点监测省份开始宜林荒山荒地造林并逐年增多，2003年达到最大（图2-12）。

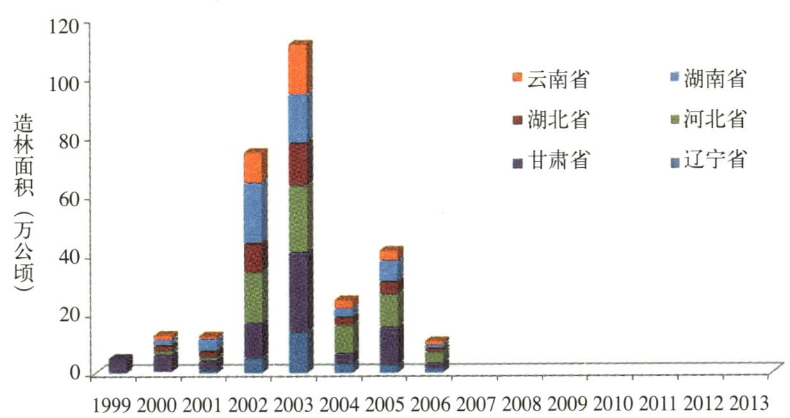

图2-11　重点监测省份1999～2013年退耕地还林实施进展

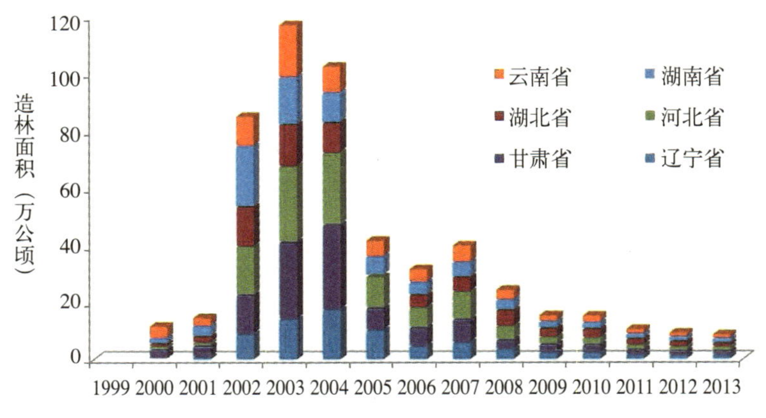

图2-12 重点监测省份1999～2013年宜林荒山荒地造林实施进展

针对封山育林，退耕还林工程重点监测省在工程初期开展较少。1999～2004年、2006年和2007年均无封山育林工作。2005年是封山育林造林最多的一年，以河北省封山育林面积最大，2008～2013年，该植被恢复类型的造林面积进入平稳发展阶段（图2-13）。

图2-14至图2-19为1999～2013年退耕还林工程重点监测省份的三种植被恢复类型在每年工程实施中所占比例。在工程前期，退耕地还林和宜林荒山荒地造林是各省的主要工作，但随着工程进展，陡坡耕地等不适宜耕作的土地越来越少，退耕地还林工作基本完成，在退耕还林工程后期，封山育林逐渐成为退耕还林工程的主要植被恢复类型，宜林荒山荒地造林虽然也在逐渐减少，但仍然是退耕还林工程的主要工作。

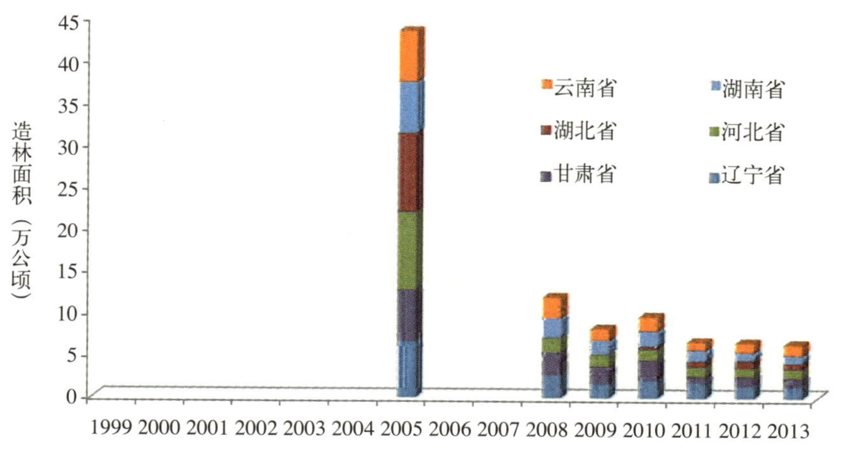

图2-13 重点监测省份1999～2013年封山育林实施进展

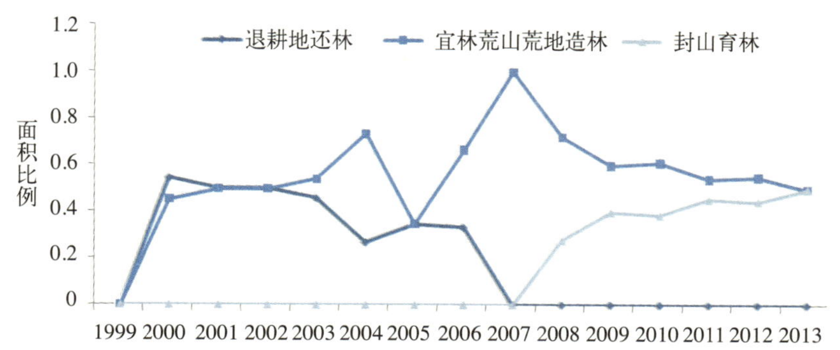

图2-14 河北省1999～2013年退耕还林工程三种植被恢复类型所占面积比例

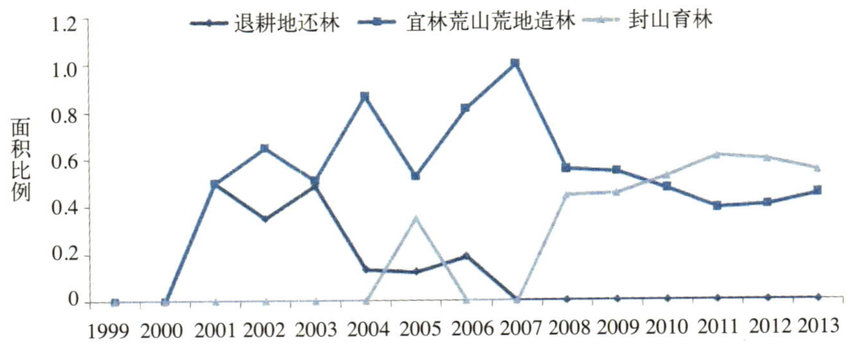

图2-15 辽宁省1999～2013年退耕还林工程三种植被恢复类型所占面积比例

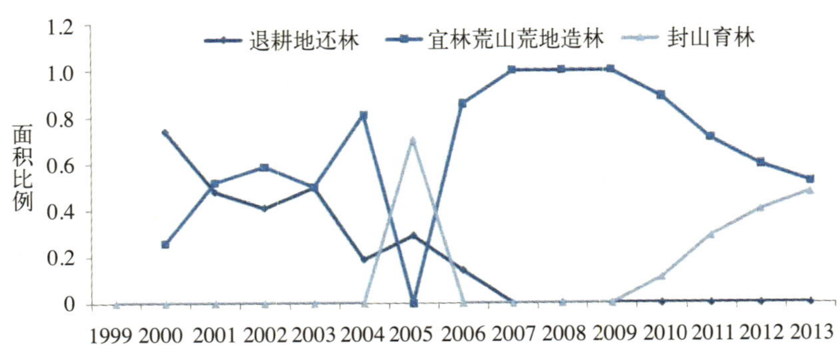

图2-16 湖北省1999～2013年退耕还林工程三种植被恢复类型所占面积比例

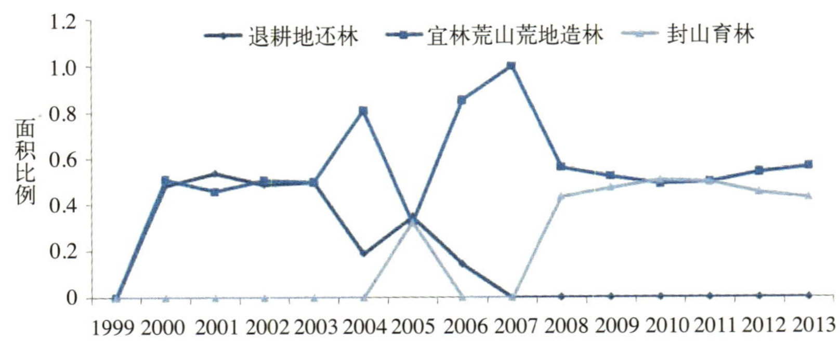

图2-17 湖南省1999~2013年退耕还林工程三种植被恢复类型所占面积比例

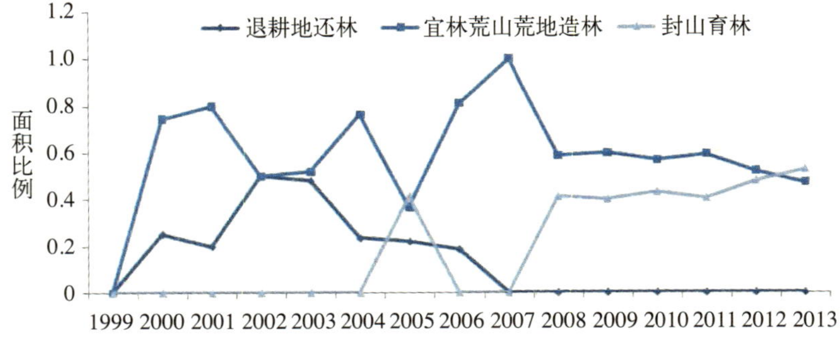

图2-18 云南省1999~2013年退耕还林工程三种植被恢复类型所占面积比例

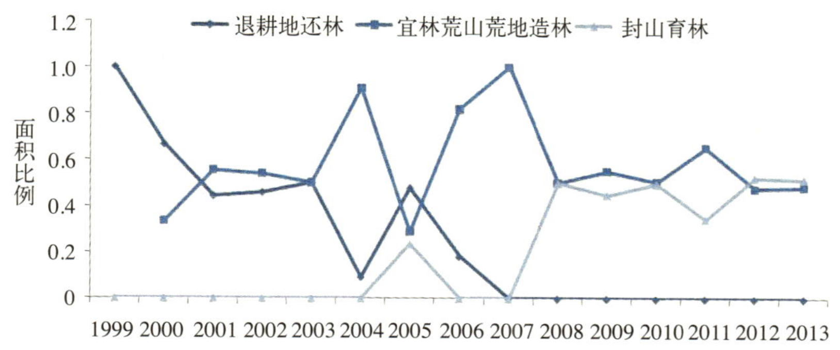

图2-19 甘肃省1999～2013年退耕还林工程三种植被恢复类型所占面积比例

2.3.3 退耕还林工程重点监测省份前期成果

退耕还林工程实施以来，各省不定期对本省退耕还林情况进行总结和成果汇总。退耕还林地区多为环境恶劣、经济落后地区，经实践证明，退耕还林工程对提高农民收入，调整当地产业结构有着极其深远的影响，同时有效地改善了当地的生态环境，尤其对防止水土流失起到重要作用。

截至2011年，辽宁省退耕还林工程区内土壤流失减少了86%，周边地区土壤流失减少率达34%，辽东山地退耕3年后减少泥沙流失量达270克/平方米以上，辽西山地土壤流失量减少30克/平方米，土壤流失减少率达37.5%，土地治理度达68.6%（王海涛等，2011）；河北退耕还林工程启动以来，森林覆盖率增长3.77%，到2008年，主要河流泥沙含量比2007年下降1.3%（马宁和孙阁，2011）；湖南退耕还林工程启动后，森林覆盖率提高将近3%，年均进入洞庭湖的泥沙量减少77%，其中来自湘、资、沅、澧水泥沙量减少40.7%，水土流失量普遍下降30%以上（陶接来，2009）；湖北退耕还林工程开展以来，退耕还林地土壤侵蚀模式比坡耕地土壤侵蚀模数减少1347.15吨/（平方公里·年），2004～2008年共减少向江河湖泊输入泥沙1029.44万吨（国家林业局退耕还林办公室，2009）；云南退耕还林工程启动以来在25度和15～25度陡坡耕地分别退耕还林332.5万亩和132.9万亩，有效地减少陡坡耕地面积，25度以上坡耕地径流量下降82%，泥沙含量下降98%，农户收入也有显著增加（国家统计局，2008）；甘肃退耕还林工程提高全省森林覆盖率3.8%，每年固土可新造农田54.15万亩，减轻水土流失和风沙灾害，其中陇南市每年可减少水土流失500万吨，定西市土壤侵蚀量2005～2010年平均每年减少53.8吨（甘肃林业网，2012）。

第三章

退耕还林工程重点监测省份省级生态效益

依据国家林业局《退耕还林工程生态效益监测评估技术标准与管理规范》（办退字〔2013〕16号），本章将在省级尺度上，对河北、辽宁、湖北、湖南、云南和甘肃6省703区县开展退耕还林工程生态效益评估工作，探讨各省退耕还林工程生态效益的特征。

3.1 退耕还林工程重点监测省份生态效益

退耕还林工程生态效益评估分为物质量和价值量两个部分。物质量评估主要是从物质量的角度对退耕还林工程提供的各项服务进行定量评估；价值量评估是指从货币价值量的角度对退耕还林工程提供的服务进行定量评估。

3.1.1 物质量

根据退耕还林工程生态连清体系和生态效益评估方法，开展了重点监测省份涵养水源、保育土壤、固碳释氧、林木积累营养物质和净化大气环境等5个类别14个分项生态效益物质量评估（表3-1）。其中，涵养水源总物质量为183.27亿立方米/年，固土总物质量达到20439.81万吨/年，每年能够减少土壤中氮、磷、钾和有机质损失量分别为46.30万吨、22.89万吨、366.26万吨和8.60万吨，每年固碳总量达1397.00万吨，释氧达3214.90万吨，林木积累氮、磷、钾总量分别为25.60万吨/年、1.98万吨/年和12.62万吨/年，每年能够提供负离子总量为5452.62×10^{22}个，吸收污染物102002.39万千克，滞尘1404.24亿千克。

退耕还林工程重点监测省份涵养水源总物质量表现出明显的省份差异（图3-1），除了不同省份退耕还林面积的差异外，还存在以下几方面的原因。第一，不同林种类型涵养水源效益的差异性，例如，邓德明等（2005）研究表明生态林涵养水源效益高

表3-1 退耕还林工程重点监测省份生态效益物质量

地区	涵养水源（亿立方米/年）	保育土壤					固碳释氧		林木积累营养物质			净化大气环境		
		固土（万吨/年）	氮（万吨/年）	磷（万吨/年）	钾（万吨/年）	有机质（万吨/年）	固碳（万吨/年）	释氧（万吨/年）	氮（万吨/年）	磷（万吨/年）	钾（万吨/年）	提供负离子（$\times10^{22}$个）	吸收污染物（万千克/年）	滞尘（亿千克/年）
河北省	49.16	3046.44	3.57	1.02	24.11	1.34	368.6	850.96	11.12	0.48	7.13	1142.75	18272.16	267.09
辽宁省	11.47	3330.18	7.99	4.11	62.55	1.68	211.79	504.36	5.67	0.27	1.04	626.50	11789.30	143.08
湖北省	20.97	1524.26	4.66	0.99	21.46	0.42	259.10	622.91	2.33	0.17	1.86	719.21	13637.08	203.30
湖南省	38.54	2332.62	4.07	1.24	30.31	0.56	42.17	54.80	0.23	0.02	0.13	1208.22	23927.69	337.60
云南省	30.43	4353.72	4.83	3.75	65.45	1.56	256.53	606.55	2.49	0.71	1.19	666.15	14695.78	190.78
甘肃省	32.70	5852.59	21.18	11.78	162.38	3.04	258.81	575.32	3.76	0.33	1.27	1089.79	19680.38	262.39
总计	183.27	20439.81	46.30	22.89	366.26	8.60	1397.00	3214.90	25.60	1.98	12.62	5452.62	102002.39	1404.24

注：表中吸收污染物是森林吸收二氧化硫、氟化物和氮氧化物的物质量总和。

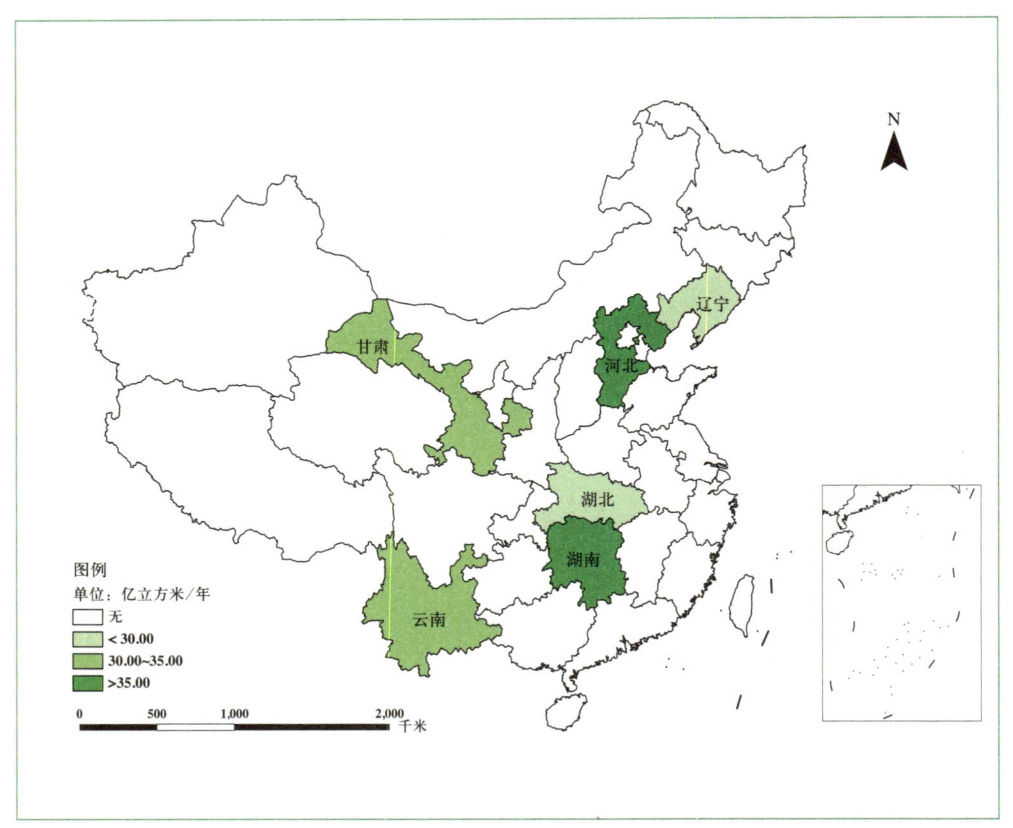

图3-1　重点监测省份涵养水源功能物质量

出经济林73%，因而生态林占较高比例的河北省（74.72%）和湖南省（94.33%），退耕还林工程涵养水源物质量高于其余各省。第二，地形和气候条件的差异性，例如，云南省虽地处亚热带季风区，年平均降水量可达1000毫米，但生态林仅占全省退耕还林面积的56.80%，且近三分之一的工程县（41个）处于干热地区，这些地区年平均降水量在500～900毫米之间，蒸散量大于1100毫米，部分地区降水量与蒸散量的比值甚至达到1:6.5（李学辉等，2008），极大地限制了退耕还林涵养水源生态效益的发挥。第三，评估参数和方法也会在一定程度上影响到评估结果。朱玉雯等（2008）在湖南省退耕还林工程综合效益评估研究中，使用森林减流模数评估涵养水源物质量，评估得出湖南省退耕还林工程2006年涵养水源单位面积物质量比此次使用水量平衡法评估低87.99%。两者之间的差异主要是源于该评估中未考虑降水量、蒸散量以及净化水质指标，从而低估了森林在涵养水源方面的巨大效益。国内外森林水源涵养研究的理论和实践也表明，水量平衡法是计算森林水源涵养量的最佳方法。

退耕还林工程保育土壤效益包括固土和保肥两方面内容（图3-2至图3-6）。退耕还林工程的实施，不但控制水土流失，而且有效减少土壤中氮、磷、钾和有机质的流失。可以根据土壤侵蚀量与土壤表层氮、磷、钾和有机质含量确定土壤流失的养分，评估退耕还林减少养分流失的物质量（周文渊，2011）。退耕还林工程保育土壤物质量与退耕前后土壤侵蚀模数以及工程所在地区的地形地貌类型密切相关，在山坡地实施退耕还林工程，保育土壤物质量显著高于平原地区。例如，河北省植被覆盖率小于10%的山地，其土壤侵蚀模数高出植被覆盖率大于70%的平原地区，最多可达30倍（陈艳梅，2006）。在本次评估中，甘肃省和云南省山坡地退耕还林面积占总退耕面积达76.2%和87.3%，因此，其保育土壤物质量显著高于其他省份。另外，本次评估表明，甘肃省退耕还林工程每年固土效益达33.20吨/公顷，与李育才等（2009）对甘肃省安定区的结果（29.40吨/公顷）接近。

退耕还林工程固碳释氧物质量（图3-7、图3-8），一方面与工程区的水热条件有关，例如，我国南方地区降水量高、生长季长，有利于新造林木生长，且林分生产力高，因而，固碳效益高于北方地区新造林分。另一方面，退耕还林固碳效益与所营造的林种类型有关，例如，湖南省退耕还林工程营造树种主要类型以马尾松、国外松和云南松等针叶类植被为主，而针叶树林分生产力比速生阔叶林树种（如杉木、桉树、杨树、泡桐等）林分低，因此以速生阔叶林营造为主的湖北、云南和辽宁等省，平均固碳释氧速率比湖南省高约58%（中国森林生态服务功能评估，2009）。

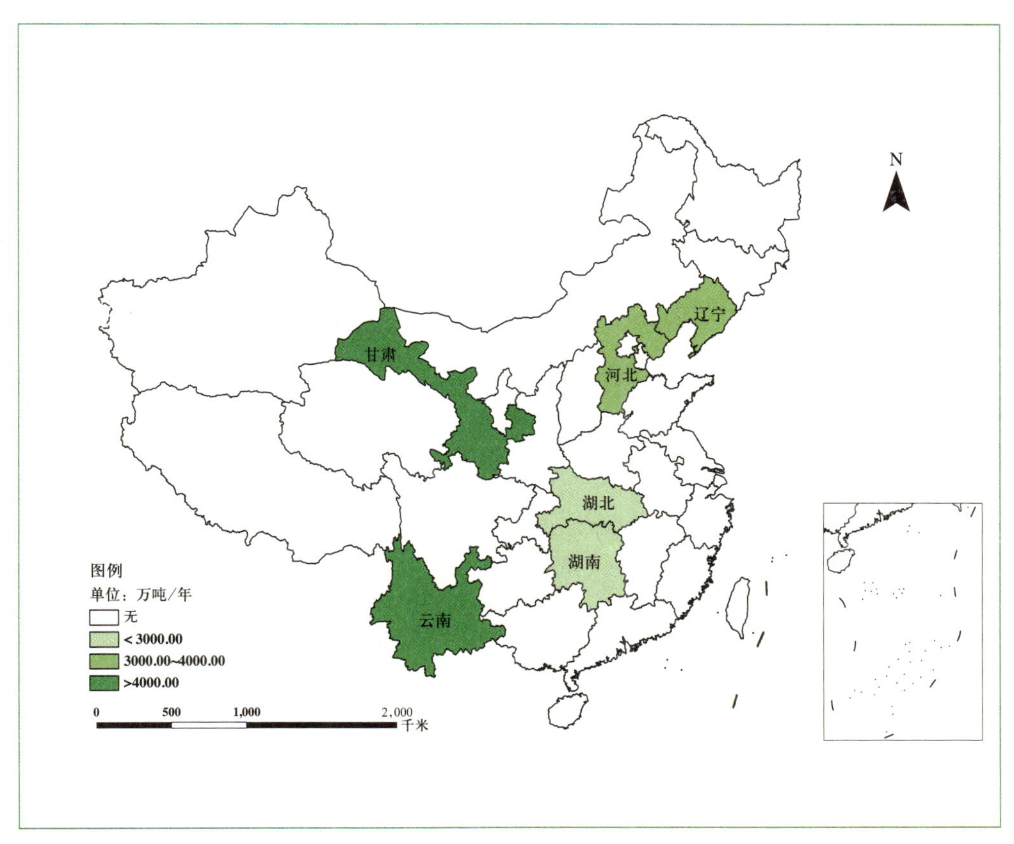

图3-2　重点监测省份固土功能物质量

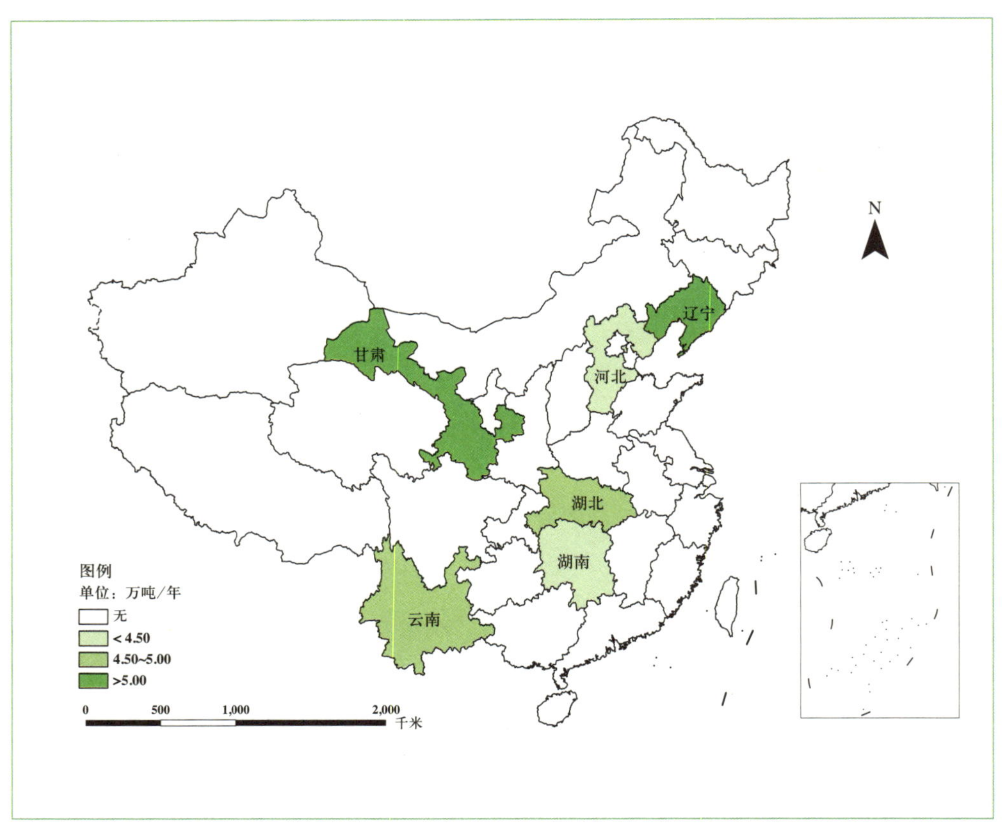

图3-3 重点监测省份土壤保氮功能物质量

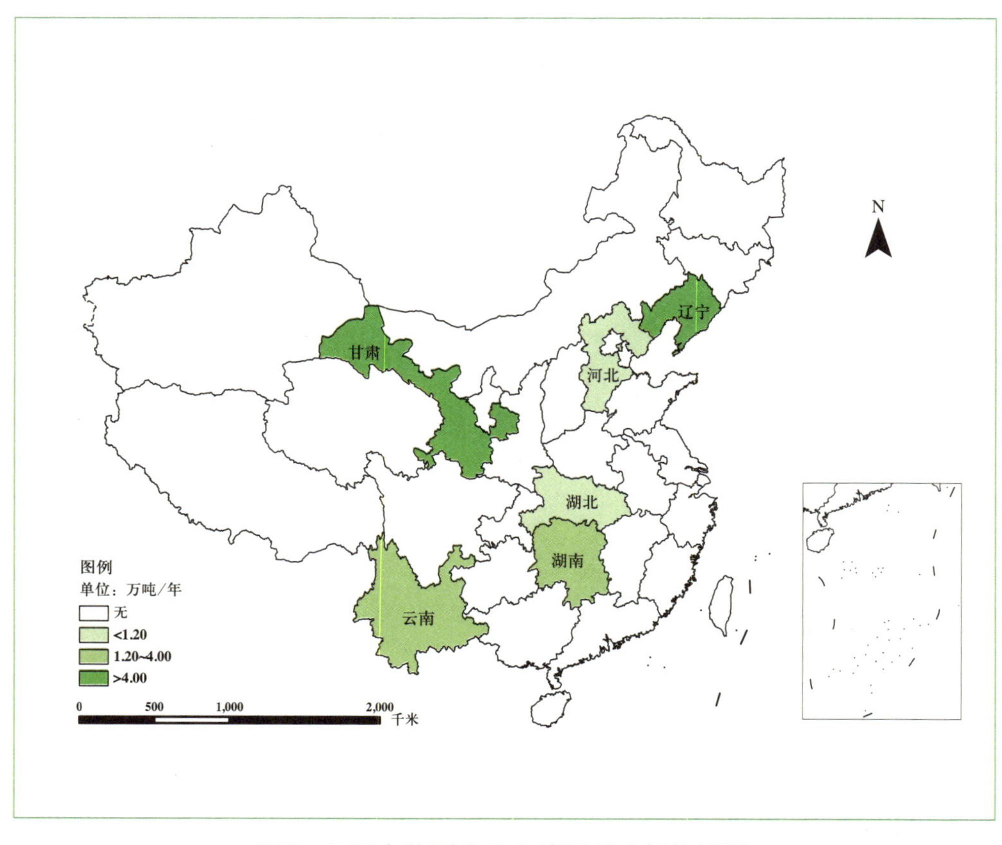

图3-4 重点监测省份土壤保磷功能物质量

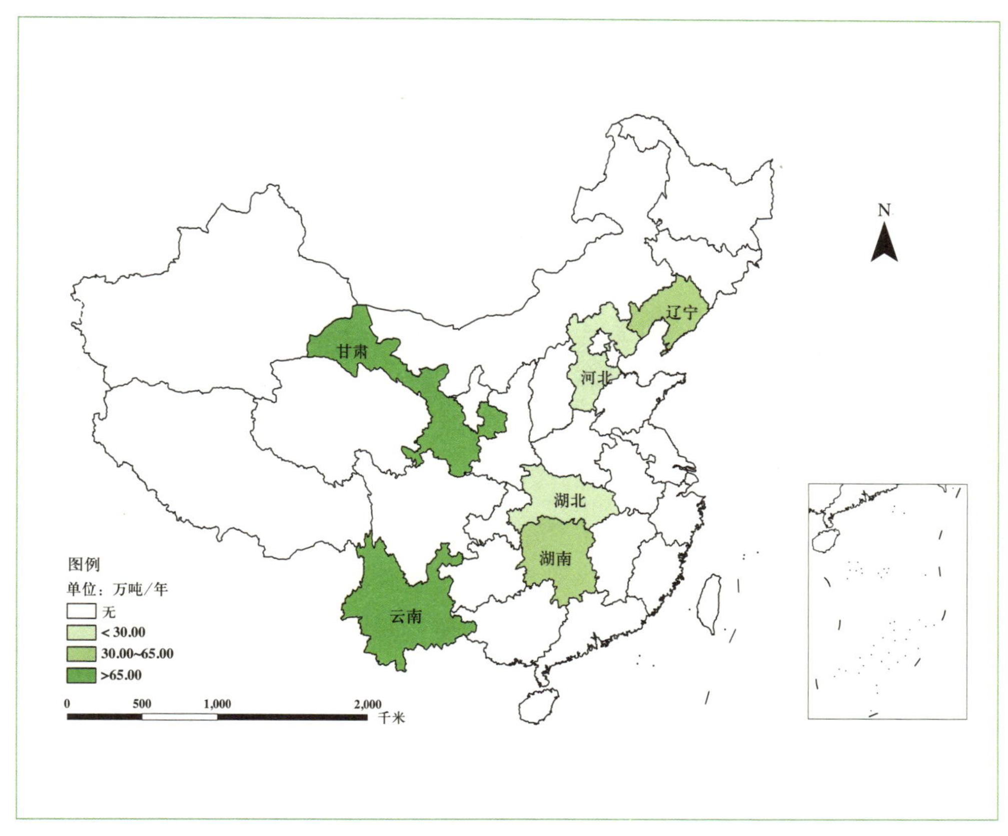

图3-5 重点监测省份土壤保钾功能物质量

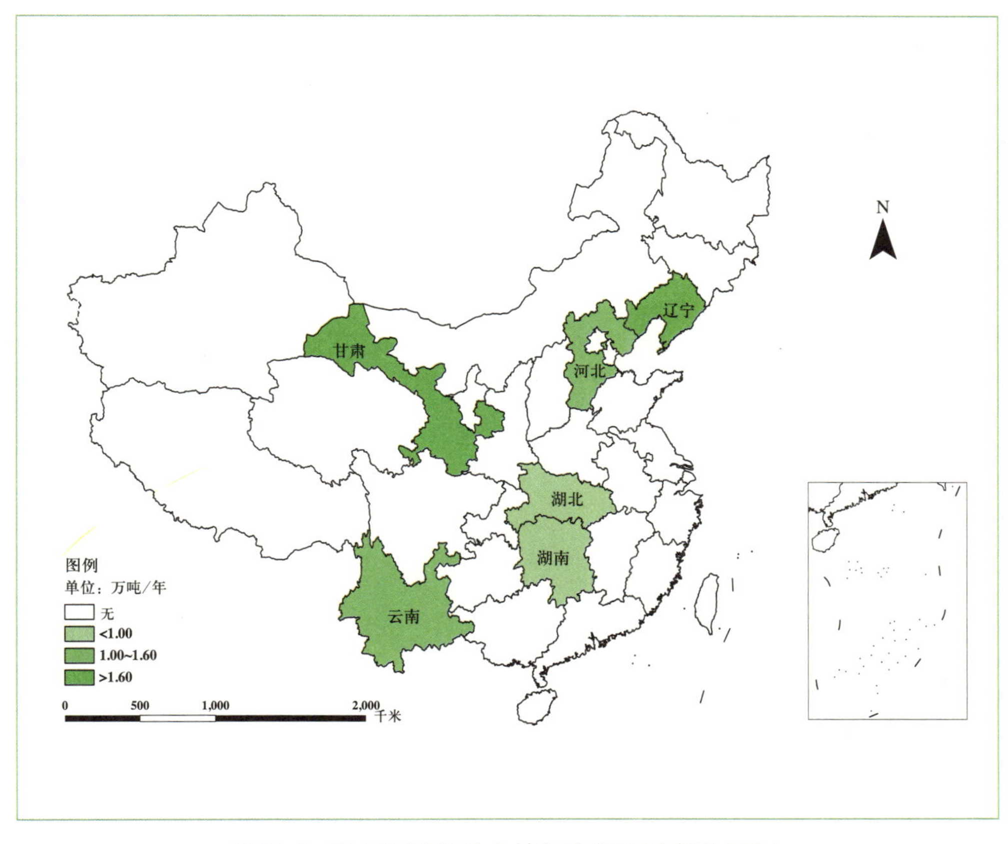

图3-6 重点监测省份土壤保有机质功能物质量

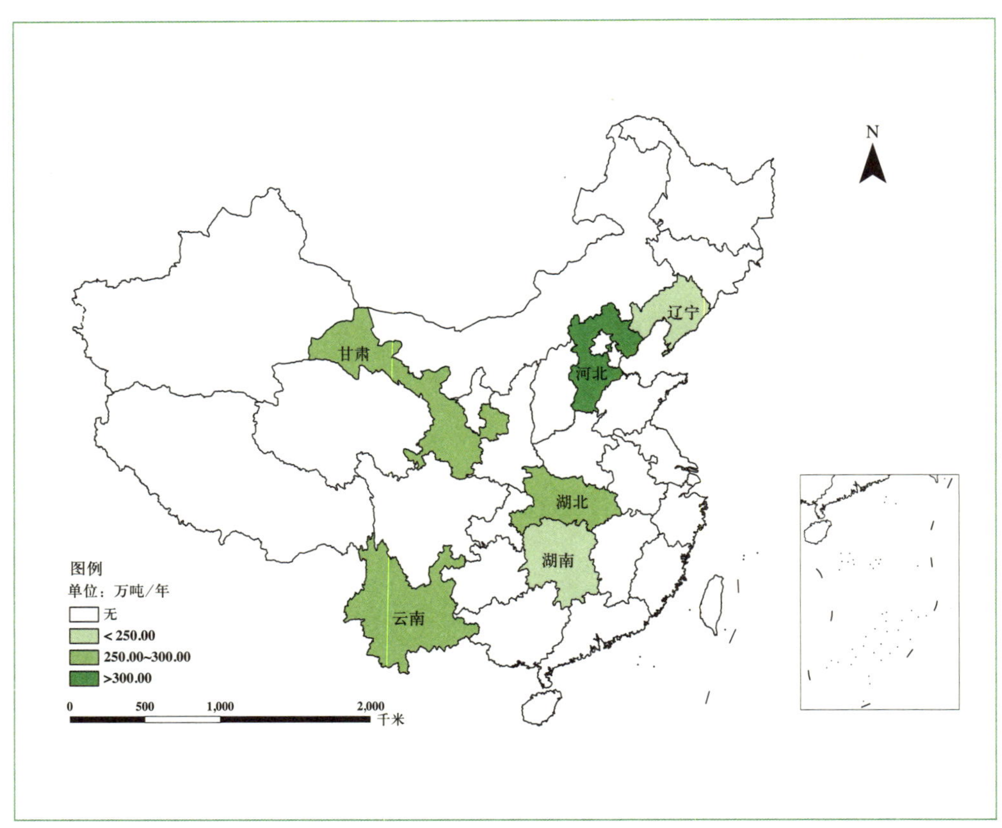

图3-7 重点监测省份固碳功能物质量

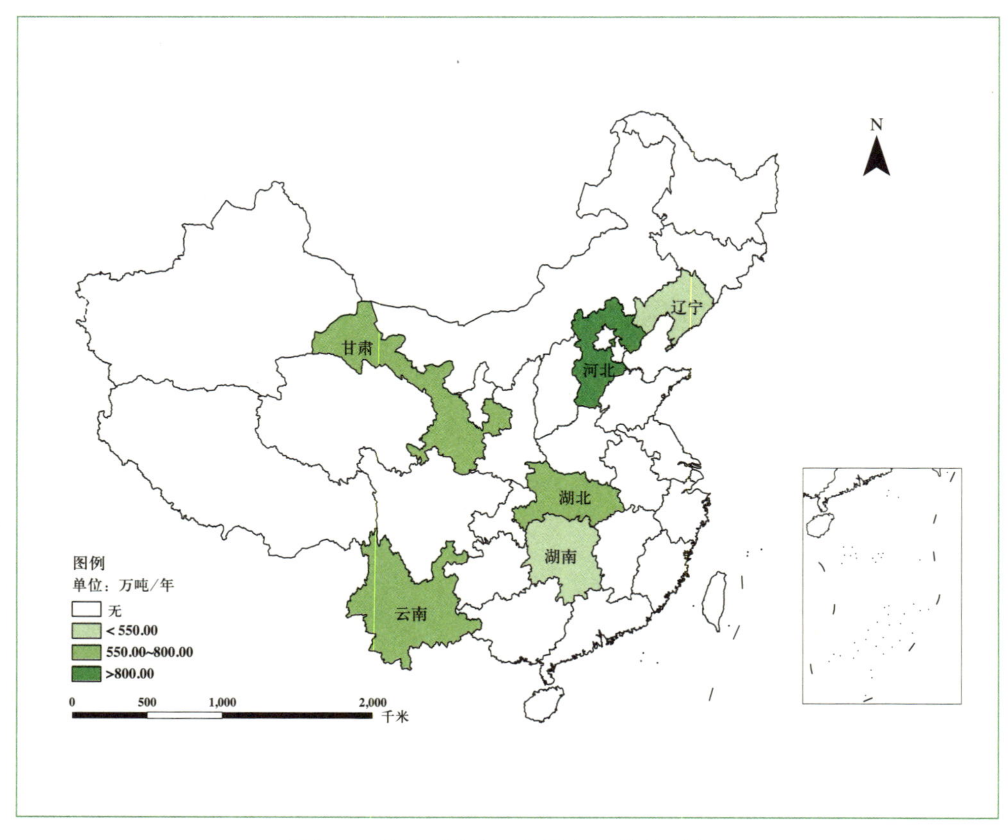

图3-8 重点监测省份释氧功能物质量

本次退耕还林工程固碳效益评估中，采用了净生产力实测法，即各个退耕还林工程生态效益专项监测站及森林生态站多年观测的林分净初级生产力实测（NPP）值，而非蓄积量推算法（吴穹，2011；郭雨华，2009）。能够有效地避免蓄积量推算法中由于众多树种生物量出材率系数和木材比重的复杂性造成结果的不确定性。

退耕还林工程营造林在生长过程中不断从周围环境吸收营养物质，固定在植物体内，成为全球生物化学循环不可缺少的环节，也为生态系统的正常运转提供最基本的支持服务，为此选用林木营养物质积累指标反映退耕还林工程积累营养物质效益。退耕还林工程重点监测省份林木积累营养物质效益的发挥与所栽种林分的净生产力密切相关，由于林分类型、水热条件和土壤状况的差异性，各区域的植被净生产力亦不同（图3-9至图3-11）。由图2-7可以发现，植被初级净生产力南北地区差异较大，地处西北的甘肃省每平方米净初级生产力仅有300～500克碳/年，而南方湖南等省每平方米净初级生产力可超过2000克碳/年，此差异也是引起林木积累营养物质差异的主要原因。

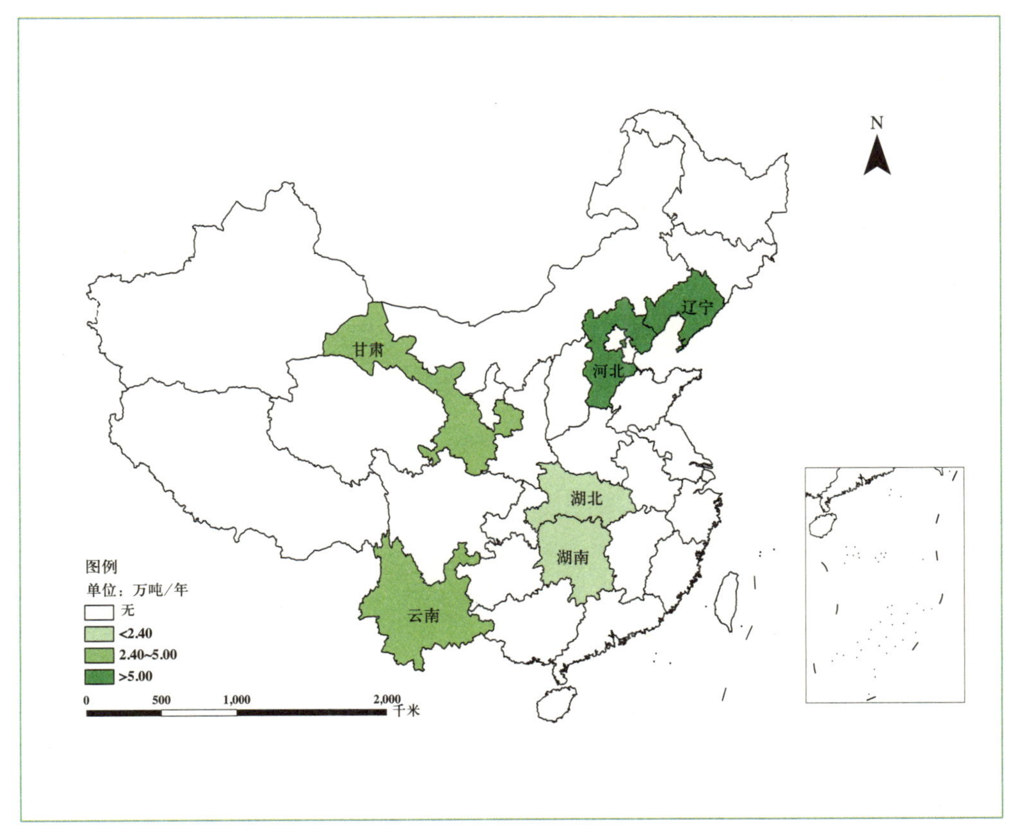

图3-9　重点监测省份林木积累氮功能物质量

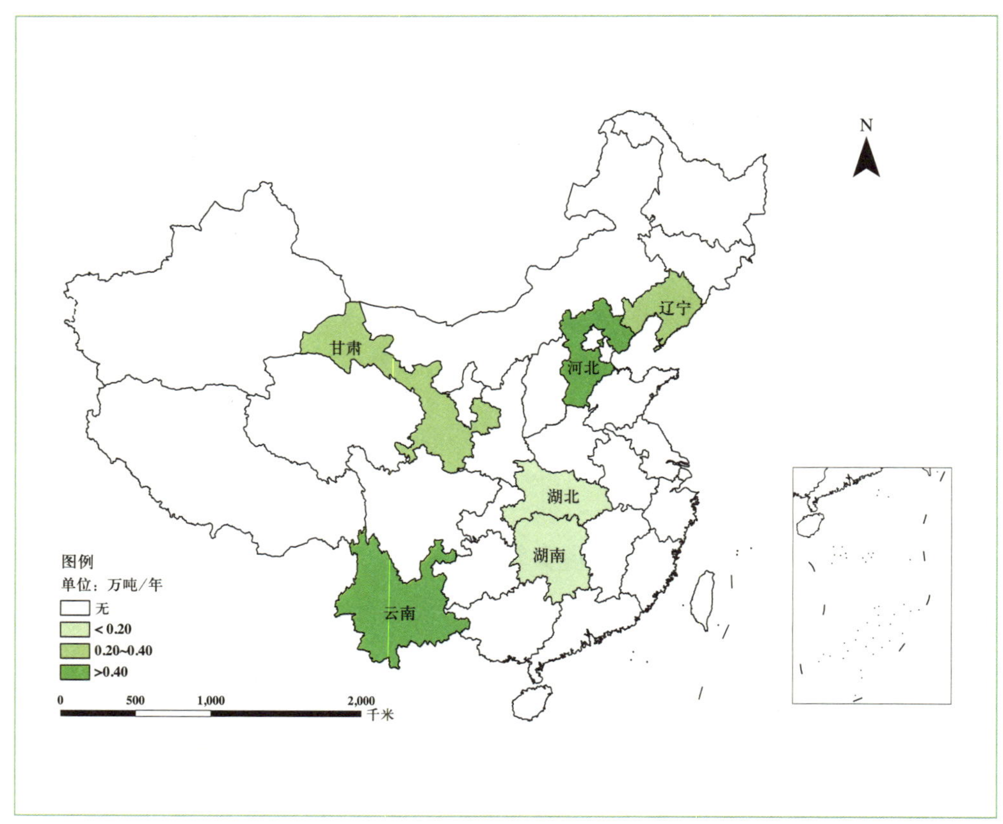

图3-10 重点监测省份林木积累磷功能物质量

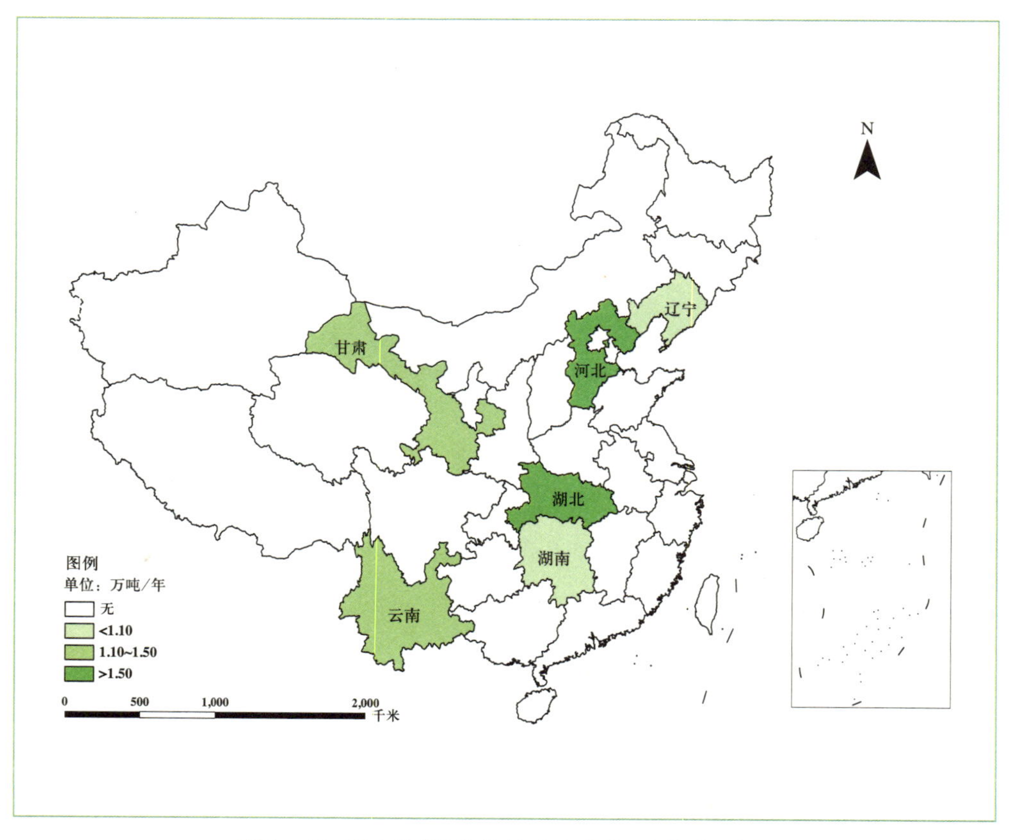

图3-11 重点监测省份林木积累钾功能物质量

退耕还林能够吸收、阻虑和分解空气中的二氧化硫、氮氧化物、氟化物、粉尘等有害物质，提供负离子等，有效净化空气，改善大气环境。退耕还林工程通过增加植被覆盖度，形成乔灌草植被立体体系可以很好的拦挡沙尘，使其降落到地面，下垫面环境的改变又可以防止扬尘，而且乔灌层、草层叶皮表面还可以吸收部分沙尘，起到阻滞降尘的作用（周文渊，2011）。本报告将选取提供负离子，吸收二氧化硫、氟化物、氮氧化物和阻滞降尘5个指标评估退耕还林工程净化大气环境的生态效益（图3-12至图3-14）。根据《中国生物多样性国情研究报告》(1998)，阔叶树对二氧化硫的年吸收能力为88.65千克/公顷，氟化物年吸收能力为4.65千克/公顷，氮氧化物年吸收能力为6.00千克/公顷，年滞尘10.11千克/公顷；针叶林、杉类、松林的对二氧化硫的年吸收能力为215.60千克/公顷；氟化物年吸收能力为0.50千克/公顷，氮氧化物年吸收能力为6.00千克/公顷；年滞尘33.20千克/公顷。由此可见，退耕还林工程净化大气环境效益与营造树种类型密切相关，针叶林种植比例较高的湖南省在吸收氟化物和滞尘生态效益方面高于其他省份。林木提供负离子的物质量除了与营造林种类型相关外，还与水热环境有关，重点监测省份中，年平均降水量达1400毫米和1100毫米的湖南省和湖北省，退耕还林提供空气负离子的物质量比其余各省高出21.09%。

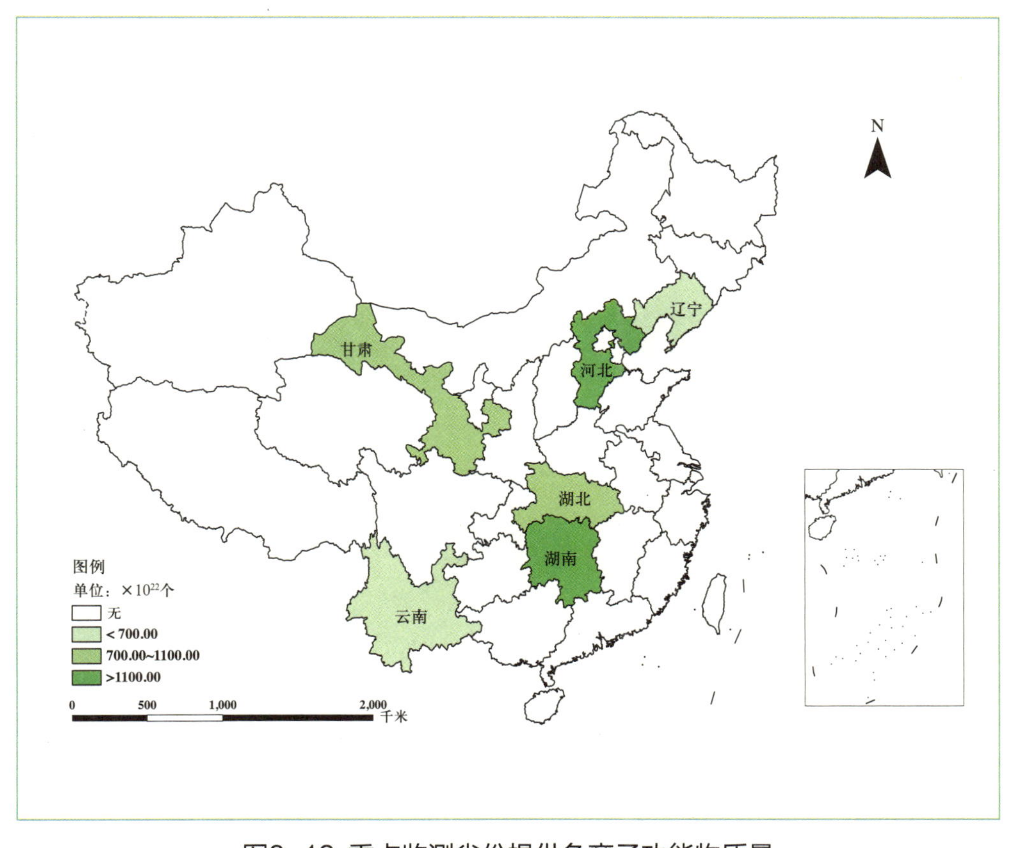

图3-12 重点监测省份提供负离子功能物质量

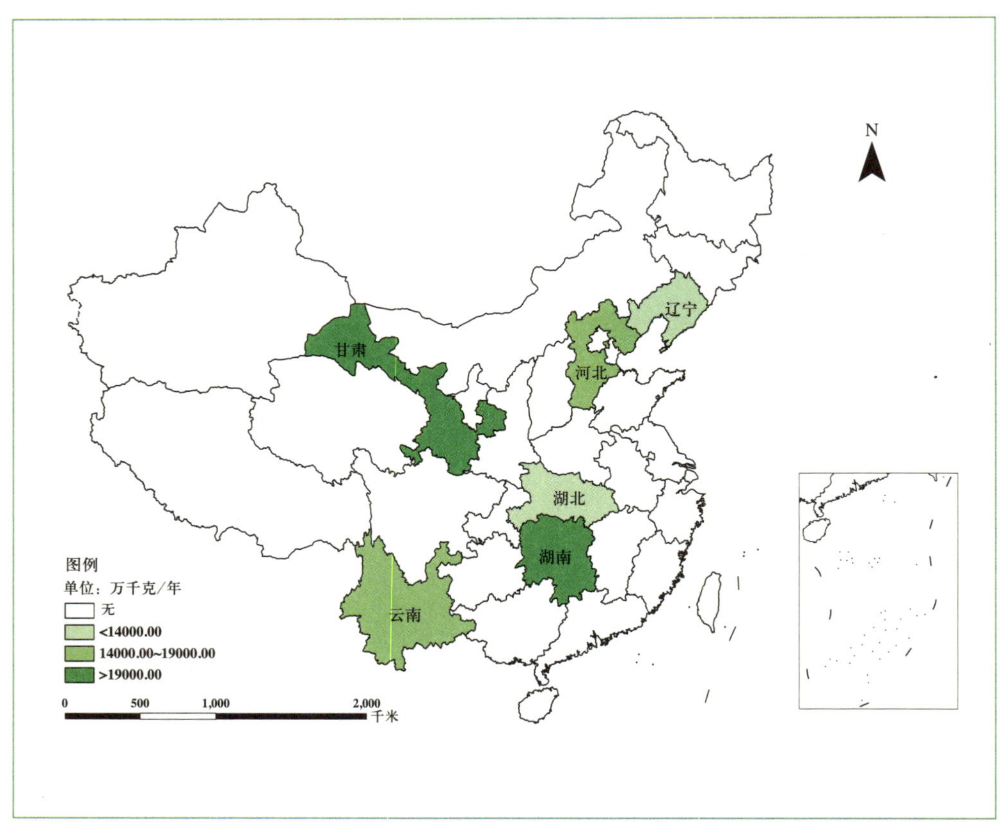

图3-13 重点监测省份吸收污染物功能物质量

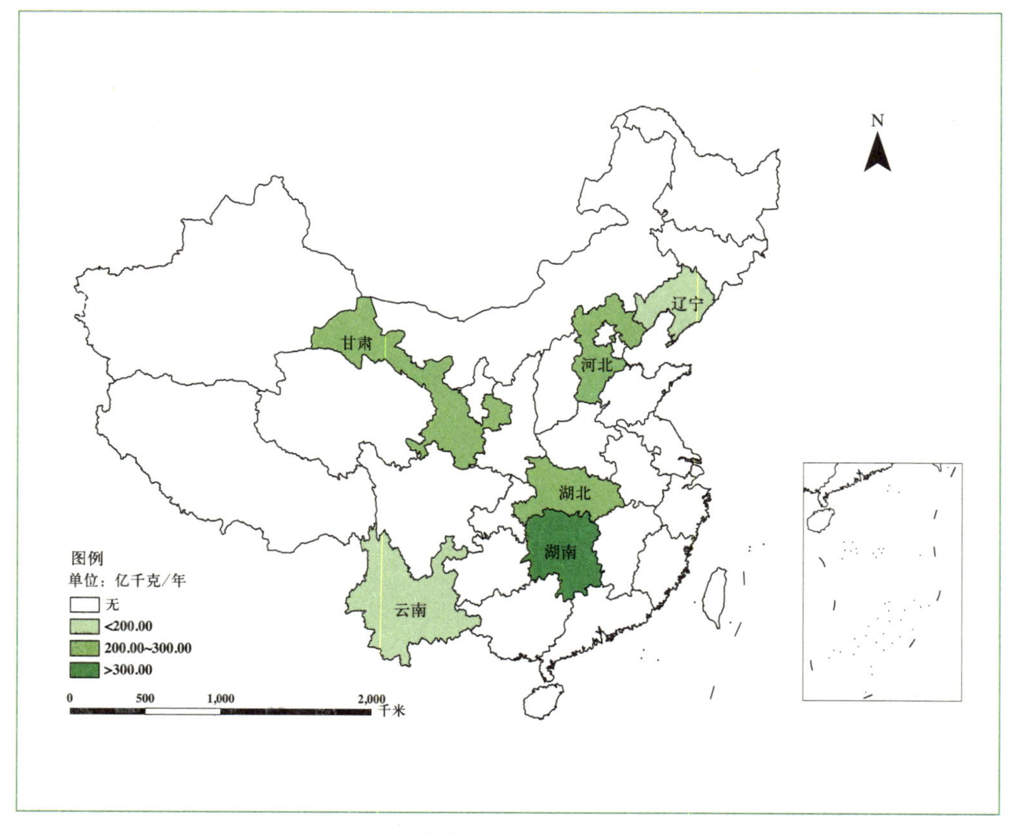

图3-14 重点监测省份滞尘功能物质量

3.1.2 价值量

价值量评估是指从货币价值量的角度对生态系统提供的服务进行定量评估。由于价值量评估结果都是货币值，可以将不同生态系统的同一项生态系统服务进行比较，也可以将退耕还林工程生态效益的各单项服务综合起来，就使得价值量更具有直观性。

退耕还林工程重点监测省份各项生态效益价值量及其分布如表3-2和图3-15所示，每年产生的总价值量为4502.39亿元，其中涵养水源2109.48亿元，保育土壤486.09亿元，固碳释氧593.65亿元，林木积累营养物质71.80亿元，净化大气环境344.68亿元，生物多样性保护896.69亿元。

图3-16表明，退耕还林工程各项生态效益价值量中，涵养水源、生物多样性保护、固碳释氧所占比例较高，这与各省森林生态系统服务的评估结果相似（中国森林生态服务功能评估，2009）。李育才等（2009）对安定区退耕还林工程生态效益价值量的评估中得出，涵养水源价值量占总价值量的28.90%，保育土壤占13.03%，固碳释氧占26.56%，生物多样性保护占28.07%。秦彩欣（2009）对承德县退耕还林工程生态效益价值量评估得出，涵养水源价值量占总价值量的54.09%，固碳释氧占21.98%。吴穹等（2011）对秭归县退耕还林工程生态效益价值量评估表明，涵养水源价值量占总价值量的32.08%，固碳释氧占16.27%，生物多样性保护占32.00%。由此可见，不同地区退耕还林工程生态效益价值量中，涵养水源、固碳释氧和生物多样性保护等功能均发挥着主要作用。

表3-2 退耕还林工程重点监测省份生态效益价值量

地区	涵养水源（亿元/年）	保育土壤（亿元/年）	固碳释氧（亿元/年）	林木积累营养物质（亿元/年）	净化大气环境（亿元/年）	生物多样性保护（亿元/年）	总价值（亿元/年）
河北省	565.78	41.10	157.76	31.28	65.16	109.72	970.80
辽宁省	132.03	88.02	92.65	14.54	35.31	129.39	491.94
湖北省	241.39	34.53	111.17	6.92	49.55	110.26	553.82
湖南省	443.58	43.46	12.52	0.66	82.62	314.56	897.40
云南省	350.30	79.65	111.66	8.09	47.62	142.17	739.49
甘肃省	376.40	199.33	107.89	10.31	64.42	90.59	848.94
总计	2109.48	486.09	593.65	71.80	344.68	896.69	4502.39

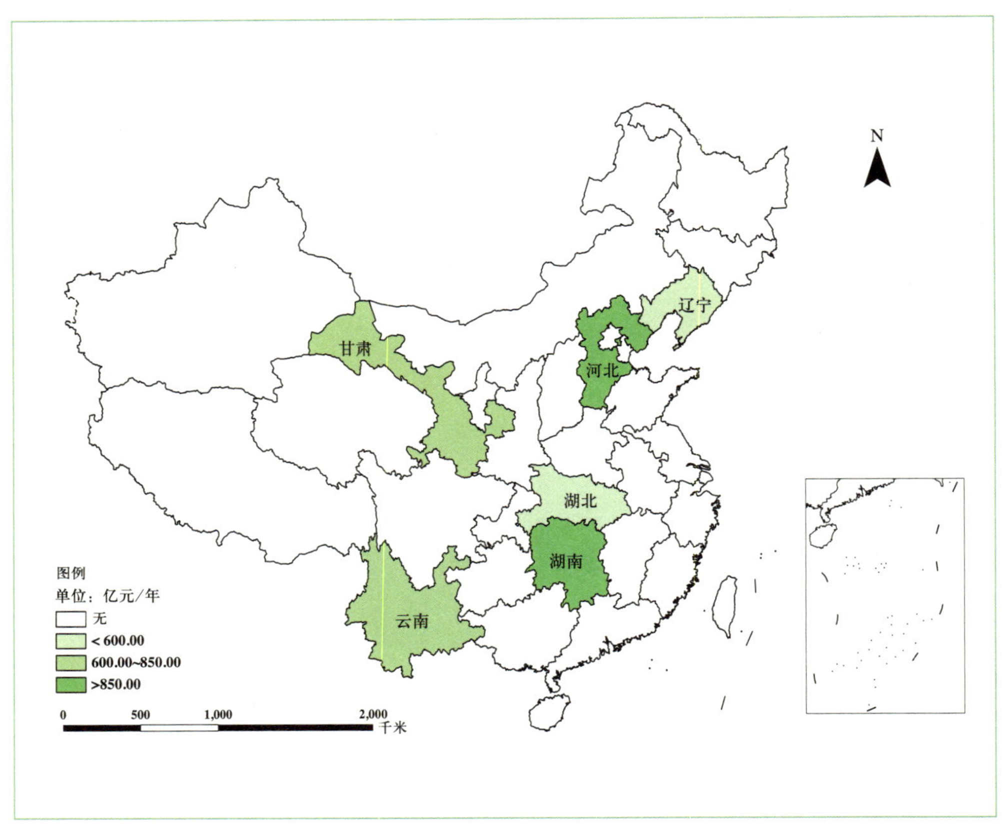

图3-15 重点监测省份生态效益总价值量

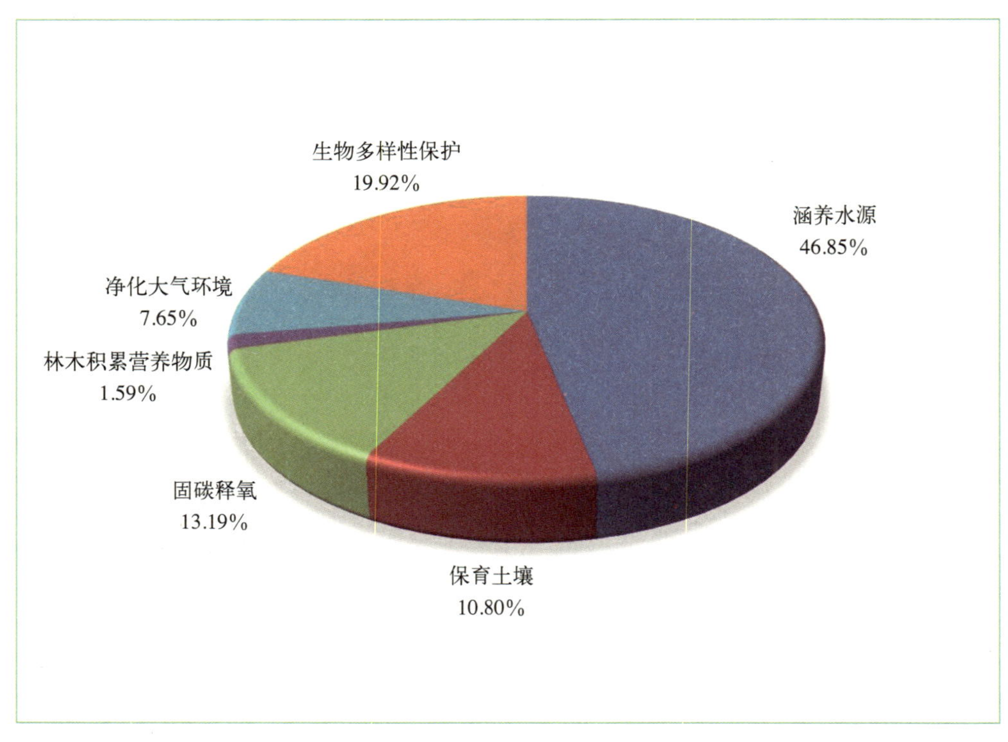

图3-16 重点监测省份各项生态效益价值量分布

实施退耕还林工程，首要目的是恢复和改善生态环境，控制水土流失，减缓土地荒漠化，因此在退耕还林工程形式和植被的选择上，更偏向于涵养水源生态效益较高的方式。提高退耕还林林地的生物多样性，使其更接近于自然林，是巩固退耕还林工程成果，增加退耕还林工程生态效益，促进退耕还林工程是可持续发展的必要手段。此外，退耕还林工程实施十多年来，大多数新营造林分处于幼龄林或是中龄林阶段，在适宜的生长条件下，相对于成熟或过熟林分，具有更高的固碳效率。由此可见，人为的选择和退耕还林工程的特殊性决定了各项生态效益价值量间的比例关系。

3.2 退耕还林工程三种植被恢复类型生态效益

退耕还林工程建设内容包括退耕地还林、宜林荒山荒地造林和封山育林三种植被恢复类型。其中，退耕地还林是我国持续时间最长、工程范围最广、政策性最强、社会关注度最高、民众受益最直接、增加森林资源最多的生态工程和惠民工程。本节在退耕还林工程生态效益监测评估的基础之上，分别针对这三种植被恢复类型的物质量和价值量进行评估。

3.2.1 退耕地还林生态效益

我国退耕地还林于1999年率先在陕西、甘肃、四川3个省开展试点，经过3年的试点后，于2002年在全国正式启动。从2007年开始，国家暂停了退耕地还林年度计划任务，退耕地还林从数量发展转入成果巩固阶段（杨传金等，2011）。为全面掌握退耕地还林建设成果的巩固情况，开展退耕地还林生态效益监测评估工作意义重大。

重点监测省份退耕地还林工程涵养水源总物质量为62.23亿立方米/年，固土总物质量达6546.01万吨/年，减少土壤中氮、磷、钾和有机质损失总量分别为13.69万吨/年、6.77万吨/年、107.84万吨/年和2.64万吨/年，每年能够固碳431.80万吨，释氧980.91万吨，林木积累氮、磷和钾总量分别为7.48万吨/年、0.54万吨/年和3.98万吨/年，退耕地还林每年提供负离子总量为1761.89×10^{22}个，吸收污染物总量33810.58万千克/年，滞尘达467.38亿千克/年（表3-3）。

《退耕还林条例》第十五条规定，水土流失严重，沙化、盐碱化、石漠化严重，生态地位重要、粮食产量低而不稳，江河源头及其两侧、湖库周围的陡坡耕地以及水土流失和风沙危害严重等生态地位重要区域的耕地可纳入退耕地还林的范围。现

表3-3 重点监测省份退耕地还林生态效益物质量

地区	涵养水源（亿立方米/年）	保育土壤					固碳释氧		林木积累营养物质			净化大气环境		
		固土（万吨/年）	氮（万吨/年）	磷（万吨/年）	钾（万吨/年）	有机质（万吨/年）	固碳（万吨/年）	释氧（万吨/年）	氮（万吨/年）	磷（万吨/年）	钾（万吨/年）	提供负离子（$\times10^{22}$个）	吸收污染物（万千克/年）	滞尘（亿千克/年）
河北省	16.71	1059.28	1.20	0.34	8.22	0.46	127.41	290.85	3.67	0.16	2.40	377.01	6310.87	88.32
辽宁省	2.49	699.56	1.94	0.89	11.42	0.40	41.54	98.09	1.05	0.04	0.20	113.83	2070.53	22.50
湖北省	6.48	475.48	1.38	0.33	6.66	0.13	82.25	197.80	0.77	0.05	0.61	215.40	4221.08	60.95
湖南省	14.38	934.91	1.15	0.57	12.21	0.24	17.16	22.78	0.10	0.01	0.04	497.90	10382.40	154.43
云南省	9.55	1328.18	1.44	1.01	20.50	0.43	76.82	181.83	0.78	0.18	0.34	204.62	4217.97	54.86
甘肃省	12.62	2048.60	6.58	3.63	48.83	0.98	86.62	189.56	1.11	0.10	0.39	353.13	6607.73	86.32
总计	62.23	6546.01	13.69	6.77	107.84	2.64	431.80	980.91	7.48	0.54	3.98	1761.89	33810.58	467.38

注：表中吸收污染物是森林吸收二氧化硫、氟化物和氮氧化物的物质量总和。

有坡耕地无论是土层厚度还是地形条件，都要好于荒山、荒坡、荒沟（裴新富等，2003），而且，从中央到地方政府，对退耕地还林验收、核查等工作较为重视，同时给予退耕户的补贴也相对较高，因此，相对于宜林荒山荒地造林和封山育林，除了受到自然环境等客观因素外，退耕地还林还得到人为维护，其长势更好，所产生的生态效益也更高。

在自然状态下，退耕地营造林分涵养水源效益与所在地区的水热条件相关，保育土壤功能与退耕地所在地区地质地貌和土壤类型有关。例如，河北省退耕地还林面积达63.13万公顷，与甘肃省退耕地面积接近，高出云南省27.59万公顷，但是，云南省和甘肃省70%以上退耕地处于山坡地、土壤类型为极易发生水土流失的赤红壤和黄绵土等，而河北省相当一部分退耕地地处华北平原地区，退耕前后土壤侵蚀模数之差不如云南省和甘肃省显著，限制了新造林分固土效益发挥。在退耕地还林的林分类型中，生态林比经济林具有更高的生态效益，复层群落结构生态林尤其如此。研究表明，生态林乔灌草植被覆盖度均达到60%以上时，可减少土壤侵蚀量90%以上，覆盖度超过75%时，可使土壤流失很少或不发生侵蚀。

退耕还林工程重点监测省份价值量分布如表3-4和图3-17所示。重点监测省份退耕地还林每年的生态效益价值量为1463.24亿元，其中涵养水源716.25亿元，保育土壤145.86亿元，固碳释氧181.80亿元，林木积累营养物质21.09亿元，净化大气环境114.42亿元，生物多样性保护283.82亿元。

表3-4　重点监测省份退耕地还林生态效益价值量

地区	涵养水源（亿元/年）	保育土壤（亿元/年）	固碳释氧（亿元/年）	林木积累营养物质（亿元/年）	净化大气环境（亿元/年）	生物多样性保护（亿元/年）	总价值（亿元/年）
河北省	192.28	14.09	54.10	10.36	21.59	37.20	329.62
辽宁省	28.69	18.20	18.06	2.68	5.59	22.23	95.45
湖北省	74.54	10.63	35.30	2.28	14.88	30.61	168.24
湖南省	165.55	16.48	5.16	0.27	37.67	125.67	350.80
云南省	109.92	24.22	33.46	2.44	13.48	37.13	220.65
甘肃省	145.27	62.24	35.72	3.06	21.21	30.98	298.48
总计	716.25	145.86	181.80	21.09	114.42	283.82	1463.24

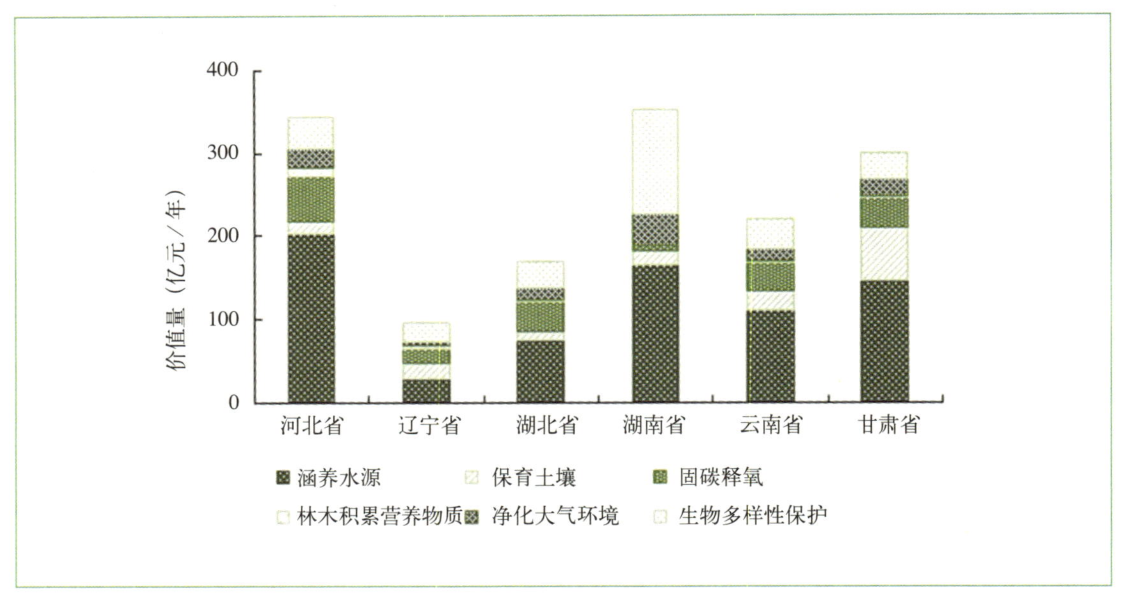

图3-17 重点监测省份退耕地还林生态效益价值量分布

在不同的地形地貌及气候特征条件下，退耕还林工程生态效益表现出显著差异。例如，湖南省退耕地还林面积比河北省少13万公顷，比甘肃省少16万公顷，但由于地处南方，年平均降水量能达到1400毫米，生态效益总价值却高于河北省和甘肃省。重点监测省份退耕地还林各项生态效益总价值量中涵养水源价值量占48.95%，充分体现出退耕还林工程在生态环境恢复和改善方面的重要作用。退耕地还林原有土壤无论在结构还是肥力方面，相对于宜林荒山荒地造林和北方封山育林土壤条件更优越，人工维护相对较多，普遍生长良好，因此所产生的生态效益价值量也更高，这也是从国家到地方重视退耕地还林工程的主要原因。

3.2.2 宜林荒山荒地造林生态效益

宜林荒山荒地是由县级以上人民政府划定为林业用地，尚未达到有林地标准的荒山荒地。宜林荒山荒地造林是退耕还林工程配套工程，与退耕地还林和封山育林有所不同，前者几乎是在裸地上进行植树造林活动，而后两者只是改变了植被类型和林木资源利用方式。

退耕还林工程重点监测省份宜林荒山荒地造林生态效益物质量如表3-5所示，其中涵养水源总物质量为98.67亿立方米/年，固土总物质量达11623.06万吨/年，减少土壤中氮、磷、钾和有机质损失总量分别为27.78万吨/年、14.17万吨/年、223.46万吨/年和4.78万吨/年，每年能够固碳806.54万吨，释氧1873.53万吨，林木积累氮、磷、钾总量分别为15.00万吨/年、1.10万吨/年、6.99万吨/年，每年提供负离子总量为3032.98 $\times 10^{22}$个，

表3-5 重点监测省份宜林荒山荒地造林生态效益物质量

地区	涵养水源 (亿立方米/年)	保育土壤					固碳释氧		林木积累营养物质			净化大气环境		
		固土 (万吨/年)	氮 (万吨/年)	磷 (万吨/年)	钾 (万吨/年)	有机质 (万吨/年)	固碳 (万吨/年)	释氧 (万吨/年)	氮 (万吨/年)	磷 (万吨/年)	钾 (万吨/年)	提供负离子 ($\times 10^{22}$个)	吸收污染物 (万千克/年)	滞尘 (亿千克/年)
河北省	24.54	1489.50	1.80	0.46	12.17	0.67	185.89	434.06	5.79	0.23	3.67	564.42	8836.90	121.56
辽宁省	6.83	2133.96	4.82	2.71	41.39	1.05	139.46	333.26	3.83	0.19	0.65	421.44	7969.34	99.54
湖北省	11.47	877.54	2.67	0.59	12.32	0.24	157.22	380.01	1.44	0.10	1.16	400.46	7942.66	116.08
湖南省	20.41	1253.04	2.70	0.61	16.07	0.29	21.44	27.91	0.12	0.01	0.07	586.35	11474.95	155.68
云南省	17.63	2536.50	2.70	2.15	38.09	0.81	146.63	346.97	1.43	0.37	0.65	372.00	8561.24	110.84
甘肃省	17.79	3332.52	13.09	7.65	103.42	1.72	155.90	351.32	2.39	0.20	0.79	688.31	11574.56	159.25
总计	98.67	11623.06	27.78	14.17	223.46	4.78	806.54	1873.53	15.00	1.10	6.99	3032.98	56359.65	762.95

注：表中吸收污染物是森林吸收二氧化硫、氟化物和氮氧化物的物质量总和。

吸收污染物总量为56359.65万千克/年，滞尘总量达762.95亿千克/年。

宜林荒山荒地造林相对于退耕地还林，政策支持力度小，补偿较低，人为维护较少，因而，造林成活率较低，在北方地区尤其如此，有些地区面积成活率仅为73.4%（顾生贵等，2003）。地形和气候条件依旧是宜林荒山荒地造林生态效益最主要影响因素。虽然甘肃省荒山荒地造林面积高于河北省和湖南省，但河北省和湖南省水热条件更好，年平均降水量分别高出甘肃省300毫米和1100毫米，因此河北省和湖南省宜林荒山荒地造林涵养水源生态效益更高。有研究表明黄土高原地区退耕前后土壤侵蚀量平均减少34%（汪邦稳等，2007），山坡地造林面积比例较高的甘肃省（56.15%）和云南省（57.94%）保育土壤物质量更显著。湖北省、湖南省和云南省非干热地区降水丰富，雨热同期，为荒山荒地新营造林提供了良好的生长条件，相对于干旱少雨的北方地区，在固碳释氧，林木积累营养物质和净化大气环境等方面发挥了更高的生态效益。据统计，在宜林荒山荒地中，适宜发展灌木林的面积占一半左右（吴永彬，2010），在水土流失、风沙灾害最为严重的地区，灌木，特别是黄土高原乡土旱生和中生灌木，以及极强耐旱性和广泛适应性的乔木树种在宜林荒山荒地种植，更能有效地发挥退耕还林工程生态效益。

退耕还林工程重点监测省份宜林荒山荒地造林生态效益价值量和分布见表3-6和图3-18所示，每年产生的生态效益价值量为2486.24亿元，其中涵养水源1135.62亿元，保育土壤291.33亿元，固碳释氧344.91亿元，林木积累营养物质41.68亿元，净化大气环

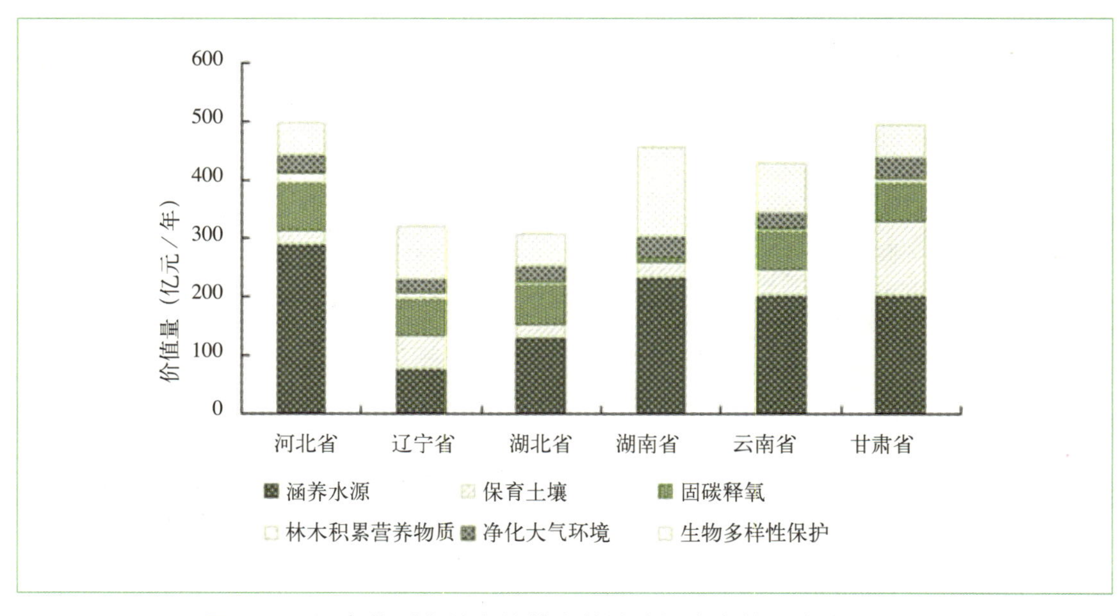

图3-18 重点监测省份宜林荒山荒地造林生态效益价值量分布

表3-6 重点监测省份宜林荒山荒地造林生态效益价值量

地区	涵养水源（亿元/年）	保育土壤（亿元/年）	固碳释氧（亿元/年）	林木积累营养物质（亿元/年）	净化大气环境（亿元/年）	生物多样性保护（亿元/年）	总价值（亿元/年）
河北省	282.41	20.34	80.20	16.19	29.76	54.09	482.99
辽宁省	78.58	56.60	61.16	9.81	24.52	87.96	318.63
湖北省	132.02	19.87	67.71	4.27	28.31	54.61	306.79
湖南省	234.92	24.33	6.37	0.35	38.18	151.78	455.93
云南省	202.94	46.05	63.86	4.52	27.21	83.48	428.06
甘肃省	204.75	124.14	65.61	6.54	39.05	53.75	493.84
总计	1135.62	291.33	344.91	41.68	187.03	485.67	2486.24

境187.03亿元，生物多样性保护485.67亿元。

宜林荒山荒地造林各分项价值量中（图3-18），涵养水源占到总价值的45.68%，略低于退耕还林工程重点监测省份涵养水源价值量所占比例（46.85%）。为了宜林荒山荒地造林成活率更高，抗病虫能力更强，更接近自然林，提高林分生物多样性是一条有效途径，因此，生物多样性保护的价值量也占到了总价值量的19.53%，仅次于涵养水源。宜林荒山荒地造林是目前和今后一段时间主要的造林方式，虽然宜林荒山荒地土壤和环境条件不及耕地，但通过乔灌草混合种植，提高地表覆盖度和物种多样性，也会形成良好的生态效益。

3.2.3 封山育林生态效益

封山育林是利用森林的天然更新能力，在自然条件适宜的山区，实行定期封山，禁止垦荒、放牧、砍柴等人为的破坏活动，以恢复森林植被的一种育林方式。退耕还林工程重点监测省份封山育林生态效益总物质量如表3-7所示，其中涵养水源总物质量为22.38亿立方米/年，固土总物质量达2270.75万吨/年，减少土壤中氮、磷、钾和有机质损失总量分别为4.83万吨/年、1.95万吨/年、34.96万吨/年和1.18万吨/年，每年固碳158.65万吨，释氧360.47万吨，林木积累氮、磷、钾总量分别为3.14万吨/年、0.32万吨/年、1.63万吨/年，每年能够提供负离子总量为657.73×10^{22}个，吸收污染物总量为11832.14万千克/年，滞尘量达173.92亿千克/年。

表3-7 重点监测省份封山育林生态效益物质量

地区	涵养水源（亿立方米/年）	保育土壤					固碳释氧		林木积累营养物质			净化大气环境		
		固土（万吨/年）	氮（万吨/年）	磷（万吨/年）	钾（万吨/年）	有机质（万吨/年）	固碳（万吨/年）	释氧（万吨/年）	氮（万吨/年）	磷（万吨/年）	钾（万吨/年）	提供负离子（$\times10^{22}$个）	吸收污染物（万千克/年）	滞尘（亿千克/年）
河北省	7.91	497.67	0.57	0.22	3.72	0.22	55.30	126.05	1.67	0.09	1.06	201.32	3124.39	57.21
辽宁省	2.15	496.66	1.23	0.51	9.74	0.23	30.79	73.01	0.79	0.04	0.19	91.22	1749.42	21.04
湖北省	3.03	171.24	0.61	0.08	2.48	0.04	19.62	45.10	0.12	0.01	0.09	103.34	1473.34	26.27
湖南省	3.75	144.67	0.22	0.06	2.03	0.03	3.57	4.11	0.01	<0.01	0.01	123.96	2070.33	27.50
云南省	3.25	489.03	0.69	0.58	6.86	0.32	33.08	77.75	0.29	0.16	0.20	89.53	1916.57	25.07
甘肃省	2.29	471.48	1.51	0.50	10.13	0.34	16.29	34.45	0.26	0.02	0.08	48.36	1498.09	16.83
总计	22.38	2270.75	4.83	1.95	34.96	1.18	158.65	360.47	3.14	0.32	1.63	657.73	11832.14	173.92

注：表中吸收污染物是森林吸收二氧化硫、氟化物和氮氧化物的物质量总和。

封山育林多为混交复层群落，其根系也在地下组成立体结构，能充分利用不同土层中的水分和养分，提高了林地的涵养水源效益（费世民等，2004）。封山育林涵养水源生态效益亦是几项功能中最主要的。研究表明，在相同降水量、相同地形地质土壤条件下，以降水流出率为指标，封山育林天然林（约为降水量的4.2%～5.0%）显著小于单层林（9.5%～11.0%）和荒山裸地（61.6%）（徐化成等，1994）。在封山育林地区，随着植被的恢复，枯落物贮量的增加和土壤结构的改善，林分的水源涵养和水土保持作用增强。尤其是，在水热条件相对较好的河北省东部和北部以及辽东等山地地区，封山育林长势优良，发挥显著的固土生态效益。谢家祜等（1992）研究表明，秦皇岛山海关林场经过36年封山育林后，年均径流量减少38%，年均输沙量减少了85%，侵蚀模数减少了86%。保肥方面，朱江东等（1987）研究发现，封山育林地区0～10厘米土层内，土壤有机质含量为4.05%，全氮为0.23%，全磷为0.09%，而未封山育林的林分分别为1.49%、0.08%、0.06%。

重点监测省份封山育林生态效益价值量和分布如表3-8和图3-19所示，每年产生的生态效益价值量为552.91亿元，其中涵养水源257.61亿元，保育土壤48.90亿元，固碳释氧66.94亿元，林木积累营养物质9.03亿元，净化大气环境43.23亿元，生物多样性保护127.20亿元。

封山育林生态效益各分项价值量中，涵养水源价值量所占比例仍然最高，达46.59%，发挥着主要的生态效益。相对于退耕地还林和宜林荒山荒地造林，封山育林生物多样性保护价值更高。由此可见，封山育林阻止了人类对林地植被的破坏，形成

表3-8 重点监测省份封山育林生态效益价值量

地区	涵养水源（亿元/年）	保育土壤（亿元/年）	固碳释氧（亿元/年）	林木积累营养物质（亿元/年）	净化大气环境（亿元/年）	生物多样性保护（亿元/年）	总价值（亿元/年）
河北省	91.09	6.67	23.46	4.73	13.81	18.43	158.19
辽宁省	24.76	13.22	13.43	2.05	5.20	19.20	77.86
湖北省	34.83	4.03	8.16	0.37	6.36	25.04	78.79
湖南省	43.11	2.65	0.99	0.04	6.77	37.11	90.67
云南省	37.44	9.38	14.34	1.13	6.93	21.56	90.78
甘肃省	26.38	12.95	6.56	0.71	4.16	5.86	56.62
总计	257.61	48.90	66.94	9.03	43.23	127.20	552.91

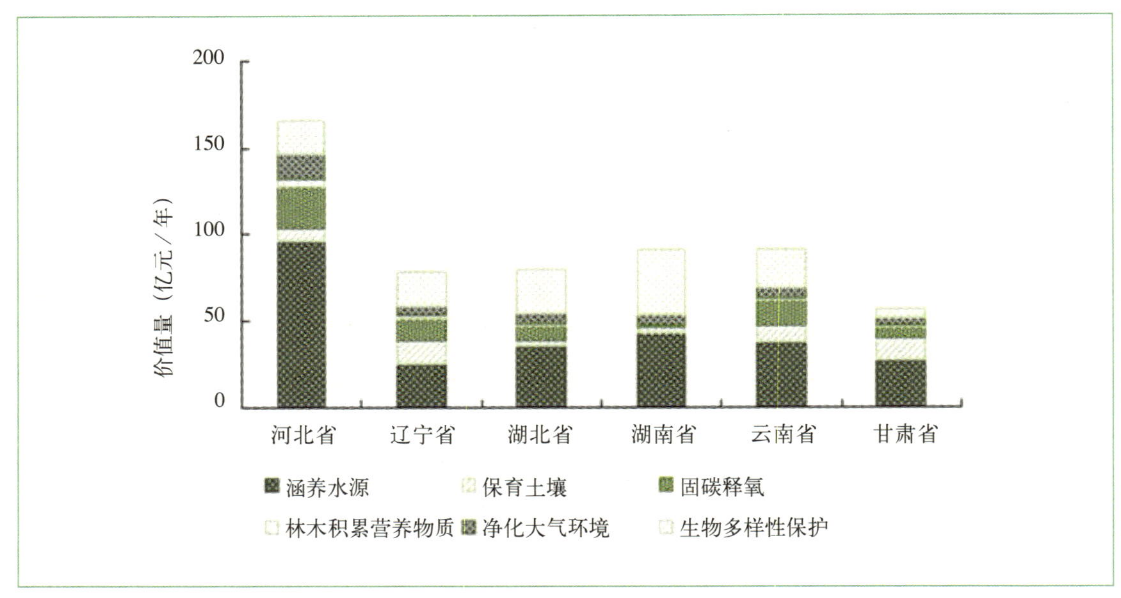

图3-19 重点监测省份封山育林生态效益价值量分布

了具有天然保护性能的森林生态系统，为物种创造了休养生息的环境，可显著提高生物多样性。通过多年封山育林形成的生态系统中，物种丰富、营养梯级多、能量流动和物质循环过程复杂且完善，多物种间互相依赖、互相制约，是一个稳定性高、抗逆性强的生态系统（冯长红等，2009）。

3.3 退耕还林工程不同林种类型生态效益

本报告中退耕还林工程林种类型是在《国家森林资源连续清查技术规定》的46种乔木优势树种（组）、经济林、竹林、灌木林分类的基础上，结合退耕还林工程实际情况分为生态林、经济林和灌木林三种林种类型，由于本次评估中涉及竹林较少，因此未做评估。三种林种类型中，生态林和经济林的划定依据国家林业局《退耕还林工程生态林与经济林认定标准》（林退发〔2001〕550号）。

3.3.1 生态林生态效益

退耕还林工程生态林是指在退耕还林工程中，营造以减少水土流失和风沙危害等生态效益为主要目的的林木，主要包括水土保持林、水源涵养林、防风固沙林以及竹林等（退耕还林工程生态林与经济林认定标准，2001）。

退耕还林工程重点监测省份生态林生态效益物质量如表3-9所示，涵养水源总物质量为128.75亿立方米/年，固土总物质量达13801.35万吨/年，减少土壤中氮、磷、钾和有机质损失总量分别为33.96万吨/年、17.36万吨/年、267.08万吨/年和5.63万吨/年，每年固碳总量为1151.64万吨，释氧总量为2718.76万吨，林木积累氮、磷、钾的总量分别为21.68万吨/年、1.61万吨/年和10.63万吨/年，每年能够提供负离子总量为4809.17×10^{22}个，吸收污染物总量为81234.38万千克/年，滞尘达1166.99亿千克/年。

实施退耕还林工程，大面积营造生态林，常常形成复层林地群落结构，具有良好的生态功能。生态林涵养水源物质量与工程区降水量和蒸散发关系密切。例如，湖南省年平均降水量比湖北省和辽宁省分别高出300毫米和700毫米，导致涵养水源物质量分别比湖北省和辽宁省高出0.13亿立方米/年和0.19亿立方米/年。此外，涵养水源物质量还与所营造生态林林种有关，一般水源涵养生态林主要选择根系发达、蓄水固土能力强、改良土壤效果好的阔叶树，如荷木、樟树、黎蒴、枫树、阴香、红锥、台湾相思等阔叶树种。对于固碳释氧生态效益而言，在水热条件相似的区域，树种的选择也强烈影响生态林的固碳释氧量。例如退耕还林工程区内的杨树、桉树、泡桐、杉木等树种具有生长快的特点，一般8～10年便可以进入主伐期，15年左右便进入成熟林（罗细芳，2010），因此，这些速生生态林的固碳效益更为显著。生态林净化大气环境生态效益优于经济林和灌木林，其净化大气的效率分别是后两者的1.93倍和2.03倍，同时，不同类型的树种净化大气的效益也不同，例如针叶林吸收二氧化硫和滞尘的效益分别是阔叶林的2.43倍和3.28倍，吸收氟化物的效益约是阔叶林的1/9，这些都是导致不同地区生态林效益产生差异的主要因素。

退耕还林工程重点监测省份生态林生态效益价值量和分布如表3-10和图3-20所示。重点监测省份生态林每年产生的生态效益价值量为3440.38亿元，其中涵养水源1482.04亿元，保育土壤350.55亿元，固碳释氧497.91亿元，林木积累营养物质60.60亿元，净化大气环境286.13亿元，生物多样性保护763.15亿元。

生态林生态效益各分项价值量中，涵养水源发挥了主要功能，占到总价值量的43.08%。相对于经济林和灌木林而言，生态林具有乔灌草混合营造复层群落结构，对于退耕还林工程成果的巩固与生态效益的可持续发挥具有重大意义。另外，在生物多样性保护方面，生态林也发挥着重要作用，其价值量也占到总价值量的22.18%，仅次于涵养水源效益。

表3-9 重点监测省份生态林生态效益物质量

地区	涵养水源（亿立方米/年）	保育土壤					固碳释氧		林木积累营养物质			净化大气环境		
		固土（万吨/年）	氮（万吨/年）	磷（万吨/年）	钾（万吨/年）	有机质（万吨/年）	固碳（万吨/年）	释氧（万吨/年）	氮（万吨/年）	磷（万吨/年）	钾（万吨/年）	提供负离子（$\times10^{22}$个）	吸收污染物（万千克/年）	滞尘（亿千克/年）
河北省	41.10	2314.30	2.95	0.75	20.36	1.05	315.34	743.83	9.70	0.42	6.15	1044.06	14165.81	224.67
辽宁省	6.18	2376.78	6.04	3.12	48.27	1.31	183.36	446.05	5.03	0.24	0.76	557.03	9197.45	116.31
湖北省	13.41	1114.33	4.32	0.54	17.14	0.33	233.80	572.86	1.94	0.14	1.72	645.35	11521.60	174.79
湖南省	35.79	2208.25	3.86	1.10	29.00	0.51	34.43	39.49	0.11	0.01	0.09	1185.65	23279.90	328.88
云南省	14.14	2405.62	2.63	2.48	32.96	0.98	197.67	483.62	1.97	0.56	0.90	451.98	10253.69	137.69
甘肃省	18.13	3382.07	14.16	9.37	119.35	1.45	187.04	432.91	2.93	0.24	1.01	925.10	12815.93	184.65
总计	128.75	13801.35	33.96	17.36	267.08	5.63	1151.64	2718.76	21.68	1.61	10.63	4809.17	81234.38	1166.99

注：表中吸收污染物是森林吸收二氧化硫、氟化物和氮氧化物的物质量总和。

表3-10 重点监测省份生态林生态效益价值量

地区	涵养水源（亿元/年）	保育土壤（亿元/年）	固碳释氧（亿元/年）	林木积累营养物质（亿元/年）	净化大气环境（亿元/年）	生物多样性保护（亿元/年）	总价值（亿元/年）
河北省	473.11	32.87	137.02	27.22	54.65	88.33	813.20
辽宁省	71.13	66.04	81.43	12.81	28.66	112.87	372.94
湖北省	154.40	27.81	101.57	5.85	42.59	93.93	426.15
湖南省	411.95	41.18	9.54	0.35	80.48	304.54	848.04
云南省	162.74	43.03	88.15	6.37	34.50	100.71	435.50
甘肃省	208.71	139.62	80.20	8.00	45.25	62.77	544.55
总计	1482.04	350.55	497.91	60.60	286.13	763.15	3440.38

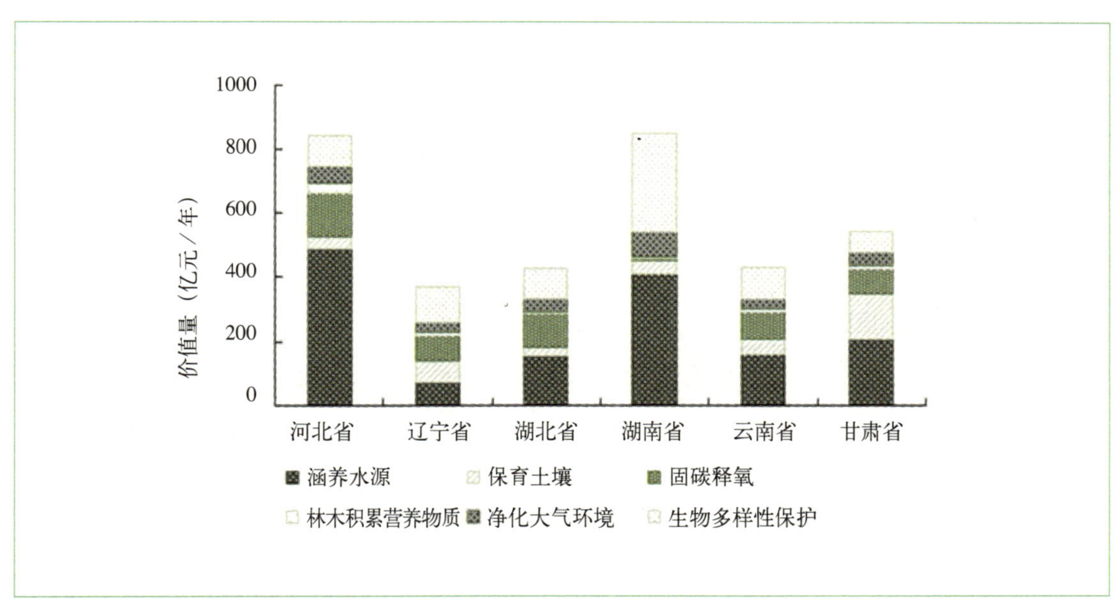

图3-20 重点监测省份生态林生态效益价值量分布

3.3.2 经济林生态效益

退耕还林工程经济林是指在工程实施中，营造以生产果品、食用油料、饮料、调料、工业原料和药材等为主要目的的林木（退耕还林工程生态林与经济林认定标准，2001）。我国退耕还林区主要集中在贫困地区，如果退耕后种植“生态林”，由于退耕地区的生态环境本底基础差，未来采伐权也有一定限制，故而生态林的直接经济效益难以保障，未来受益群体也将扩大到退耕区以外，退耕区将有加深贫困和返耕的可能性。而如果种植经济林兼生态林，在提高其生态效益的基础上，改善和提高农民的经济和社会效益，有利于减少贫困、改善生态效益，以及保持退耕还林的持续性（闫丽珍等，2004）。

退耕还林工程重点监测省份经济林的生态效益总物质量如表3-11所示，涵养水源总物质量为36.55亿立方米/年，固土总物质量达3836.80万吨/年，每年减少土壤中氮、磷、钾和有机质损失总量分别为5.19万吨、3.33万吨、48.16和1.21万吨，固碳总量为154.94万吨/年，释氧总量为319.94万吨/年，林木积累氮、磷、钾总量分别为2.53万吨/年、0.17万吨/年和1.22万吨/年，经济林每年能够提供负离子总量为397.68 × 10^{22}个，吸收污染物总量达12129.54万千克，滞尘148.22亿千克。

涵养水源仍是经济林所发挥的主要效益。各种环境因子中，水热条件决定着经济林涵养水源的高低。例如，水热条件较好的湖北省经济林的面积比甘肃省少4.86万公顷，但涵养水源物质量却高出甘肃省0.21亿立方米/年。经济林的营造不但拦截了部分雨量，而且还削弱了雨滴的能量，黄兵等（2006）研究发现，桃、李两种经济林木林冠的截留率分别为5.89%和12.92%，在一定程度上减少了地表径流。此外，不同栽植模式下，经济林也发挥着一定的生态效益。罗细芳等（2005）通过模型研究发现，各种栽植模式下的经济林在泥沙流失量与次降雨侵蚀力、径流量与次降雨量之间的模型存在明显不一致，即水土保持效果不同。经济林同样具有较高的固土效益，福建南安市以杨梅代替马尾松绿化荒山治理水土流失，研究发现，杨梅栽种6年后，使原来水土流失量每年（1.9～2.0）× 10^6 千克/平方米，下降到每年（5.0～6.0）× 10^4 千克/平方米，土壤含水量提高4.1%，农田受灾面积减少173.3公顷，每公顷单产提高到61千克，每户农民杨梅收入2000元以上（黎章矩，2003）。因此，退耕还林工程经济林也可发挥重要的生态效益。

退耕还林工程重点监测省份经济林生态效益价值量和分布如表3-12和图3-21所示，其每年产生的生态效益价值量为680.76亿元，其中涵养水源420.63亿元，保育土壤69.40亿元，固碳释氧61.26亿元，林木积累营养物质7.01亿元，净化大气环境36.39

表3-11 重点监测省份经济林生态效益物质量

地区	涵养水源（亿立方米/年）	保育土壤					固碳释氧		林木积累营养物质			净化大气环境		
		固土（万吨/年）	氮（万吨/年）	磷（万吨/年）	钾（万吨/年）	有机质（吨/年）	固碳（万吨/年）	释氧（万吨/年）	氮（万吨/年）	磷（万吨/年）	钾（万吨/年）	提供负离子（10^{22}个）	吸收污染物（万千克/年）	滞尘（亿千克/年）
河北省	4.41	392.07	0.17	0.14	1.46	0.14	38.42	87.39	1.18	0.03	0.80	64.38	2210.77	23.20
辽宁省	4.49	779.66	1.48	0.78	10.60	0.27	23.25	47.68	0.49	0.01	0.04	60.76	2112.55	21.90
湖北省	7.56	409.93	0.34	0.45	4.32	0.08	25.30	50.05	0.39	0.03	0.14	73.86	2115.48	28.51
湖南省	2.74	123.80	0.21	0.14	1.30	0.05	7.71	15.25	0.12	0.01	0.04	22.51	644.67	8.69
云南省	10.00	1239.71	1.49	0.84	21.08	0.40	31.78	63.06	0.27	0.07	0.15	92.91	2661.18	33.78
甘肃省	7.35	891.63	1.50	0.98	9.40	0.27	28.48	56.51	0.08	0.02	0.05	83.26	2384.89	32.14
总计	36.55	3836.80	5.19	3.33	48.16	1.21	154.94	319.94	2.53	0.17	1.22	397.68	12129.54	148.22

注：表中吸收污染物是森林吸收二氧化硫、氟化物和氮氧化物的物质量总和。

亿元，生物多样性保护86.07亿元。

重点监测省份经济林生态效益各分项价值量中，涵养水源价值量占到总价值量的61.79%，生物多样性价值量所占比重为12.64%。这表明经济林在生态效益方面的发挥，主要体现在涵养水源和生物多样性保护两方面。

表3-12 重点监测省份经济林生态效益价值量

地区	涵养水源（亿元/年）	保育土壤（亿元/年）	固碳释氧（亿元/年）	林木积累营养物质（亿元/年）	净化大气环境（亿元/年）	生物多样性保护（亿元/年）	总价值（亿元/年）
河北省	50.70	3.69	16.27	3.29	5.75	14.30	94.00
辽宁省	51.73	17.01	9.17	1.21	5.43	13.53	98.08
湖北省	86.99	6.72	9.60	1.06	6.96	16.32	127.65
湖南省	31.51	2.27	2.97	0.32	2.12	9.95	49.14
云南省	115.13	23.81	12.26	0.88	8.28	20.93	181.29
甘肃省	84.57	15.90	10.99	0.25	7.85	11.04	130.60
总计	420.63	69.40	61.26	7.01	36.39	86.07	680.76

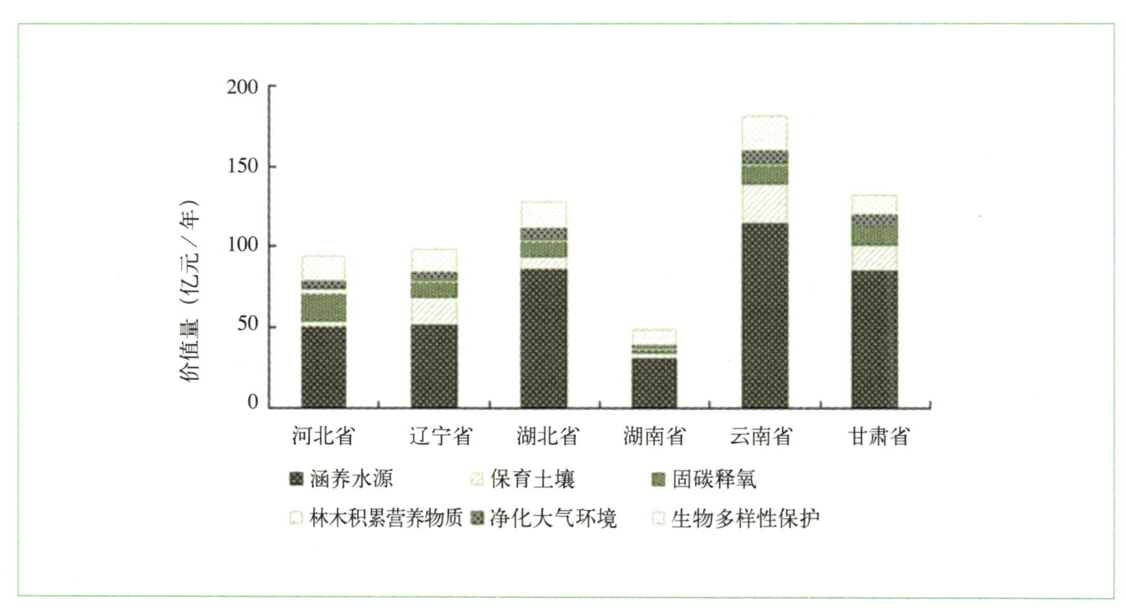

图3-21 重点监测省份经济林生态效益价值量分布

3.3.3 灌木林生态效益

灌木具有耐干旱瘠薄、耐盐碱、抗风蚀，耐牲畜啃食、耐割刈平茬、天然更新快等特性，还有抗病虫害能力强，对立地条件、造林技术要求相对较低，成活成林容易等特点。因而，在退耕还林工程的实施中，合理地发展灌木林或乔灌混交林，可以加快绿化步伐，提高造林质量（齐永红，2005）。

退耕还林工程重点监测省份灌木林生态效益总物质量如表3-13所示，涵养水源总物质量为15.70亿立方米/年，固土总物质量达2607.37万吨/年，减少土壤中氮、磷、钾和有机质损失总量分别为6.99万吨/年、2.07万吨/年、47.71万吨/年和1.71万吨/年，每年固碳总量为76.52万吨，释氧142.46万吨，林木积累氮、磷、钾总量分别为1.26万吨/年、0.15万吨/年和0.70万吨/年，灌木林每年能够提供负离子总量为149.30×10^{22}个，吸收污染物总量为8221.45万千克，滞尘83.75亿千克。

此次参与评估的省份中，退耕还林灌木林营造面积差异较为明显，且主要集中在西北和华北地区，其中甘肃省退耕还林灌木林的营造面积是河北省的2倍，是云南省灌木林营造面积的3倍，辽宁省的9倍，因此甘肃省灌木林各项生态效益也较高。干旱半干旱地区营造灌木林，在发挥涵养水源、固土和防风固沙方面起着重要的生态效益。俞海生等（2003）研究发现，沙棘×沙打旺混交灌木林地与荒坡地比较，径流深度减少79.17%，泥沙量减少99.29%；柠条×沙打旺混交灌木林地与荒坡地比较，径流深度减少77.08%，泥沙量减少99.23%，并且灌草混交林地减少径流和泥沙的程度大于灌木纯林和牧草地。苗世龙（2006）研究发现，5年生的柠条一般能覆盖地面5平方米，每公顷栽植1800丛，覆盖度可达80%以上，减少地表径流75%，减少表土冲刷65%～70%，拦截泥沙22.50平方米，是防止土壤水蚀、风蚀和固沙的好灌木树种。此外，灌木林相对于生态林和经济林，由于其更贴近地表，增加了地表覆盖度，防风固沙效益显著。研究发现，从2.5米高度来分析降低风速的平均值，花棒降低风速效果最好，可降低风速52.2%，其次是柠条可降低风速50.2%，紫穗槐可降低风速42.2%，杨柴可降低风速33.3%，沙柳可降低风速30.2%（俞海生等，2003）。

退耕还林工程重点监测省份灌木林生态效益价值量和分布如表3-14和图3-22所示，每年产生的生态效益价值量为340.28亿元，其中涵养水源180.70亿元，保育土壤62.52亿元，固碳释氧28.30亿元，林木积累营养物质3.70亿元，净化大气环境20.79亿元，生物多样性保护44.27亿元。

退耕还林工程灌木林营造不同于乔木林，灌木能适应复杂、恶劣的生长环境，在适宜的自然环境条件下，其生长更迅速，发挥更有效的生态效益。云南省退耕还林灌

表3-13 重点监测省份灌木林生态效益物质量

地区	涵养水源（亿立方米/年）	保育土壤					固碳释氧		林木积累营养物质			净化大气环境		
		固土（万吨/年）	氮（万吨/年）	磷（万吨/年）	钾（万吨/年）	有机质（万吨/年）	固碳（万吨/年）	释氧（万吨/年）	氮（万吨/年）	磷（万吨/年）	钾（万吨/年）	提供负离子（$\times10^{22}$个）	吸收污染物（万千克/年）	滞尘（亿千克/年）
河北省	3.65	340.06	0.45	0.14	2.29	0.15	14.84	19.73	0.25	0.03	0.18	34.31	1895.58	19.22
辽宁省	0.80	173.73	0.47	0.22	3.67	0.11	5.18	10.63	0.14	0.02	0.25	8.71	479.30	4.88
湖北省	—	—	—	—	—	—	—	—	—	—	—	—	—	—
湖南省	0.01	0.57	<0.01	<0.01	0.01	<0.01	0.03	0.06	<0.01	<0.01	<0.01	0.06	3.12	0.03
云南省	4.02	514.11	0.54	0.29	8.11	0.13	13.18	26.15	0.11	0.03	0.06	24.79	1363.89	14.01
甘肃省	7.22	1578.90	5.53	1.42	33.63	1.32	43.29	85.89	0.76	0.07	0.21	81.43	4479.56	45.61
总计	15.70	2607.37	6.99	2.07	47.71	1.71	76.52	142.46	1.26	0.15	0.70	149.30	8221.45	83.75

注：表中吸收污染物是森林吸收二氧化硫、氟化物和氮氧化物的物质量总和。

表3-14 重点监测省份灌木林生态效益价值量

地区	涵养水源(亿元/年)	保育土壤(亿元/年)	固碳释氧(亿元/年)	林木积累营养物质(亿元/年)	净化大气环境(亿元/年)	生物多样性保护(亿元/年)	总价值(亿元/年)
河北省	41.96	4.54	4.46	0.76	4.77	7.09	63.58
辽宁省	9.17	4.96	2.04	0.52	1.21	3.00	20.90
湖北省	—	—	—	—	—	—	—
湖南省	0.12	0.01	0.01	<0.01	0.01	0.08	0.23
云南省	46.32	9.20	5.09	0.37	3.48	17.32	81.78
甘肃省	83.13	43.81	16.70	2.05	11.32	16.78	173.79
总计	180.70	62.52	28.30	3.70	20.79	44.27	340.28

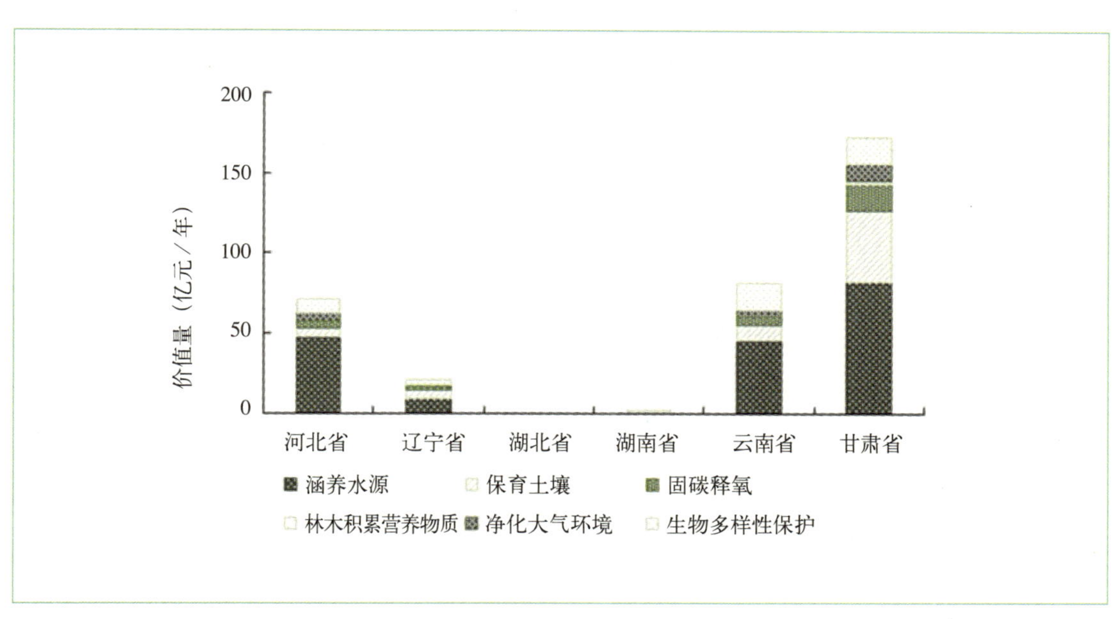

图3-22 重点监测省份灌木林生态效益价值量分布

木林的面积比河北省少9万公顷，但是每年生态效益价值量却高出近18亿元，主要原因是云南省灌木林位于山坡地面积比例较大且水热条件好，灌木林生物多样性丰富，从单项提升了云南省灌木林的生态效益价值量，以至影响到总价值量的高低。

宜林荒山荒地造林和封山育林形式主要以生态林营造为主，一些地区的生态效益甚至超过了退耕地营造的经济林生态效益，可见即使退耕地能够提供优良的土壤条件和合理的人工维护管理，但单纯的为追求经济效益只种植经济林，并且所种林分结构单一，人为地将地表杂草、枯枝落叶清理，在提升经济林经济效益的同时却降低了其生态效益的发挥。因此，单从生态效益的角度来说，退耕地生态林的营造将会大大提升退耕还林工程整体的生态效益。南方地区由于优良的水热条件，退耕还林工程所营造的灌木林成活率高，生长迅速，短时间内能够发挥较高的生态效益，有些地区单位面积生态效益甚至超过经济林。而北方尤其是西北地区，在降水偏低，蒸散较高，退耕还林经济林和生态林都不宜存活的情况下，灌木林的营造是给这些区域带来较高生态效益的重要途径。因此从总体上看，发展适合当地气候环境的生态林是今后提高退耕还林工程生态效益的必要手段。

第四章

退耕还林工程重点监测省份地市级生态效益

依据国家林业局《退耕还林工程生态效益监测评估技术标准与管理规范》（办退字〔2013〕16号），本章将在地市级尺度上，对河北、辽宁、湖北、湖南、云南和甘肃6省86市（州）开展退耕还林工程生态效益评估工作，探讨各地市级退耕还林工程生态效益的特征。

4.1 河北省

4.1.1 河北省退耕还林工程概况

2000年，河北省退耕还林工程在张家口、承德两市的坝上6县开始试点；2002年，工程在全省全面实施，工程建设范围涉及11个市176个县（市、区）。截至2013年末，河北省累计完成退耕还林工程建设任务186.67万公顷，其中退耕地还林、宜林荒山荒地造林、封山育林面积占退耕面积的比例分别为33.82%、57.32%和8.86%。按林种类型划分，生态林、经济林、灌木林面积占退耕面积的比例分别为74.98%、13.00%和12.02%。

河北省主要退耕还林树种如表4-1所示，其中杨树和柏木是主要退耕还林树种。

表4-1 河北省主要退耕还林树种

林种类型	主要树种
经济林	苹果、栗树、核桃、樱桃、梨树、桃树、杏树、花椒、李、杂果、山楂、葡萄、板栗、柿、枸杞、杜仲、石榴、枣树
灌木林	灌木林
生态林	油松、落叶松、樟子松、杨树、泡桐、柏木、栎类、桦木、水曲柳、胡桃楸、黄波罗、榆树、椴树、柳树、其他硬阔类、其他软阔类、针叶混交林、阔叶混交林、针阔混交林

杨树累积退耕还林面积74.39万公顷，占生态林面积的比重为53.15%，占全省退耕还林面积的39.85%；另外经济林退耕还林面积累积24.27万公顷。10年来（2002～2012年），工程区积极创新造林机制，退耕还林工程取得良好效果，森林平均覆盖率增长了3.77%，工程区呈现出林茂粮丰的和谐景观，有效改善了全省的生态环境，调整了农村产业结构，加快了农民脱贫致富的步伐，取得了显著的社会效益。退耕还林的优惠政策，使许多民间资本纷纷投资林业，掀起民间资本投资林业的热潮，为林业建设注入了新的生机和活力。

4.1.2 河北省地市级退耕还林工程生态效益

河北省地市级退耕还林工程生态效益物质量如表4-2所示。退耕还林面积较大的张家口市、承德市、保定市和邯郸市各分项生态效益物质量均较高。河北省东部秦皇岛市退耕还林面积仅有2.56万公顷，唐山市退耕还林面积为5.73万公顷，两市退耕还林面积在全省最低，因此生态效益各分项物质量均较低。

河北省地市级退耕还林工程生态效益各分项物质量空间分布如图4-1至图4-7所示。河北省地势西北高、东南低，包括坝上高原、燕山和太行山山地、平原三大地貌单元，西北主要地形有山地、丘陵、高原，中部和南部为平原。

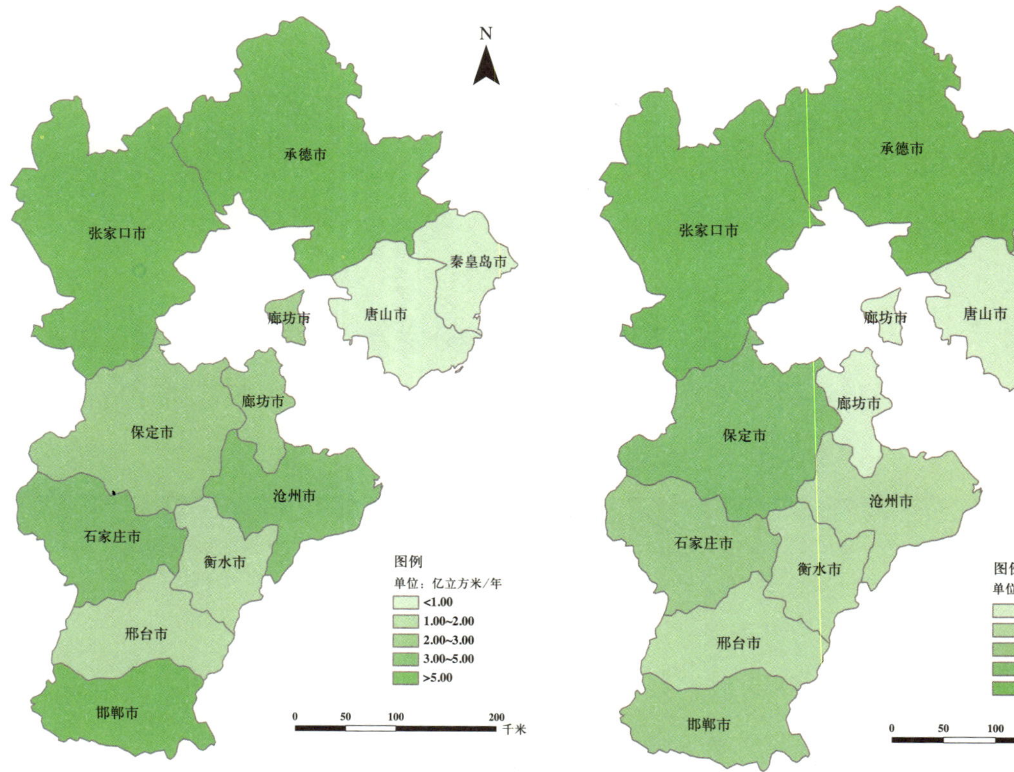

图4-1 河北省地市级涵养水源功能物质量　　图4-2 河北省地市级固土功能物质量

表4-2 河北省地市级退耕还林工程生态效益物质量

地区	涵养水源（亿立方米/年）	保育土壤					固碳释氧		林木积累营养物质			净化大气环境		
		固土（万吨/年）	氮（万吨/年）	磷（万吨/年）	钾（万吨/年）	有机质（万吨/年）	固碳（万吨/年）	释氧（万吨/年）	氮（万吨/年）	磷（万吨/年）	钾（万吨/年）	提供负离子（$\times10^{22}$个）	吸收污染物（万千克/年）	滞尘（亿千克/年）
石家庄市	3.47	201.34	0.20	0.07	1.40	0.08	22.43	52.23	0.91	0.04	0.44	59.29	1179.65	15.35
秦皇岛市	0.97	43.54	0.07	0.01	0.37	0.02	5.94	14.19	0.19	0.01	0.11	16.06	251.18	2.82
唐山市	0.99	99.57	0.11	0.04	0.75	0.04	11.73	27.55	0.35	0.01	0.22	33.81	593.27	8.46
廊坊市	2.02	80.53	0.12	0.02	0.75	0.04	11.76	28.34	0.38	0.01	0.25	31.22	459.18	4.68
保定市	2.68	280.71	0.40	0.06	2.57	0.13	38.79	92.97	1.24	0.04	0.83	100.09	1596.43	16.27
沧州市	4.60	172.35	0.22	0.07	1.13	0.08	22.51	53.74	0.72	0.02	0.49	88.76	957.50	9.77
衡水市	1.87	190.54	0.23	0.04	1.65	0.09	26.12	62.50	0.84	0.02	0.57	67.23	1084.83	11.09
邢台市	1.90	176.83	0.18	0.06	1.24	0.07	21.88	51.69	0.79	0.03	0.45	60.51	1046.90	14.28
邯郸市	5.09	220.56	0.21	0.07	1.53	0.10	26.24	61.71	0.82	0.03	0.55	75.27	1329.49	20.27
张家口市	18.49	931.69	1.09	0.35	7.45	0.40	97.94	208.25	2.45	0.18	1.55	328.60	5766.62	96.81
承德市	7.07	648.78	0.73	0.23	5.26	0.29	83.27	197.80	2.45	0.10	1.67	281.91	4007.10	67.28

注：表中吸收污染物项是森林吸收二氧化硫、氟化物和氮氧化物的物质量总和。

例如张家口市和承德市，主要以山地、丘陵为主，年平均降水量一般在500毫米左右，土壤以碳酸钙质森林土类为主。张家口市和承德市主要以退耕地还林为主，且宜林荒山荒地造林亦有较大面积，从而使得该地区退耕还林工程能够发挥较好的涵养水源和保育土壤作用，有效控制水土流失。另外，张家口市和承德市西部靠近内蒙古高原，土地沙化严重，退耕还林可以发挥较好的滞尘功能，阻滞或延缓风沙南下入侵京津地区。

东部的秦皇岛市和唐山市，地形主要以山地、丘陵为主，退耕还林主要以宜林荒山荒地造林为主；平原地区的沧州市、衡水市，退耕还林主要以宜林荒山荒地造林为主，尚未实行封山育林。

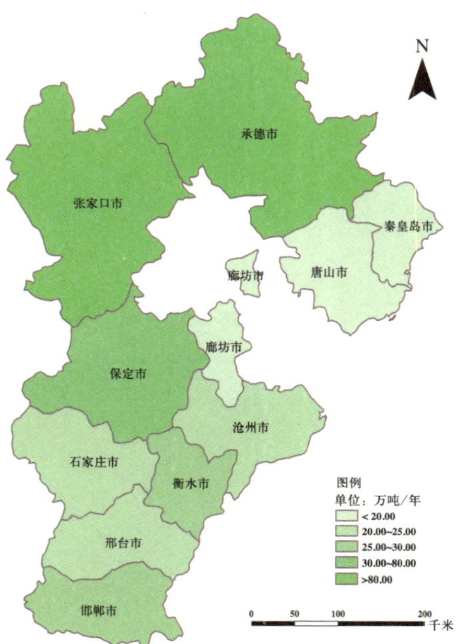

图4-3 河北省地市级固碳功能物质量

图4-4 河北省地市级释氧功能物质量

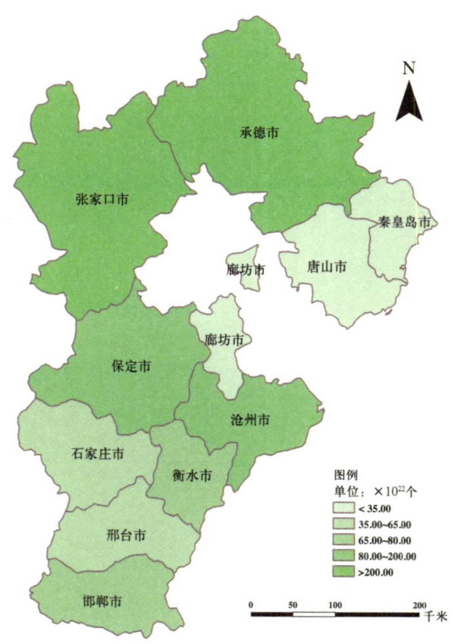

图4-5 河北省地市级提供负离子功能物质量

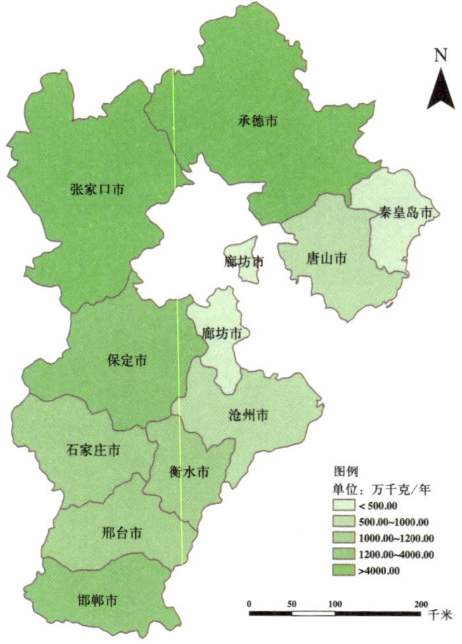

图4-6 河北省地市级吸收污染物功能物质量

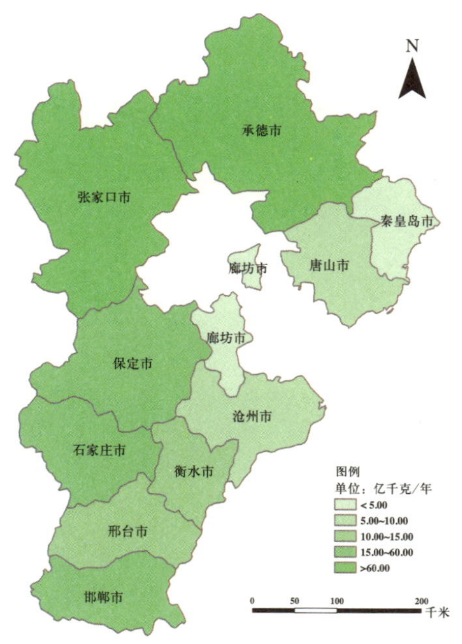

图4-7 河北省地市级滞尘功能物质量

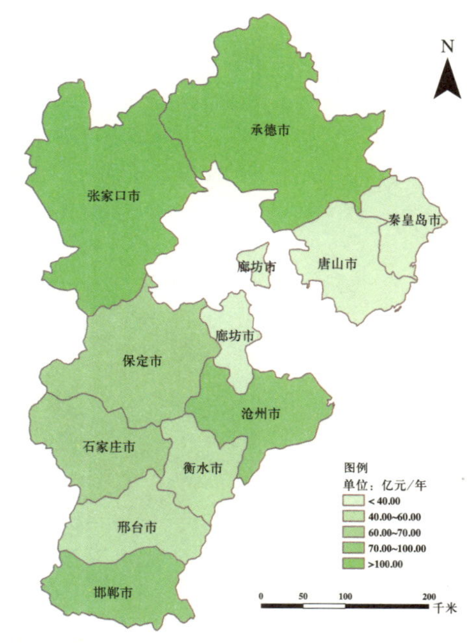

图4-8 河北省地市级生态效益总价值量空间分布

河北省地市级退耕还林工程生态效益各分项价值量及排序如表4-3所示。河北省退耕还林工程每年生态效益总价值量为970.80亿元。张家口市、承德市和邯郸市生态效益总价值量排在全省前列（图4-8），其价值量占全省总价值量的33.60%、17.83%、9.11%。东南部地区的唐山市、衡水市、邢台市生态效益总价值量均较小。

表4-3 河北省地市级退耕还林工程生态效益各分项价值量及排序

排序	地区	涵养水源（亿元）	保育土壤（亿元）	固碳释氧（亿元）	林木积累营养物质（亿元）	净化大气环境（亿元）	生物多样性保护（亿元）	总价值（亿元）
1	张家口市	212.83	12.70	39.60	7.04	23.44	30.61	326.19
2	承德市	81.43	8.80	36.35	6.92	16.31	23.23	173.05
3	邯郸市	58.54	2.73	11.38	2.30	4.93	8.60	88.48
4	沧州市	52.99	2.26	9.86	2.02	2.47	5.99	75.59
5	保定市	30.80	4.08	17.05	3.46	4.06	9.83	69.28
6	石家庄市	39.96	2.53	9.66	2.47	3.76	8.41	66.79
7	衡水市	21.50	2.62	11.47	2.36	2.77	6.70	47.42
8	邢台市	21.87	2.23	9.52	2.18	3.49	7.54	46.83
9	廊坊市	23.21	1.19	5.19	1.05	1.17	3.09	34.90
10	唐山市	11.43	1.32	5.08	0.97	2.06	4.01	24.87
11	秦皇岛市	11.22	0.64	2.60	0.51	0.70	1.71	17.38
合计		565.78	41.10	157.76	31.28	65.16	109.72	970.80

河北省地市级退耕还林工程生态效益各分项价值量如4-9所示。涵养水源功能价值量占总价值量的比重超过达到了58.28%，固碳释氧和生物多样性保护功能价值量所占比例也比较高，其占总价值量的比例分别为16.25%和11.30%。

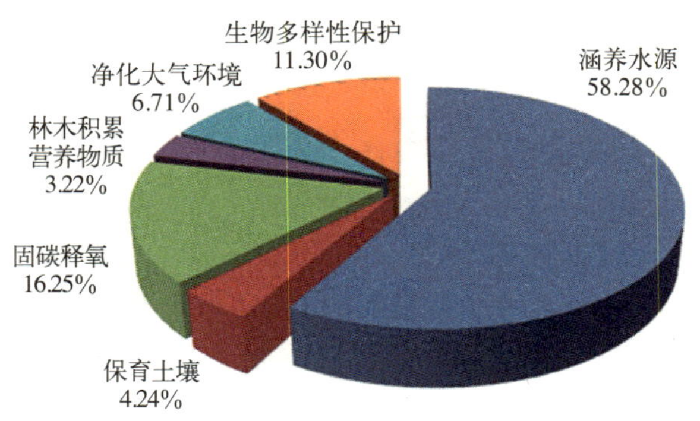

图4-9 河北省地市级退耕还林工程生态效益各分项价值量

4.1.3 退耕还林工程三种植被恢复类型生态效益

4.1.3.1 退耕地还林生态效益

根据退耕还林工程三种植被恢复类型，分别核算了河北省地市级退耕地还林、宜林荒山荒地造林、封山育林生态效益的物质量和价值量。

河北省地市级退耕地还林生态效益物质量如表4-5所示。张家口市、承德市和石家庄市，退耕地还林面积占市退耕总面积的比例分别为47.67%、40.61%、25.37%（表4-4），因此这三个市生态效益各分项物质量均较高。

表4-4 河北省地市级退耕还林工程三种植被恢复类型退耕面积的相对比例

地 区	退耕地还林比例 (%)	宜林荒山荒地造林比例 (%)	封山育林比例 (%)
张家口市	47.67	36.41	15.92
承德市	40.61	33.98	25.41
石家庄市	25.37	45.44	29.19
邯郸市	22.35	61.94	15.71
保定市	20.95	58.45	20.60
沧州市	19.12	80.88	—
衡水市	28.64	71.36	—
廊坊市	27.34	70.50	2.16
唐山市	33.95	54.42	11.63
邢台市	19.29	61.88	18.83
秦皇岛市	40.52	44.56	14.92

表4-5 河北省地市级退耕地还林生态效益物质量

地区	涵养水源	保育土壤					固碳释氧		林木积累营养物质			净化大气环境		
	涵养水源（万立方米/年）	固土（万吨/年）	氮（吨/年）	磷（吨/年）	钾（吨/年）	有机质（吨/年）	固碳（万吨/年）	释氧（万吨/年）	氮（吨/年）	磷（吨/年）	钾（吨/年）	提供负离子（$\times10^{22}$个）	吸收污染物（万千克/年）	滞尘（亿千克/年）
石家庄市	8209.99	55.70	405.34	167.19	3092.77	220.15	6.16	14.32	1946.94	54.59	1302.85	12.75	315.05	3.27
秦皇岛市	3938.58	17.92	232.90	48.19	1466.78	80.74	2.43	5.81	768.11	22.73	504.28	6.06	101.90	1.05
唐山市	3289.79	33.67	446.45	98.76	2701.26	150.24	4.52	10.78	1414.32	42.04	917.62	11.18	191.41	1.97
廊坊市	5563.94	22.03	308.97	45.20	2067.93	105.38	3.22	7.77	1045.51	31.10	696.25	8.56	125.67	1.28
保定市	5248.20	56.89	1021.24	188.85	5340.92	269.00	8.31	20.04	2570.00	78.73	1586.80	22.01	324.07	3.32
沧州市	8373.40	32.84	395.00	132.34	2081.33	143.14	4.20	10.01	1345.77	38.69	918.49	16.01	182.63	1.87
衡水市	5373.41	54.81	711.43	122.94	4854.97	254.69	7.30	17.41	2350.38	68.39	1596.57	18.82	311.52	3.18
邢台市	3567.87	33.87	283.78	99.07	2067.07	137.32	4.01	9.40	1292.17	40.07	851.20	8.82	191.91	1.99
邯郸市	8407.15	48.82	329.62	160.29	2595.42	197.45	5.24	12.14	1608.07	50.57	1094.72	12.25	286.21	3.83
张家口市	87362.11	440.49	0.49	0.16	3.41	0.19	48.24	103.00	12370.55	832.66	8009.87	157.61	2692.97	42.63
承德市	27717.85	262.25	2957.42	780.01	21825.51	1172.68	33.76	80.17	10002.30	373.57	6499.10	102.95	1587.54	23.94

注：表中吸收污染物是森林吸收二氧化硫、氟化物和氮氧化物的物质量总和。

河北省地市级退耕地还林生态效益价值量及排序如表4-6所示。退耕地还林生态效益每年的总价值量为329.59亿元，退耕地面积较大的张家口市、承德市的生态效益价值量排在全省前列。退耕地还林生态效益各分项价值量中，涵养水源生态效益价值量所占比例较高，占总价值量的58.34%；林木积累营养物质所占比例较低，仅占总价值量的3.14%。

表4-6 河北省地市级退耕地还林生态效益价值量及排序

排序	地区	涵养水源(亿元)	保育土壤(亿元)	固碳释氧(亿元)	林木积累营养物质(亿元)	净化大气环境(亿元)	生物多样性保护(亿元)	总价值(亿元/年)
1	张家口市	100.55	5.88	19.56	3.55	10.36	14.62	154.52
2	承德市	31.90	3.55	14.74	2.80	5.83	9.40	68.22
3	石家庄市	9.45	0.62	2.65	0.54	0.81	2.06	16.13
4	邯郸市	9.68	0.53	2.25	0.45	0.94	1.80	15.65
5	保定市	6.04	0.90	3.67	0.71	0.83	2.28	14.43
6	沧州市	9.64	0.42	1.84	0.38	0.47	1.14	13.89
7	衡水市	6.18	0.77	3.2	0.66	0.79	1.84	13.44
8	廊坊市	6.40	0.32	1.42	0.29	0.32	0.82	9.57
9	唐山市	3.79	0.47	1.98	0.39	0.49	1.28	8.40
10	邢台市	4.11	0.39	1.73	0.36	0.49	1.27	8.35
11	秦皇岛市	4.53	0.25	1.07	0.21	0.26	0.67	6.99
合计		192.27	14.10	54.11	10.34	21.59	37.18	329.59

4.1.3.2 宜林荒山荒地造林生态效益

河北省地市级宜林荒山荒地造林生态效益物质量如表4-7所示，宜林荒山荒地造林生态效益物质量与各市宜林荒山荒地造林面积有关，面积较大的张家口市、承德市和保定市，宜林荒山荒地造林生态效益的各分项物质量均较高。

河北省宜林荒山荒地造林生态效益价值量及排序如表4-8所示。河北省地市级宜林荒山荒地造林每年生态效益总价值量为482.99亿元。宜林荒山荒地造林面积较大的张家口市、承德市、沧州市、邯郸市以及保定市，宜林荒山荒地造林生态效益各分项价值量均较大。生态效益各分项价值量中，涵养水源生态效益价值量所占比例较高，占总价值量的58.47%；林木积累营养物质所占比例较低，仅占总价值量的3.35%。

表4-7 河北省地市级宜林荒山荒地造林生态效益物质量

地区	涵养水源	保育土壤					固碳释氧		林木积累营养物质			净化大气环境		
	(万立方米/年)	固土 (万吨/年)	氮 (吨/年)	磷 (吨/年)	钾 (吨/年)	有机质 (吨/年)	固碳 (万吨/年)	释氧 (万吨/年)	氮 (吨/年)	磷 (吨/年)	钾 (吨/年)	提供负离子 ($\times10^{22}$个)	吸收污染物 (万千克/年)	滞尘 (亿千克/年)
石家庄市	19165.08	107.70	1185.88	354.54	8191.96	459.47	13.07	30.82	5542.26	204.80	2550.40	36.25	640.05	8.91
秦皇岛市	4110.51	19.61	317.98	79.03	1571.49	85.08	2.61	6.21	793.70	26.80	464.41	6.59	112.51	1.25
唐山市	5637.12	54.22	512.98	202.38	3726.30	239.88	6.14	14.34	1828.59	63.55	1188.81	18.05	329.04	5.20
廊坊市	14106.95	56.79	791.78	122.83	5233.88	269.49	8.23	19.82	2658.26	78.94	1766.63	21.73	323.79	3.30
保定市	15765.27	166.87	2210.09	287.39	15781.39	803.29	24.39	58.81	7907.08	227.33	5396.58	64.34	951.96	9.69
沧州市	37665.93	139.52	1792.17	570.10	9226.50	620.05	18.31	43.73	5879.41	169.03	4012.70	72.75	774.87	7.90
衡水市	13310.12	135.73	1611.36	282.28	11618.55	618.86	18.82	45.09	6076.90	175.91	4136.44	48.40	773.31	7.91
邢台市	11521.62	109.50	1160.37	343.24	7922.56	473.40	13.76	32.58	4734.90	184.25	2842.13	37.34	644.57	8.50
邯郸市	33765.05	136.55	1551.98	349.92	11108.06	634.22	18.00	42.89	5787.86	187.85	3866.66	51.03	808.27	10.91
张家口市	66804.21	343.09	4185.05	1281.06	27880.63	1474.86	34.13	72.17	8435.94	611.86	5234.16	114.06	2118.55	35.40
承德市	23507.32	219.92	2651.27	694.49	19397.74	1001.35	28.44	67.61	8210.48	333.41	5232.98	93.87	1359.98	22.59

注：表中吸收污染物是森林吸收二氧化硫、氟化物和氮氧化物的物质量总和。

表4-8 河北省地市级宜林荒山荒地造林生态效益价值量及排序

排序	地区	涵养水源（亿元）	保育土壤（亿元）	固碳释氧（亿元）	林木积累营养物质（亿元）	净化大气环境（亿元）	生物多样性保护（亿元）	总价值（亿元）
1	张家口市	76.89	4.74	13.75	2.42	8.57	10.99	117.36
2	沧州市	43.35	1.84	8.03	1.65	2.00	4.84	61.71
3	承德市	27.06	3.09	12.43	2.30	5.48	7.83	58.19
4	邯郸市	38.86	1.82	7.88	1.62	2.67	5.26	58.11
5	保定市	18.15	2.40	10.76	2.22	2.42	5.94	41.89
6	石家庄市	22.06	1.42	5.68	1.49	2.18	4.73	37.56
7	衡水市	15.32	1.85	8.27	1.70	1.97	4.86	33.97
8	邢台市	13.26	1.40	5.99	1.32	2.08	4.52	28.57
9	廊坊市	16.24	0.82	3.63	0.74	0.82	2.14	24.39
10	唐山市	6.49	0.68	2.65	0.51	1.26	2.15	13.74
11	秦皇岛市	4.73	0.29	1.14	0.22	0.31	0.81	7.50
合计		282.41	20.35	80.21	16.19	29.76	54.07	482.99

4.1.3.3 封山育林生态效益

河北省地市级封山育林生态效益物质量如表4-9所示。封山育林面积较大的张家口市、承德市和保定市，封山育林面积占各市退耕总面积的比例分别为15.92%、25.41%、29.19%（表4-4），封山育林生态效益的各分项物质量均较高。

河北省地市级封山育林生态效益价值量及排序如表4-10所示。河北省地市级封山育林每年的生态效益总价值量为158.22亿元，河北省地市级封山育林生态效益价值量与各市封山育林面积相关。封山育林退耕面积所占比例较大的张家口市、承德市、邯郸市，其封山育林生态效益各分项价值量均较大。生态效益各分项价值量中，涵养水源生态效益价值量所占比例最大，占总价值量的57.58%；林木积累营养物质所占比例较低，仅占总价值量的3.00%。

4.1.4 退耕还林工程不同林种类型生态效益

4.1.4.1 生态林生态效益

根据退耕还林工程不同林种类型，分别核算了河北省地市级生态林、经济林、灌木林生态效益的物质量和价值量。河北省地市级退耕还林工程生态林生态效益物质量如表4-12所示，生态林生态效益物质量与各市生态林营造面积相关，营造面积较大的张家口市、承德市、保定市（表4-11），其生态林生态效益各分项物质量均较高。

表4-9 河北省地市级封山育林生态效益物质量

地区	涵养水源	保育土壤					固碳释氧		林木积累营养物质			净化大气环境		
	涵养水源 (万立方米/年)	固土 (万吨/年)	氮 (吨/年)	磷 (吨/年)	钾 (吨/年)	有机质 (吨/年)	固碳 (万吨/年)	释氧 (万吨/年)	氮 (吨/年)	磷 (吨/年)	钾 (吨/年)	提供负离子 ($\times10^{22}$个)	吸收污染物 (万千克/年)	滞尘 (亿千克/年)
石家庄市	7341.35	37.94	438.97	156.24	2676.70	157.05	3.19	7.09	1594.13	107.74	554.40	10.29	224.56	3.17
秦皇岛市	1696.88	6.01	101.11	21.88	669.56	21.91	0.90	2.17	290.25	11.55	177.20	3.41	36.78	0.53
唐山市	1005.01	11.67	145.92	84.06	1040.38	53.85	1.07	2.43	248.66	11.98	101.82	4.58	72.82	1.29
廊坊市	495.00	1.71	99.28	23.45	217.40	8.47	0.30	0.75	69.76	3.21	6.16	0.93	9.72	0.10
保定市	5749.92	56.95	753.26	167.03	4600.15	264.56	6.09	14.12	1898.57	54.58	1295.77	13.74	320.41	3.26
邢台市	3910.10	33.46	353.74	144.47	2414.64	135.34	4.11	9.71	1827.51	109.78	789.70	14.35	210.42	3.79
邯郸市	8691.13	35.20	222.10	168.83	1639.71	159.29	2.99	6.68	812.90	38.99	544.77	11.99	235.01	5.53
张家口市	30732.70	148.11	1816.28	602.50	12471.18	616.02	15.57	33.08	3659.44	306.00	2237.77	56.94	955.10	18.78
承德市	19520.70	166.62	1730.83	849.42	11426.58	735.90	21.07	50.02	6264.06	298.66	4931.19	85.09	1059.58	20.76

注：表中吸收污染物是森林吸收二氧化硫、氟化物和氮氧化物的物质量总和。

表4-10 河北省地市级封山育林生态效益价值量及排序

排序	地 区	涵养水源（亿元/年）	保育土壤（亿元/年）	固碳释氧（亿元/年）	林木积累营养物质（亿元/年）	净化大气环境（亿元/年）	生物多样性保护（亿元/年）	总价值（亿元/年）
1	张家口市	35.37	2.08	6.29	1.06	4.52	4.99	54.31
2	承德市	22.47	2.16	9.20	1.82	5.01	6.01	46.67
3	邯郸市	10.00	0.38	1.25	0.23	1.32	1.54	14.72
4	石家庄市	8.45	0.50	1.33	0.43	0.77	1.62	13.10
5	保定市	6.62	0.79	2.61	0.53	0.81	1.60	12.96
6	邢台市	4.50	0.44	1.79	0.50	0.92	1.75	9.90
7	秦皇岛市	1.95	0.10	0.40	0.08	0.13	0.23	2.89
8	唐山市	1.16	0.15	0.43	0.08	0.30	0.61	2.73
9	廊坊市	0.58	0.05	0.14	0.02	0.03	0.12	0.93
10	沧州市	—	—	—	—	—	—	—
11	衡水市	—	—	—	—	—	—	—
合 计		91.10	6.65	23.44	4.75	13.81	18.47	158.22

表4-11 河北省地市级退耕还林工程不同林种类型的面积及相对比例

地 区	生态林比例（%）	经济林比例（%）	灌木林比例（%）
张家口市	60.70	13.04	26.26
承德市	87.20	7.41	5.39
石家庄市	48.72	34.97	16.31
邯郸市	83.50	15.97	0.53
保定市	87.98	1.72	10.30
沧州市	93.93	6.07	—
衡水市	82.67	13.20	4.13
廊坊市	96.42	3.58	—
唐山市	75.28	22.40	2.32
邢台市	72.82	26.90	0.28
秦皇岛市	74.27	25.73	—

表4-12 河北省地市级退耕还林工程生态林生态效益物质量

地区	涵养水源（万立方米/年）	保育土壤					固碳释氧		林木积累营养物质			净化大气环境		
		固土（万吨/年）	氮（吨/年）	磷（吨/年）	钾（吨/年）	有机质（吨/年）	固碳（万吨/年）	释氧（万吨/年）	氮（吨/年）	磷（吨/年）	钾（吨/年）	提供负离子（$\times10^{22}$个）	吸收污染物（万千克/年）	滞尘（亿千克/年）
石家庄市	25568.46	118.63	1421.62	370.94	10018.32	516.36	16.17	38.68	7261.42	314.75	3164.19	47.52	715.80	10.53
秦皇岛市	8483.22	32.30	604.23	109.76	3289.52	147.84	4.84	11.68	1515.25	51.39	916.01	14.21	187.81	2.16
唐山市	7211.93	75.25	980.64	298.64	6491.03	355.45	9.42	22.31	2787.38	97.32	1727.64	29.97	456.37	7.03
廊坊市	19847.36	77.70	1187.99	181.56	7413.69	373.29	11.48	27.71	3688.58	110.80	2411.05	30.76	443.20	4.52
保定市	23150.83	247.25	3583.76	508.53	23607.29	1191.18	36.36	87.72	11670.18	340.36	7797.67	96.43	1410.35	14.37
沧州市	44913.17	162.33	2144.57	667.36	10934.78	727.62	21.53	51.50	6924.79	199.09	4726.17	87.11	900.99	9.17
衡水市	15035.13	157.70	2110.55	285.33	15006.87	749.44	23.14	55.81	7526.65	218.41	5118.33	62.35	900.39	9.17
邢台市	13679.83	129.46	1592.06	420.67	10626.00	577.47	17.25	41.17	6440.11	293.43	3517.65	52.76	779.85	11.48
邯郸市	46859.36	184.87	1941.34	553.40	13978.87	863.18	22.83	54.00	7172.29	247.61	4798.72	69.48	1128.35	18.16
张家口市	144697.97	563.08	7275.25	2044.02	53711.91	2442.47	76.15	171.22	19649.73	1348.79	12108.68	282.92	3700.72	75.62
承德市	61596.62	565.73	6665.07	2011.33	48477.43	2581.70	76.19	182.03	22357.25	944.70	15216.65	270.54	3541.99	62.46

注：表中吸收污染物是森林吸收二氧化硫、氟化物和氮氧化物的物质量总和。

河北省地市级退耕还林工程生态林生态效益价值量及排序如表4-13所示。河北省地市级退耕还林工程生态林每年的生态效益总价值量为813.24亿元。生态林价值量与各市生态林面积相关，价值量较高的张家口市、承德市以及邯郸市，其生态林营造面积均较大，三市生态林营造面积占全省退耕总面积的比例高达43.99%。生态效益各分项价值量中，涵养水源生态效益价值量所占比例最大，占总价值量的58.18%；林木积累营养物质所占比例较低，仅占总价值量的3.35%。

表4-13 河北省地市级退耕还林工程生态林生态效益价值量及排序

排序	地区	涵养水源（亿元/年）	保育土壤（亿元/年）	固碳释氧（亿元/年）	林木积累营养物质（亿元/年）	净化大气环境（亿元/年）	生物多样性保护（亿元/年）	总价值（亿元/年）
1	张家口市	166.55	8.30	32.00	5.61	18.19	20.86	251.51
2	承德市	70.90	7.88	33.41	6.33	15.12	20.77	154.41
3	邯郸市	53.94	2.39	9.94	2.01	4.40	7.32	80.00
4	沧州市	51.70	2.17	9.45	1.94	2.32	5.63	73.21
5	保定市	26.65	3.65	16.05	3.26	3.59	9.06	62.26
6	石家庄市	29.43	1.64	7.10	1.96	2.57	5.76	48.46
7	衡水市	17.31	2.28	10.21	2.11	2.29	5.64	39.84
8	邢台市	15.75	1.78	7.56	1.78	2.80	5.83	35.50
9	廊坊市	22.84	1.17	5.07	1.03	1.13	2.98	34.22
10	唐山市	8.30	1.08	4.11	0.78	1.71	3.16	19.14
11	秦皇岛市	9.76	0.53	2.14	0.42	0.54	1.30	14.69
合计		473.13	32.87	137.04	27.23	54.66	88.31	813.24

4.1.4.2 经济林生态效益

河北省地市级退耕还林工程经济林生态效益物质量如表4-14所示，经济林营造面积较大的张家口市、石家庄市、承德市，生态效益各分项物质量均高于其他地市。而廊坊市经济林营造面积只有0.17万公顷，其生态效益各分项物质量均最低。

河北省地市级退耕还林工程经济林生态效益价值量如表4-15所示。河北省地市级退耕还林工程经济林每年的生态效益总价值量为94.01亿元。生态效益各分项价值量中，涵养水源生态效益价值量所占比例最大，占总价值量的53.94%；净化大气环境和林木积累营养物质所占比例较低，仅占总价值量的6.12%和3.49%。

表4-14 河北省地市级退耕还林工程经济林生态效益物质量

地区	涵养水源	保育土壤					固碳释氧		林木积累营养物质			净化大气环境		
	(万立方米/年)	固土 (万吨/年)	氮 (吨/年)	磷 (吨/年)	钾 (吨/年)	有机质 (吨/年)	固碳 (万吨/年)	释氧 (万吨/年)	氮 (吨/年)	磷 (吨/年)	钾 (吨/年)	提供负离子 ($\times10^{22}$个)	吸收污染物 (万千克/年)	滞尘 (亿千克/年)
石家庄市	6070.44	54.03	229.61	189.10	2010.91	191.74	16.55	12.04	1619.21	46.55	1105.11	8.87	304.64	3.20
秦皇岛市	1262.75	11.24	47.76	39.34	418.30	39.89	3.44	2.51	336.82	9.68	229.88	1.85	63.37	0.67
唐山市	2464.11	21.93	93.20	76.76	816.27	77.83	6.72	4.89	657.27	18.90	448.59	3.60	123.66	1.30
廊坊市	318.53	2.83	12.05	9.92	105.52	10.06	0.87	0.63	84.96	2.44	57.99	0.47	15.99	0.17
保定市	515.77	4.59	19.51	16.07	170.86	16.29	1.41	1.02	137.57	3.96	93.89	0.75	25.88	0.27
沧州市	1126.17	10.02	42.60	35.08	373.06	35.57	3.07	2.23	300.39	8.64	205.02	1.65	56.52	0.59
衡水市	2778.22	24.73	105.08	86.54	920.32	87.75	7.57	5.51	741.05	21.31	505.77	4.06	139.42	1.46
邢台市	5265.71	46.87	199.17	164.03	1744.33	166.33	14.35	10.45	1404.55	40.38	958.61	7.70	264.26	2.77
邯郸市	3876.02	34.50	146.61	120.74	1283.98	122.43	10.56	7.69	1033.87	29.72	705.62	5.66	194.52	2.04
张家口市	15074.72	134.17	570.19	469.58	4993.69	476.16	41.09	29.91	4020.97	115.60	2744.31	22.03	756.52	7.94
承德市	5300.07	47.17	200.47	165.10	1755.71	167.41	14.45	10.51	1413.72	40.64	964.86	7.75	265.98	2.79

注：表中吸收污染物是森林吸收二氧化硫、氟化物和氮氧化物的物质量总和。

表4-15 河北省地市级退耕还林工程经济林生态效益价值量及排序

排序	地区	涵养水源（亿元）	保育土壤（亿元/年）	固碳释氧（亿元/年）	林木积累营养物质（亿元/年）	净化大气环境（亿元/年）	生物多样性保护（亿元/年）	总价值（亿元/年）
1	张家口市	17.35	1.26	5.57	1.13	1.97	4.87	32.15
2	石家庄市	6.99	0.51	2.24	0.45	0.79	2.03	13.01
3	承德市	6.10	0.44	1.96	0.40	0.69	1.71	11.30
4	邢台市	6.06	0.44	1.95	0.39	0.69	1.70	11.23
5	邯郸市	4.46	0.32	1.43	0.29	0.51	1.25	8.26
6	衡水市	3.20	0.23	1.03	0.21	0.36	0.90	5.93
7	唐山市	2.84	0.21	0.91	0.18	0.32	0.80	5.26
8	秦皇岛市	1.45	0.11	0.47	0.09	0.16	0.41	2.69
9	沧州市	1.30	0.09	0.42	0.08	0.15	0.36	2.40
10	保定市	0.59	0.04	0.19	0.04	0.07	0.17	1.10
11	廊坊市	0.37	0.03	0.12	0.02	0.04	0.10	0.68
合计		50.71	3.68	16.29	3.28	5.75	14.30	94.01

4.1.4.3 灌木林生态效益

河北省地市级退耕还林工程灌木林生态效益物质量如表4-16所示。秦皇岛市、廊坊市和沧州市无灌木林退耕类型。总体上，退耕还林工程灌木林生态效益物质量与地市级灌木林营造面积相关，如张家口市灌木林营造面积15.81万公顷，其生态效益各分项物质量排在全省首位。

河北省退耕还林工程灌木林生态效益价值量及排序如表4-17所示。河北省地市级退耕还林工程灌木林每年的生态效益总价值量为63.55亿元。灌木林营造面积较大的张家口市、承德市以及保定市，生态效益各分项价值量均较高。灌木林生态效益各分项价值量中，涵养水源价值量占全省总价值量的比例最大，高达66.00%，显著高于其他功能。这说明灌木林，尤其在不宜种植乔木的区域，通过有效覆盖地表，减缓快速径流，能够发挥巨大的涵养水源功能。

河北省退耕还林工程是有史以来实施的规模最大、投资最多、涉及面最广、政策性最强的国家重点生态工程。工程实施以来，在治理水土流失和土地沙化、恢复林草植被和改善生态环境、促进地方经济发展和农民增收等方面取得了显著成效，被公认为河北省造林最多、成效最好的民心工程、德政工程。

河北省内环京、津，外环渤海，是全国生态建设最重要的地区之一，河北林业承

表4-16 河北省地市级退耕还林工程灌木林生态效益物质量

地区	涵养水源（万立方米/年）	保育土壤					固碳释氧		林木积累营养物质			净化大气环境		
		固土（万吨/年）	氮（吨/年）	磷（吨/年）	钾（吨/年）	有机质（吨/年）	固碳（万吨/年）	释氧（万吨/年）	氮（吨/年）	磷（吨/年）	钾（吨/年）	提供负离子（$\times10^{22}$个）	吸收污染物（万千克/年）	滞尘（亿千克/年）
石家庄市	3077.52	28.68	378.95	117.92	1932.21	128.57	0.96	1.51	202.70	5.83	138.34	2.89	142.13	<0.01
唐山市	255.87	2.38	31.51	9.80	160.65	10.69	0.16	0.35	46.92	1.35	32.02	0.24	11.82	<0.01
保定市	3096.79	28.86	381.33	118.66	1944.31	129.38	1.98	4.22	567.89	16.33	387.59	2.91	143.02	<0.01
衡水市	870.17	8.11	107.15	33.34	546.34	36.35	0.56	1.19	159.57	4.59	108.91	0.82	40.19	<0.01
邢台市	54.05	0.50	6.66	2.07	33.94	2.26	0.03	0.07	9.91	0.28	6.77	0.05	2.50	<0.01
邯郸市	127.95	1.19	15.76	4.90	80.34	5.35	0.02	0.02	2.67	0.08	1.82	0.12	5.91	<0.01
张家口市	25126.32	234.45	3097.28	963.83	15792.49	1050.86	8.65	7.12	795.22	286.13	628.80	23.65	1164.39	<0.01
承德市	3849.18	35.88	473.97	147.49	2416.70	160.81	2.46	5.25	705.87	20.29	481.75	3.62	177.77	<0.01
秦皇岛市	—	—	—	—	—	—	—	—	—	—	—	—	—	—
廊坊市	—	—	—	—	—	—	—	—	—	—	—	—	—	—
沧州市	—	—	—	—	—	—	—	—	—	—	—	—	—	—

注：表中吸收污染物是森林吸收二氧化硫、氟化物和氮氧化物的物质量总和。

表4-17 河北省地市级灌木林生态效益价值量及排序

排序	地区	涵养水源（亿元/年）	保育土壤（亿元/年）	固碳释氧（亿元/年）	林木积累营养物质（亿元/年）	净化大气环境（亿元/年）	生物多样性保护（亿元/年）	总价值（亿元/年）
1	张家口市	28.92	3.13	2.03	0.29	3.29	4.88	42.54
2	承德市	4.43	0.48	1.00	0.20	0.50	0.75	7.36
3	保定市	3.56	0.39	0.76	0.16	0.40	0.60	5.87
4	石家庄市	3.54	0.38	0.32	0.06	0.39	0.61	5.30
5	衡水市	1.00	0.11	0.23	0.04	0.11	0.17	1.68
6	唐山市	0.28	0.03	0.07	0.01	0.03	0.05	0.47
7	邯郸市	0.15	0.02	0.01	<0.01	0.02	0.02	0.22
8	邢台市	0.06	0.01	0.01	<0.01	0.01	0.01	0.11
9	秦皇岛市	—	—	—	—	—	—	—
10	廊坊市	—	—	—	—	—	—	—
11	沧州市	—	—	—	—	—	—	—
	合计	41.94	4.55	4.43	0.77	4.75	7.11	63.55

担着为京津阻沙源、为京津保水源的重要使命。河北省北部和西北部主要以山地、高原、丘陵为主，降水量分布不均，承德东部相对较高，可达800毫米以上，处于西北部坝上高原地区的丰宁及围场地区多年平均降水量都在500毫米以下。由于环境条件日益恶化，坝上地区经常出现十年九旱的局面，部分年份降水量不足400毫米（鲁绍伟，2003）。另外，河北省北部地区土地沙化和水土流失较为严重，如承德市现有土地沙化面积5.51万亩（秦彩欣，2009）。因此该地区退耕还林工程任务十分严峻，河北省最早实施退耕还林工程的试点也位于该地区，该地区退耕还林总面积高于其他地区，生态效益的物质量和价值量均排在全省前列。

河北省北部和西部地区的沙源对京津地区乃至河北大部影响较大，且该地区年平均降水量一般在500毫米左右，退耕还林工程主要以宜林荒山荒地造林为主，充分发挥退耕还林的涵养水源、保育土壤、净化大气环境、防风固沙的功能。如张家口市主要以山地为主，土壤侵蚀模数高出平原地区约30倍（陈艳梅，2006），因此退耕还林涵养水源、保育土壤功能较高。为了更好地提高退耕还林工程生态效益，在保护现有天然植被的基础上，河北省西北部地区应合理调整产业结构，因地制宜地扩大人工植被，提高森林覆盖率。退耕还林应以生态林为主，同时通过灌木林与生态林的混交，促进植被快速恢复和生长，有效解决该地区水土流失严重的问题。山地丘陵应大力植树栽灌种草，营造水土保持和防风固沙林，治理水土流失和风沙危害。同时在河川沟谷发展经济林和用材林，增加退耕农户的经济来源，提高退耕农户的收入。

东南部地区降水相对较多，雨热同期，有利于林木生长，因此该地区涵养水源、固碳释氧和净化大气环境的生态效益较高。中部石家庄市年平均降水量约650毫米，地貌类型多样，退耕还林主要以生态林为主，亦具有较高的涵养水源功能（姚清亮，2009）。近年来，不断恶化的空气质量和长时间、高频率的雾霾天气，对全省退耕还林工程提出了新的要求，如何提高退耕还林工程营造林净化大气环境的功能是今后该地区退耕还林工程的发展方向。

4.2 辽宁省

4.2.1 辽宁省退耕还林工程资源概况

辽宁省自2001～2013年实施国家退耕还林工程以来，工程区由试点阶段的3市4县（彰武县、北票县、凌源县、建昌县）发展到15市74县，工程覆盖1115个乡镇11517个自然村，涉及659592户农民。辽宁省林业厅将全省划分为3个模式类型22个模式组153个模式，同时采用聚类分析法确定了43个优选模式。针对辽西北、辽东山地及半岛丘陵区、辽中平原区三大地貌区分别选定了相应的造林模式和管护方法，以保证工程的建设成效。截至2013年年末，辽宁省累计完成退耕还林工程建设任务113.57万公顷，其中，退耕地还林面积约占总面积的21.72%，宜林荒山荒地造林占62.67%，封山育林占15.61%，生态林占全部退耕还林工程林种类型面积的72.11%，经济林占22.81%，灌木林占5.08%。

辽宁省退耕还林工程主要树种如表4-18所示，生态林以杨树、落叶松、油松、刺槐为主要退耕树种；经济林中山杏面积为16.53万公顷。辽宁省退耕还林工程不但促进了经济的发展，而且加快了土地结构和产业结构调整的步伐，有效地控制了水土

表4-18　辽宁省主要退耕还林树种

林种类型	主要树种
经济林	大樱桃、扁杏、板栗、枣树、梨树、山杏、刺嫩芽、李、杏树、桃树、苹果、山枣、山楂、核桃、樱桃树、枸杞、五味子、树莓、蓝莓
灌木林	灌木林
生态林	冷杉、云杉、柏木、栎类、油松、落叶松、红松、黑松、杨树、柳树、桦木、水曲柳、胡桃楸、黄波罗、榆树、椴树、其他硬阔、其他软阔、针阔混交林

流失，加快了土地沙漠化治理的步伐，使辽宁省生态状况得到明显改善。据统计，辽宁省退耕还林工程区内土壤流失减少率平均达到了86%，退耕还林地周边风速相应降低、地表粗糙度增加，土壤流失减少率达到了34%。辽东山地退耕3年后减少泥沙流失量达270克/平方米以上。辽西山地土壤流失量由退耕前的80克/平方米下降到现在的50克/平方米，土壤流失减少率达到37.5%，土地治理度达到68.6%。

4.2.2 辽宁省地市级退耕还林工程生态效益

辽宁省地市级退耕还林工程生态效益物质量如表4-19所示。退耕还林面积较大的朝阳市、大连市、葫芦岛市、沈阳市，生态效益各分项物质量均较高。

辽宁省地市级退耕还林工程生态效益各分项物质量空间分布如图4-10至图4-16所示。辽宁省属于温带大陆性季风气候区，降水量东部高于西部。辽宁省东部和西部均为山地丘陵，中部为平原。朝阳市、葫芦岛市和阜新市位于辽西地区，北部与内蒙古高原相接，山地河谷交错，属于山地林灌中度水蚀区；辽西地区退耕还林面积较大，退耕还林工程涵养水源、保育土壤、固碳释氧、净化大气环境等各项功能均高于其他地市。

辽宁中部的沈阳市和盘锦市，属于松辽平原栽培植被微度水蚀区。沈阳市退耕还林主要以退耕地还林和宜林荒山荒地造林为主；而盘锦市主要以宜林荒山荒地造林为主，且退耕还林面积仅有0.60万公顷，退耕还林面积最小，因此盘锦市退耕还林生态效益各项功能均最低。

辽宁省地市级退耕还林工程生态效益价值量及排序如表4-20所示，全省退耕还林工程每年生态效益总价值量为491.94亿元。朝阳市、大连市、葫芦岛市生态效益总价值量位于全省前三位；辽中平原地区，如辽阳市、营口市、盘锦市生态效益各项价值

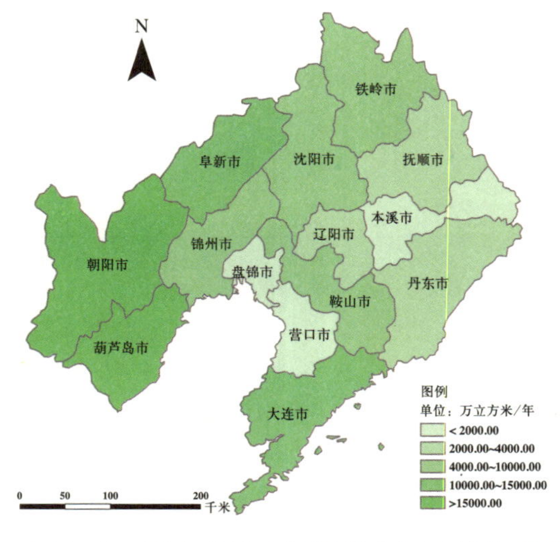

图4-10 辽宁省地市级涵养水源功能物质量

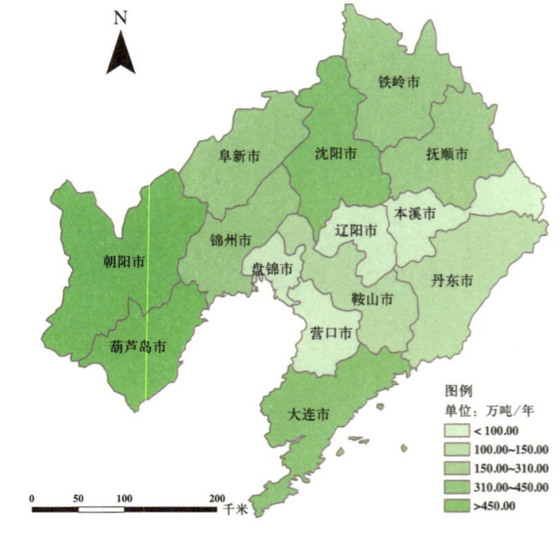

图4-11 辽宁省地市级固土功能物质量

表4-19 辽宁省地市级退耕还林工程生态效益物质量

地区	涵养水源	保育土壤					固碳释氧		林木积累营养物质			净化大气环境		
	涵养水源（万立方米/年）	固土（万吨/年）	氮（万吨/年）	磷（万吨/年）	钾（万吨/年）	有机质（万吨/年）	固碳（万吨/年）	释氧（万吨/年）	氮（万吨/年）	磷（万吨/年）	钾（万吨/年）	提供负离子（$\times10^{22}$个）	吸收污染物（万千克/年）	滞尘（亿千克/年）
鞍山市	4360.43	139.81	0.37	0.20	2.52	0.08	10.36	25.13	0.26	0.02	0.06	31.35	574.13	7.56
本溪市	1778.16	84.97	0.21	0.16	2.30	0.05	6.03	14.54	0.15	0.01	0.03	28.44	438.21	6.22
朝阳市	31371.04	723.52	1.57	0.79	12.59	0.32	33.80	76.89	0.87	0.03	0.10	92.73	2339.69	26.07
大连市	11615.34	338.04	0.71	0.40	6.72	0.15	24.64	59.63	0.69	0.03	0.10	71.43	1247.07	15.59
丹东市	3218.99	107.61	0.27	0.17	2.03	0.06	7.45	17.92	0.19	0.02	0.05	24.74	480.92	6.59
抚顺市	3561.76	161.88	0.41	0.28	3.26	0.09	13.93	34.25	0.36	0.04	0.11	46.25	890.10	12.93
阜新市	11241.05	309.31	0.84	0.37	5.19	0.16	17.18	40.18	0.43	0.01	0.05	50.97	959.05	10.98
葫芦岛市	12684.89	340.01	0.63	0.35	6.61	0.14	20.43	48.28	0.62	0.02	0.05	56.15	1059.37	12.23
锦州市	7822.15	308.54	0.70	0.37	6.28	0.16	20.88	50.06	0.57	0.02	0.08	60.31	1199.85	15.22
辽阳市	3010.12	71.47	0.17	0.08	1.38	0.04	4.95	11.91	0.14	0.01	0.15	15.01	240.18	2.84
盘锦市	606.15	21.67	0.07	0.03	0.36	0.01	1.53	3.69	0.04	<0.01	0.01	4.06	59.72	0.61
沈阳市	9136.82	319.58	0.99	0.42	5.49	0.21	21.90	52.63	0.58	0.02	0.15	58.45	884.91	9.11
省直县	5082.72	145.83	0.39	0.16	2.75	0.08	10.38	25.03	0.28	0.01	0.03	29.07	441.72	4.86
铁岭市	7233.26	194.24	0.48	0.25	3.84	0.10	13.72	33.07	0.36	0.02	0.07	44.30	759.13	9.72
营口市	1983.35	63.71	0.15	0.08	1.23	0.03	4.61	11.16	0.13	0.01	0.02	13.25	215.24	2.56

注：表中吸收污染物是森林吸收二氧化硫、氟化物和氮氧化物的物质量总和。

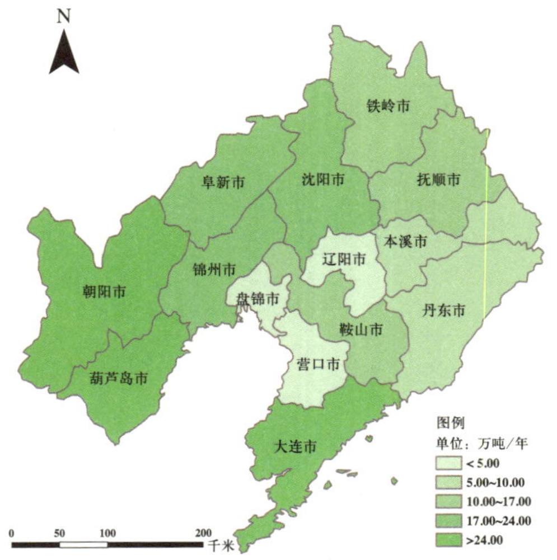

图4-12 辽宁省地市级固碳功能物质量

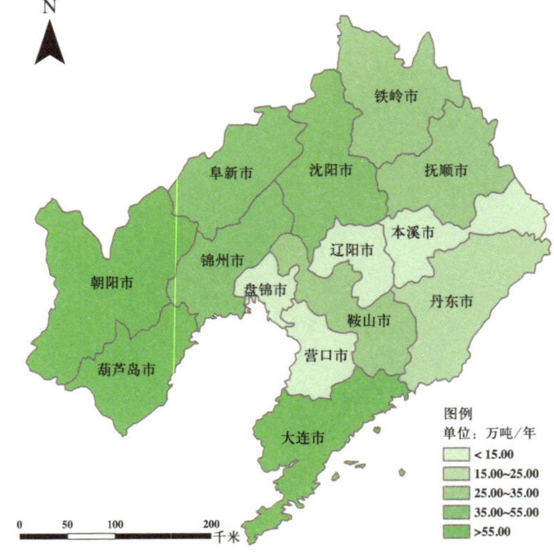

图4-13 辽宁省地市级释氧功能物质量

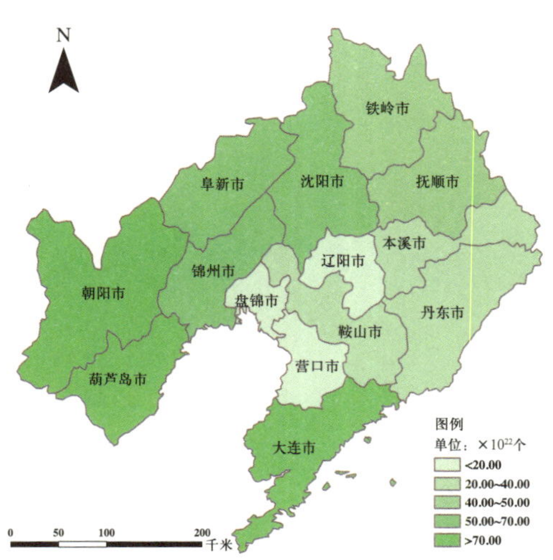

图4-14 辽宁省地市级提供负离子功能物质量

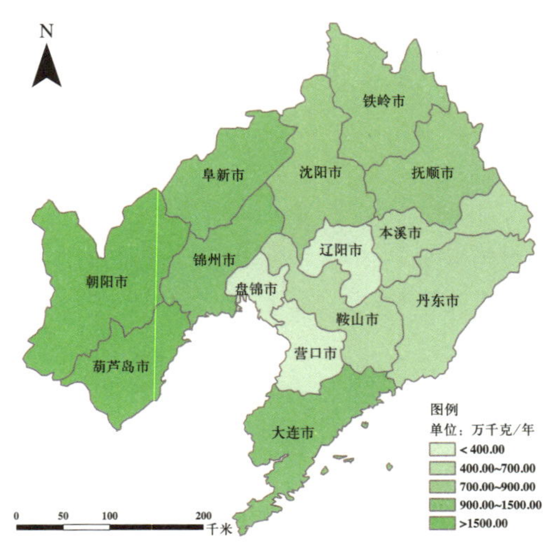

图4-15 辽宁省地市级吸收污染物功能物质量

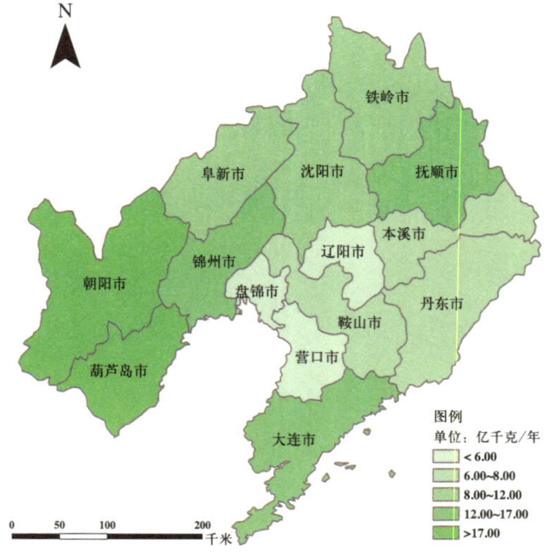

图4-16 辽宁省地市级滞尘功能物质量

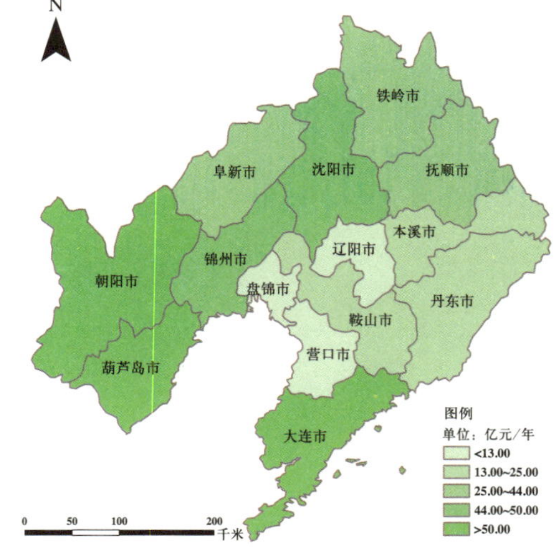

图4-17 辽宁省地市级生态效益总价值量空间分布

量均较小（图4-17）。

辽宁省地市级退耕还林工程生态效益各分项价值量分布如图4-18所示。涵养水源和生物多样性保护功能生态效益价值量占总价质量的比例较高，分别为26.84%和26.30%。而林木积累营养物质仅占总价值量的2.96%。

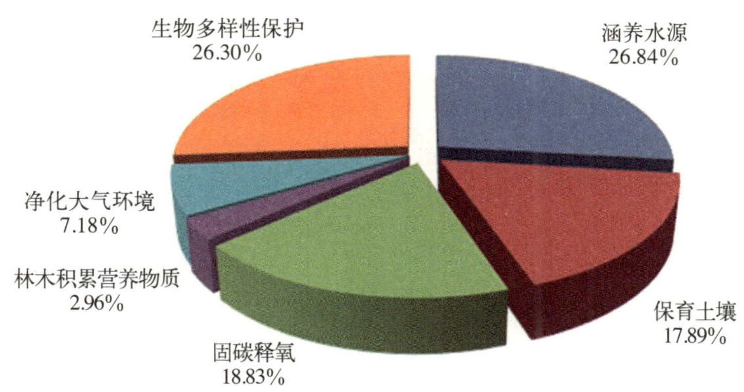

图4-18 辽宁省地市级退耕还林工程生态效益各分项价值量

表4-20 辽宁省地市级退耕还林工程生态效益价值量及排序

排序	地区	涵养水源（亿元/年）	保育土壤（亿元/年）	固碳释氧（亿元/年）	林木积累营养物质（亿元/年）	净化大气环境（亿元/年）	生物多样性保护（亿元/年）	总价值（亿元/年）
1	朝阳市	36.11	17.93	14.32	2.16	6.45	21.43	98.40
2	大连市	13.37	8.88	10.90	1.75	3.84	17.50	56.24
3	葫芦岛市	14.60	8.53	8.89	1.53	3.03	15.04	51.62
4	锦州市	9.00	8.32	9.18	1.42	3.74	12.91	44.57
5	沈阳市	10.52	8.73	9.64	1.50	2.27	11.87	44.53
6	阜新市	12.94	8.05	7.42	1.06	2.72	10.70	42.89
7	铁岭市	8.33	5.30	6.05	0.93	2.39	7.03	30.03
8	抚顺市	4.10	4.63	6.23	0.99	3.18	7.17	26.30
9	省直县	5.85	3.93	4.58	0.69	1.21	6.25	22.51
10	鞍山市	5.01	3.80	4.59	0.70	1.86	5.15	21.11
11	丹东市	3.71	2.94	3.28	0.51	1.61	3.94	15.99
12	本溪市	2.05	2.79	2.67	0.41	1.53	4.42	13.87
13	辽阳市	3.46	1.89	2.18	0.45	0.70	2.43	11.11
14	营口市	2.28	1.70	2.04	0.34	0.63	2.78	9.77
15	盘锦市	0.70	0.60	0.68	0.10	0.15	0.77	3.00
总计		132.03	88.02	92.65	14.54	35.31	129.39	491.94

4.2.3 退耕还林工程三种植被恢复类型生态效益

4.2.3.1 退耕地还林生态效益

根据退耕还林工程三种植被恢复类型，分别核算了辽宁省地市级退耕地还林、宜林荒山荒地造林、封山育林生态效益的物质量和价值量。

辽宁省地市级退耕地还林生态效益物质量如表4-22所示，沈阳市、朝阳市、阜新市，退耕地还林面积大，其占市退耕总面积的比例分别为49.32%、17.80%、27.05%（表4-21），因此这三个市的退耕还林生态效益各分项物质量均高于其他地市。

辽宁省地市级退耕地还林工程生态效益价值量及排序如表4-23所示，全省退耕地还林工程每年的生态效益总价值量为95.45亿元。沈阳市退耕地还林生态效益价值量最高。退耕地还林生态效益总价值量分布中，涵养水源和生物多样性保护生态效益价值量占总价值量的比例最高，分别占30.05%和23.29%。

表4-21 辽宁省地市级退耕还林工程三种植被恢复类型退耕面积的相对比例

地 区	退耕地还林比例 (%)	宜林荒山荒地造林比例 (%)	封山育林比例 (%)
朝阳市	17.80	57.67	24.53
葫芦岛市	8.11	71.80	20.09
大连市	17.20	67.87	14.93
沈阳市	49.32	45.42	5.26
锦州市	19.13	69.31	11.56
阜新市	27.05	58.28	14.67
铁岭市	11.12	65.46	23.42
抚顺市	8.94	87.48	3.58
省直县	30.21	58.46	11.33
鞍山市	24.25	67.15	8.60
丹东市	28.60	71.40	—
本溪市	14.18	85.82	—
辽阳市	11.20	56.78	32.02
营口市	16.64	72.76	10.60
盘锦市	28.02	71.98	—

表4-22 辽宁省地市级退耕地还林生态效益物质量

地 区	涵养水源 (万立方米/年)	保育土壤					固碳释氧		林木积累营养物质			净化大气环境		
		固土 (万吨/年)	氮 (吨/年)	磷 (吨/年)	钾 (吨/年)	有机质 (吨/年)	固碳 (万吨/年)	释氧 (万吨/年)	氮 (吨/年)	磷 (吨/年)	钾 (吨/年)	提供负离子 ($\times10^{22}$个)	吸收污染物 (万千克/年)	滞尘 (亿千克/年)
鞍山市	952.75	33.82	1056.49	477.75	5646.72	220.82	2.34	5.64	584.10	24.65	85.57	6.43	107.28	1.22
本溪市	358.76	12.04	282.62	178.80	2607.91	61.68	0.81	1.93	217.65	14.54	39.55	2.94	51.39	0.68
朝阳市	6498.63	129.73	2826.75	1386.60	19028.62	545.02	5.22	11.54	1251.34	29.38	102.28	13.80	367.76	3.65
大连市	1859.28	58.12	1458.75	713.59	10569.40	313.21	3.88	9.31	1086.07	40.69	124.97	10.77	182.00	2.08
丹东市	1069.81	30.75	749.96	434.98	5378.05	159.75	1.95	4.65	493.05	39.28	109.33	6.06	122.04	1.60
抚顺市	372.99	14.44	373.83	222.68	2706.24	83.98	1.12	2.74	296.50	21.67	69.32	3.49	65.03	0.89
阜新市	3548.76	84.07	2202.13	1001.15	12650.35	436.14	4.18	9.61	996.72	23.30	96.81	11.00	224.32	2.36
葫芦岛市	1173.85	27.60	708.15	323.83	4187.35	140.58	1.37	3.15	332.05	8.28	31.68	3.61	73.58	0.78
锦州市	1906.63	59.55	1793.10	767.68	9738.43	369.43	3.77	8.97	957.15	22.74	95.17	9.98	162.53	1.68
辽阳市	275.42	8.05	229.27	104.54	1343.59	47.37	0.52	1.25	132.70	5.85	28.28	1.44	24.68	0.28
盘锦市	175.49	6.07	199.20	82.13	1001.28	40.98	0.42	1.01	104.61	2.46	11.03	1.12	16.69	0.17
沈阳市	4415.10	157.65	5104.39	2132.00	26396.50	1061.23	10.76	25.84	2793.15	109.04	1037.15	28.40	433.42	4.43
省直县	1352.32	44.77	1439.22	598.48	7378.22	295.64	3.03	7.27	752.57	17.81	78.96	8.06	123.17	1.26
铁岭市	606.43	21.60	610.63	331.98	3729.43	129.95	1.44	3.46	359.54	23.56	71.79	4.79	83.84	1.07
营口市	357.65	11.29	337.94	148.40	1850.53	69.86	0.72	1.72	180.36	5.56	21.51	1.94	32.78	0.36

注：表中吸收污染物是森林吸收二氧化硫、氟化物和氮氧化物的物质量总和。

表4-23 辽宁省地市级退耕地还林生态效益价值量及排序

排序	地区	涵养水源（亿元/年）	保育土壤（亿元/年）	固碳释氧（亿元/年）	林木积累营养物质（亿元/年）	净化大气环境（亿元/年）	生物多样性保护（亿元/年）	总价值（亿元/年）
1	沈阳市	5.08	4.34	4.74	0.74	1.10	5.49	21.49
2	朝阳市	7.48	3.01	2.17	0.31	0.91	3.00	16.88
3	阜新市	4.08	2.08	1.78	0.25	0.59	2.17	10.95
4	大连市	2.14	1.53	1.71	0.27	0.52	2.43	8.60
5	锦州市	2.19	1.59	1.65	0.24	0.42	1.97	8.06
6	省直县	1.56	1.22	1.33	0.19	0.32	1.53	6.15
7	鞍山市	1.10	0.93	1.03	0.15	0.30	1.13	4.64
8	丹东市	1.23	0.81	0.85	0.13	0.39	1.04	4.45
9	葫芦岛市	1.35	0.68	0.58	0.08	0.19	0.73	3.61
10	铁岭市	0.70	0.59	0.63	0.09	0.26	0.77	3.04
11	抚顺市	0.43	0.40	0.50	0.08	0.22	0.62	2.25
12	本溪市	0.41	0.34	0.35	0.06	0.17	0.52	1.85
13	营口市	0.41	0.30	0.32	0.04	0.09	0.37	1.53
14	辽阳市	0.32	0.21	0.23	0.03	0.07	0.25	1.11
15	盘锦市	0.20	0.17	0.19	0.03	0.04	0.21	0.84
合计		28.68	18.20	18.06	2.69	5.59	22.23	95.45

4.2.3.2 宜林荒山荒地造林生态效益

辽宁省地市级宜林荒山荒地造林生态效益物质量如表4-24所示。宜林荒山荒地造林面积较大的朝阳市、葫芦岛市、大连市和锦州市，其生态效益各分项物质量均高于其他地市。

辽宁省地市级宜林荒山荒地造林每年的生态效益总价值量为318.64亿元（表4-25）。宜林荒山荒地造林面积较大的朝阳市、葫芦岛市、大连市、阜新市，宜林荒山荒地造林生态效益各分项价值量均较大。生态效益各分项价值量中，生物多样性保护生态效益价值量所占比例最高，占总价值量的27.60%；涵养水源、保育土壤生态效益价值量占总价值量的比例分别为24.66%和17.76%。林木积累营养物质所占比例最低，仅占总价值量的3.08%。

表4-24 辽宁省地市级宜林荒山荒地造林生态效益物质量

地区	涵养水源（万立方米/年）	保育土壤					固碳释氧		林木积累营养物质			净化大气环境		
		固土（万吨/年）	氮（吨/年）	磷（吨/年）	钾（吨/年）	有机质（吨/年）	固碳（万吨/年）	释氧（万吨/年）	氮（百吨/年）	磷（百吨/年）	钾（百吨/年）	提供负离子（$\times10^{22}$个）	吸收污染物（万千克/年）	滞尘（亿千克/年）
鞍山市	2683.99	93.98	2415.03	1450.44	17122.38	531.91	6.99	16.95	17.77	1.69	4.60	21.76	427.56	5.87
本溪市	1419.40	72.93	1864.69	1416.79	20385.86	403.33	5.22	12.61	13.21	1.00	2.80	25.50	386.82	5.54
朝阳市	16771.19	416.20	8363.17	4507.07	73587.69	1747.49	21.43	49.55	58.03	1.76	6.10	60.23	1391.69	15.86
大连市	7199.32	229.55	4358.21	2826.10	46760.05	951.60	16.55	39.99	47.18	2.37	7.31	48.13	903.83	11.66
丹东市	2149.18	76.86	1948.41	1236.68	14965.39	425.76	5.49	13.27	13.79	1.32	3.60	18.68	358.88	4.99
抚顺市	2814.64	141.68	3606.94	2536.25	28662.56	839.21	12.31	30.30	31.61	3.76	9.93	41.30	807.92	11.86
阜新市	6550.01	180.78	4603.99	2210.16	31010.89	970.01	9.68	22.53	24.97	0.67	2.48	28.82	525.24	5.74
葫芦岛市	8718.50	244.41	4256.40	2480.64	49385.80	950.08	15.40	36.63	48.72	1.28	3.27	42.09	764.95	8.83
锦州市	5025.93	213.77	4517.62	2584.56	45193.32	1030.28	14.76	35.45	40.82	1.43	5.59	42.81	871.48	11.28
辽阳市	1568.21	40.71	997.31	481.22	7564.74	210.57	2.66	6.36	7.80	0.64	6.92	8.14	131.25	1.52
盘锦市	430.65	15.60	518.52	212.40	2622.10	107.35	1.11	2.68	2.83	0.09	0.71	2.94	43.03	0.44
沈阳市	4295.88	145.15	4300.34	1832.48	25289.22	905.83	9.90	23.78	26.78	0.73	3.96	26.63	399.92	4.12
省直县	3246.13	86.28	2222.94	911.41	16724.17	471.68	6.16	14.86	16.70	0.47	1.76	17.36	262.27	2.89
铁岭市	3947.96	127.24	3138.13	1819.42	24999.44	705.56	8.22	19.62	21.83	1.62	4.56	26.66	521.98	6.84
营口市	1448.15	48.82	1135.65	592.07	9650.87	257.94	3.58	8.66	10.57	0.54	1.45	10.39	172.53	2.11

注：表中吸收污染物是森林吸收二氧化硫、氟化物和氮氧化物的物质量总和。

表4-25 辽宁省地市级宜林荒山荒地造林生态效益价值量及排序

排序	地区	涵养水源(亿元/年)	保育土壤(亿元/年)	固碳释氧(亿元/年)	林木积累营养物质(亿元/年)	净化大气环境(亿元/年)	生物多样性保护(亿元/年)	总价值(亿元/年)
1	朝阳市	19.30	10.22	9.18	1.44	3.92	14.06	58.12
2	葫芦岛市	10.03	6.15	6.73	1.19	2.19	11.76	38.05
3	大连市	8.29	6.00	7.31	1.21	2.87	11.68	37.36
4	锦州市	5.78	5.78	6.50	1.03	2.77	9.59	31.45
5	阜新市	7.54	4.67	4.17	0.62	1.43	6.25	24.68
6	抚顺市	3.24	4.08	5.51	0.88	2.90	6.17	22.78
7	沈阳市	4.94	3.93	4.36	0.67	1.03	5.60	20.53
8	铁岭市	4.54	3.50	3.60	0.58	1.68	4.57	18.47
9	鞍山市	3.09	2.56	3.10	0.48	1.44	3.31	13.98
10	省直县	3.74	2.31	2.72	0.41	0.72	3.95	13.85
11	本溪市	1.63	2.44	2.31	0.35	1.36	3.90	11.99
12	丹东市	2.47	2.15	2.43	0.37	1.22	2.90	11.54
13	营口市	1.67	1.31	1.58	0.27	0.52	2.22	7.57
14	辽阳市	1.81	1.07	1.17	0.24	0.38	1.44	6.11
15	盘锦市	0.50	0.43	0.49	0.07	0.11	0.56	2.16
合计		78.57	56.60	61.16	9.81	24.54	87.96	318.64

4.2.3.3 封山育林生态效益

辽宁省地市级封山育林生态效益物质量如表4-26所示，朝阳市、大连市和葫芦岛市，封山育林面积占各市总退耕面积的比例分别为24.53%、14.93%和20.09%。因此，封山育林面积较大的这三个市，其生态效益各分项物质量均高于其他地市。

辽宁省地市级封山育林生态效益价值量及排序如表4-27所示，辽宁省封山育林每年生态效益总价值量为77.85亿元。封山育林面积较大的朝阳市、大连市、葫芦岛市，其封山育林生态效益各分项价值量均较大。生态效益各分项价值量中，涵养水源生态效益价值量所占比例较高，占总价值量的31.83%；林木积累营养物质所占比例较低，仅占总价值量的2.62%。

表4-26 辽宁省地市级封山育林生态效益物质量

地 区	涵养水源 (万立方米/年)	保育土壤					固碳释氧		林木积累营养物质			净化大气环境		
		固土 (万吨/年)	氮 (吨/年)	磷 (吨/年)	钾 (吨/年)	有机质 (吨/年)	固碳 (万吨/年)	释氧 (万吨/年)	氮 (百吨/年)	磷 (百吨/年)	钾 (百吨/年)	提供负离子 ($\times10^{22}$个)	吸收污染物 (万千克/年)	滞尘 (亿千克/年)
鞍山市	723.69	12.01	270.27	107.52	2458.77	49.41	1.03	2.54	2.61	0.10	0.31	3.15	39.29	0.46
朝阳市	8101.21	177.59	4473.41	1982.14	33270.97	909.73	7.15	15.80	16.40	0.65	2.68	18.71	580.24	6.57
大连市	2556.73	50.37	1327.72	490.95	9830.83	202.69	4.21	10.33	10.93	0.36	1.16	12.52	161.24	1.85
抚顺市	374.13	5.76	133.55	45.33	1198.36	24.26	0.49	1.22	1.24	0.04	0.13	1.46	17.15	0.19
阜新市	1142.28	44.46	1637.14	516.00	8284.71	227.70	3.32	8.04	7.61	0.48	1.84	11.15	209.49	2.88
葫芦岛市	2792.54	68.00	1372.18	682.20	12568.83	279.78	3.66	8.50	10.31	0.35	1.11	10.45	220.84	2.63
锦州市	889.58	35.22	717.25	396.87	7829.08	169.44	2.36	5.63	6.34	0.31	1.27	7.52	165.84	2.26
辽阳市	1166.49	22.70	504.98	179.69	4904.44	103.88	1.77	4.30	5.11	0.60	8.22	5.43	84.25	1.04
沈阳市	425.84	16.77	467.24	206.40	3200.52	102.99	1.24	3.01	3.58	0.14	0.82	3.42	51.57	0.57
省直县	484.27	14.78	282.36	117.25	3394.33	68.39	1.19	2.90	3.57	0.13	0.46	3.65	56.27	0.70
铁岭市	2678.87	45.40	1028.58	393.09	9632.44	191.06	4.05	9.98	10.26	0.38	1.23	12.85	153.31	1.80
营口市	177.55	3.60	71.13	25.86	798.35	14.89	0.32	0.78	0.96	0.02	0.06	0.91	9.93	0.10
本溪市	—	—	—	—	—	—	—	—	—	—	—	—	—	—
丹东市	—	—	—	—	—	—	—	—	—	—	—	—	—	—
盘锦市	—	—	—	—	—	—	—	—	—	—	—	—	—	—

注：表中吸收污染物是森林吸收二氧化硫、氟化物和氮氧化物的物质量总和。

表4-27 辽宁省地市级封山育林生态效益价值量及排序

排序	地区	涵养水源(亿元/年)	保育土壤(亿元/年)	固碳释氧(亿元/年)	林木积累营养物质(亿元/年)	净化大气环境(亿元/年)	生物多样性保护(亿元/年)	总价值(亿元/年)
1	朝阳市	9.32	4.69	2.97	0.42	1.62	4.37	23.39
2	大连市	2.94	1.35	1.88	0.27	0.46	3.38	10.28
3	葫芦岛市	3.21	1.69	1.57	0.26	0.65	2.56	9.94
4	铁岭市	3.08	1.21	1.81	0.26	0.45	1.69	8.50
5	阜新市	1.31	1.30	1.47	0.20	0.71	2.28	7.27
6	锦州市	1.02	0.96	1.03	0.16	0.55	1.35	5.07
7	辽阳市	1.34	0.60	0.79	0.18	0.26	0.75	3.92
8	沈阳市	0.49	0.46	0.55	0.09	0.14	0.78	2.50
9	省直县	0.56	0.39	0.53	0.09	0.17	0.76	2.51
10	鞍山市	0.83	0.32	0.46	0.07	0.11	0.71	2.50
11	抚顺市	0.48	0.16	0.23	0.02	0.03	0.38	1.30
12	营口市	0.20	0.09	0.14	0.02	0.03	0.19	0.67
13	本溪市	—	—	—	—	—	—	—
14	丹东市	—	—	—	—	—	—	—
15	盘锦市	—	—	—	—	—	—	—
合计		24.78	13.22	13.43	2.04	5.18	19.20	77.85

4.2.4 退耕还林工程不同林种类型生态效益

4.2.4.1 生态林生态效益

根据退耕还林工程不同林种类型，分别核算了辽宁省地市级生态林、经济林、灌木林生态效益的物质量和价值量。

辽宁省地市级退耕还林工程生态林生态效益物质量如表4-28所示。生态林营造面积、营造比例较大的朝阳市、大连市、沈阳市、锦州市（表4-29），其生态林生态效益各分项物质量均较高。

表4-28 辽宁省地市级退耕还林工程生态林生态效益物质量

地区	涵养水源(万立方米/年)	保育土壤					固碳释氧		林木积累营养物质			净化大气环境		
		固土(万吨/年)	氮(吨/年)	磷(吨/年)	钾(吨/年)	有机质(吨/年)	固碳(万吨/年)	释氧(万吨/年)	氮(百吨/年)	磷(百吨/年)	钾(百吨/年)	提供负离子($\times10^{22}$个)	吸收污染物(万千克/年)	滞尘(亿千克/年)
鞍山市	2996.15	116.01	3284.15	1795.98	21940.95	717.97	9.66	23.67	24.71	2.00	5.66	29.52	512.56	6.89
本溪市	1408.85	78.52	2023.06	1530.56	22100.95	442.12	5.83	14.15	14.97	1.13	3.17	27.94	419.80	6.04
朝阳市	6655.16	276.08	6414.60	3162.91	58144.82	1403.76	20.46	49.52	58.05	2.03	7.51	60.40	1070.41	13.51
大连市	8792.00	288.92	6205.40	3537.51	60424.73	1295.55	23.18	56.62	65.86	3.07	9.49	67.62	1120.10	14.21
丹东市	1547.37	78.60	2146.98	1381.52	16395.96	485.05	6.58	16.14	16.89	1.67	4.56	22.48	406.02	5.77
抚顺市	3115.66	153.83	3948.68	2719.69	31355.49	915.36	13.69	33.76	35.30	4.00	10.70	45.67	869.03	12.70
阜新市	4807.63	193.28	6061.82	2510.58	34534.91	1173.13	13.72	33.08	35.07	1.21	4.69	42.52	655.64	7.72
葫芦岛市	5485.09	214.36	3919.12	2220.53	48774.56	925.56	16.69	40.60	54.38	1.52	4.12	46.46	734.29	8.70
锦州市	6081.46	275.84	6306.44	3390.12	57389.62	1422.45	19.91	48.06	54.58	1.92	7.63	58.10	1113.33	14.31
辽阳市	2157.64	55.45	1378.37	589.69	11183.80	290.02	4.48	10.93	11.84	0.46	1.63	13.93	197.77	2.39
盘锦市	578.84	21.16	706.51	288.94	3540.03	146.06	1.52	3.66	3.80	0.09	0.40	4.03	58.37	0.59
沈阳市	7604.50	292.15	9317.00	3885.80	50844.07	1963.81	21.08	50.95	55.60	1.36	5.54	56.43	813.36	8.34
省直县	4205.64	129.31	3578.81	1445.42	24771.95	761.18	9.88	24.02	26.71	0.75	2.91	27.96	397.95	4.39
铁岭市	4934.58	149.38	3725.80	2032.33	30423.75	804.64	12.38	30.32	32.69	2.16	6.23	41.48	639.00	8.46
营口市	1425.48	53.90	1353.25	666.62	10918.54	307.03	4.32	10.56	12.70	0.60	1.69	12.50	189.81	2.29

注：表中吸收污染物是森林吸收二氧化硫、氟化物和氮氧化物的物质量总和。

表4-29 辽宁省地市级退耕还林工程不同林种类型退耕面积的相对比例

地区	生态林比例 (%)	经济林比例 (%)	灌木林比例 (%)
朝阳市	38.59	48.87	12.54
葫芦岛市	63.09	35.82	1.09
大连市	85.45	14.34	0.21
沈阳市	91.42	7.29	1.29
锦州市	89.51	6.56	3.93
阜新市	62.67	30.37	6.96
铁岭市	76.91	10.54	12.51
抚顺市	95.00	4.04	0.96
省直县	88.86	6.86	4.28
鞍山市	82.93	16.60	0.47
丹东市	72.91	27.05	0.04
本溪市	92.38	7.33	0.29
辽阳市	77.71	13.96	8.33
营口市	85.56	13.51	0.93
盘锦市	97.64	1.51	0.85

辽宁省地市级退耕还林工程每年的生态林生态效益总价值量为372.90亿元（表4-30）。生态林营造面积、营造比例较大的大连市、朝阳市和沈阳市，生态林生态效益价值量位于全省前三位。生态林生态效益各分项价值量中，生物多样性保护价值量占全省总价值量的比例最高，达到30.27%，涵养水源价值量占全省总价值量的19.07%。

4.2.4.2 经济林生态效益

辽宁省地市级退耕还林工程经济林的生态效益物质量如表4-31所示。朝阳市、葫芦岛市和阜新市经济林营造面积分别为9.89、3.39和2.62万公顷，其占各市总退耕面积的比例较大，分别为48.87%、35.82%和30.37%，因此这三个市生态效益各分项物质量均高于其他地市。

辽宁省地市级退耕还林工程经济林每年的生态效益总价值量为98.10亿元（表4-32）。经济林营造面积较大的朝阳市、葫芦岛市、阜新市，经济林生态效益价值量位于全省前三位。经济林生态效益各分项价值量中，涵养水源价值量占全省总价值量的比例最高，达到52.73%；经济林生物多样性较低，生物多样性保护价值占全省总价值量的13.79%。

表4-30 辽宁省地市级退耕还林工程生态林生态效益价值量及排序

排序	地区	涵养水源(亿元/年)	保育土壤(亿元/年)	固碳释氧(亿元/年)	林木积累营养物质(亿元/年)	净化大气环境(亿元/年)	生物多样性保护(亿元/年)	总价值(亿元/年)
1	大连市	10.12	7.80	10.32	1.67	3.50	16.60	50.01
2	朝阳市	7.66	7.55	9.05	1.45	3.33	13.72	42.76
3	沈阳市	8.75	8.10	9.32	1.37	2.08	11.40	41.02
4	锦州市	7.00	7.53	8.79	1.37	3.52	12.34	40.55
5	葫芦岛市	6.31	5.76	7.41	1.34	2.15	12.88	35.85
6	阜新市	5.53	5.37	6.06	0.88	1.91	8.70	28.45
7	抚顺市	3.59	4.45	6.14	0.98	3.10	7.03	25.29
8	铁岭市	5.68	4.16	5.52	0.85	2.08	6.26	24.55
9	省直县	4.84	3.52	4.39	0.66	1.09	5.96	20.46
10	鞍山市	3.45	3.27	4.31	0.66	1.69	4.74	18.12
11	本溪市	1.62	2.64	2.59	0.40	1.48	4.31	13.04
12	丹东市	1.78	2.32	2.94	0.46	1.41	3.40	12.31
13	辽阳市	2.48	1.50	1.99	0.30	0.59	2.16	9.02
14	营口市	1.64	1.48	1.92	0.32	0.57	2.61	8.54
15	盘锦市	0.67	0.59	0.67	0.09	0.15	0.76	2.93
合计		71.12	66.04	81.42	12.80	28.65	112.87	372.90

表4-32 辽宁省地市级退耕还林工程经济林生态效益价值量及排序

排序	地区	涵养水源(亿元/年)	保育土壤(亿元/年)	固碳释氧(亿元/年)	林木积累营养物质(亿元/年)	净化大气环境(亿元/年)	生物多样性保护(亿元/年)	总价值(亿元/年)
1	朝阳市	23.63	7.77	4.19	0.55	2.49	6.13	44.76
2	葫芦岛市	8.09	2.66	1.43	0.19	0.85	2.10	15.32
3	阜新市	6.26	2.06	1.11	0.15	0.66	1.63	11.87
4	大连市	3.21	1.06	0.57	0.07	0.34	0.89	6.14
5	丹东市	1.92	0.63	0.34	0.04	0.20	0.53	3.66
6	沈阳市	1.55	0.51	0.27	0.04	0.16	0.40	2.93
7	鞍山市	1.54	0.50	0.27	0.04	0.16	0.40	2.91
8	锦州市	1.36	0.45	0.24	0.03	0.14	0.35	2.57
9	铁岭市	1.36	0.45	0.24	0.03	0.14	0.35	2.57
10	省直县	0.67	0.22	0.12	0.02	0.07	0.18	1.28
11	辽阳市	0.67	0.22	0.12	0.02	0.07	0.17	1.27
12	营口市	0.61	0.20	0.11	0.01	0.06	0.16	1.15
13	抚顺市	0.43	0.14	0.08	0.01	0.05	0.12	0.83
14	本溪市	0.41	0.14	0.07	0.01	0.04	0.11	0.78
15	盘锦市	0.02	0.01	<0.01	<0.01	0.02	0.01	0.06
合计		51.73	17.02	9.16	1.21	5.45	13.53	98.10

表4-31 辽宁省地市级退耕还林工程经济林生态效益物质量

地区	涵养水源	保育土壤					固碳释氧		林木积累营养物质			净化大气环境		
	水源 (万立方米/年)	固土 (万吨/年)	氮 (吨/年)	磷 (吨/年)	钾 (吨/年)	有机质 (吨/年)	固碳 (万吨/年)	释氧 (万吨/年)	氮 (吨/年)	磷 (吨/年)	钾 (吨/年)	提供负离子 ($\times10^{22}$ 个)	吸收污染物 (万千克/年)	滞尘 (亿千克/年)
鞍山市	1333.92	23.14	439.64	231.39	3146.89	80.06	0.69	1.42	146.28	3.33	10.58	1.80	59.75	0.65
本溪市	359.75	6.24	118.57	62.40	848.69	21.59	0.19	0.38	39.45	0.90	2.85	0.49	17.83	0.18
朝阳市	20528.21	356.09	6765.78	3560.94	48428.74	1232.08	10.62	21.78	2251.18	51.25	162.89	27.75	1017.26	10.00
大连市	2790.09	48.40	919.57	483.98	6582.18	167.46	1.44	2.96	305.97	6.97	22.14	3.77	124.97	1.36
丹东市	1669.89	28.97	550.37	289.67	3939.48	100.23	0.86	1.77	183.12	4.17	13.25	2.26	74.79	0.81
抚顺市	375.41	6.51	123.73	65.12	885.64	22.53	0.19	0.40	41.17	0.94	2.98	0.51	16.81	0.18
阜新市	5441.91	94.40	1793.57	943.98	12838.18	326.62	2.81	5.77	596.77	13.59	43.18	7.36	243.74	2.65
葫芦岛市	7030.18	121.95	2317.04	1219.49	16585.13	421.95	3.64	7.46	770.98	17.58	55.81	9.50	314.88	3.43
锦州市	1179.31	20.46	388.68	204.57	2782.16	70.78	0.61	1.25	129.13	2.94	9.34	1.59	52.74	0.57
辽阳市	578.23	10.03	190.58	100.30	1364.12	34.70	0.30	0.61	63.41	1.44	4.59	0.78	25.90	0.28
盘锦市	18.91	0.33	6.23	3.28	44.61	1.13	0.01	0.02	2.07	0.05	0.15	0.03	0.85	0.01
沈阳市	1342.68	23.29	442.53	232.91	3167.57	80.59	0.69	1.42	147.24	3.35	10.65	1.82	60.14	0.65
省直县	586.06	10.17	193.16	101.66	1382.59	35.17	0.30	0.62	64.27	1.46	4.65	0.79	26.25	0.29
铁岭市	1182.48	20.51	389.73	205.12	2789.63	70.97	0.61	1.25	129.67	2.95	9.38	1.60	52.96	0.58
营口市	528.98	9.18	174.34	91.76	1247.93	31.75	0.27	0.56	58.01	1.32	4.20	0.72	23.69	0.26

注：表中吸收污染物是森林吸收二氧化硫、氟化物和氮氧化物的物质量总和。

4.2.4.3 灌木林生态效益

辽宁省地市级退耕还林工程灌木林生态效益物质量如表4-33所示。总体上，退耕还林工程灌木林生态效益物质量与地市级灌木林营造面积、比例相关，如朝阳市灌木林营造面积2.54万公顷，占该市总退耕面积的12.54%；铁岭市灌木林营造面积0.68万公顷，占该市总退耕面积的12.51%（表4-29），因此这两个市灌木林生态效益各分项物质量排在全省前两位。

辽宁省地市级退耕还林工程灌木林每年生态效益总价值量为20.94亿元（表4-34）。朝阳市、铁岭市和阜新市灌木林营造面积占各市退耕总面积的比例分别为12.54%、12.51%、6.96%（表4-29），其生态效益价值量位于全省前三位。灌木林生态效益各分项价值量中，涵养水源价值量占全省总价值量的比例最高，达到43.84%。

表4-34 辽宁省地市级退耕还林工程灌木林生态效益价值量及排序

排序	地区	涵养水源(亿元/年)	保育土壤(亿元/年)	固碳释氧(亿元/年)	林木积累营养物质(亿元/年)	净化大气环境(亿元/年)	生物多样性保护(亿元/年)	总价值(亿元/年)
1	朝阳市	4.82	2.61	1.07	0.16	0.64	1.57	10.87
2	铁岭市	1.28	0.70	0.29	0.04	0.17	0.42	2.90
3	阜新市	1.14	0.62	0.25	0.04	0.15	0.37	2.57
4	锦州市	0.65	0.33	0.14	0.02	0.09	0.21	1.44
5	辽阳市	0.34	0.17	0.07	0.14	0.04	0.10	0.86
6	省直县	0.33	0.18	0.07	0.01	0.04	0.11	0.74
7	沈阳市	0.22	0.12	0.05	0.09	0.03	0.07	0.58
8	葫芦岛市	0.20	0.11	0.06	0.01	0.03	0.06	0.47
9	抚顺市	0.08	0.04	0.02	<0.01	0.01	0.03	0.18
10	大连市	0.04	0.02	0.01	<0.01	0.01	0.01	0.09
11	鞍山市	0.03	0.02	0.01	<0.01	<0.01	0.01	0.07
12	营口市	0.03	0.02	0.01	<0.01	<0.01	0.01	0.07
13	本溪市	0.01	0.01	<0.01	<0.01	<0.01	<0.01	0.05
14	盘锦市	0.01	0.01	<0.01	<0.01	<0.01	<0.01	0.04
15	丹东市	<0.01	<0.01	<0.01	<0.01	<0.01	<0.01	0.01
合计		9.18	4.96	2.07	0.53	1.21	2.99	20.94

表4-33 辽宁省地市级退耕还林工程灌木林生态效益物质量

地区	涵养水源	保育土壤					固碳释氧		林木积累营养物质			净化大气环境		
	水源（万立方米/年）	固土（万吨/年）	氮（吨/年）	磷（吨/年）	钾（吨/年）	有机质（吨/年）	固碳（万吨/年）	释氧（万吨/年）	氮（吨/年）	磷（吨/年）	钾（吨/年）	提供负离子（$\times10^{22}$个）	吸收污染物（万千克/年）	滞尘（万千克/年）
鞍山市	30.36	0.66	18.00	8.35	140.02	4.11	0.02	0.04	4.63	0.74	0.43	0.03	1.83	186.02
本溪市	9.57	0.21	5.67	2.63	44.12	1.29	0.01	0.01	1.46	0.04	0.15	0.01	0.58	58.62
朝阳市	4187.67	91.35	2482.96	1151.95	19313.72	566.38	2.72	5.59	638.56	15.96	66.67	4.58	252.02	25659.00
大连市	33.25	0.73	19.72	9.15	153.36	4.50	0.02	0.04	5.07	0.13	0.53	0.04	2.00	203.75
丹东市	1.73	0.04	1.03	0.48	7.99	0.23	<0.01	<0.01	0.26	0.01	0.03	<0.01	0.10	10.62
抚顺市	70.69	1.54	41.91	19.45	326.03	9.56	0.05	0.09	10.78	0.27	1.13	0.08	4.25	433.15
阜新市	991.50	21.63	587.88	272.74	4572.85	134.10	0.64	1.32	151.19	3.78	15.79	1.08	59.67	6075.20
葫芦岛市	169.62	3.70	100.57	46.66	782.29	22.94	0.11	0.23	25.88	0.67	2.72	0.19	10.21	1039.30
锦州市	561.37	12.25	332.85	154.42	2589.06	75.93	0.37	0.75	85.60	2.14	8.94	0.61	33.78	3439.66
辽阳市	274.25	5.98	162.61	75.44	1264.85	37.09	0.18	0.37	176.70	81.98	1374.50	0.30	16.50	1680.40
盘锦市	8.40	0.18	4.98	2.31	38.73	1.14	0.01	0.01	5.41	2.51	42.09	0.01	0.51	51.46
沈阳市	189.63	4.14	112.44	52.17	874.60	25.65	0.12	0.25	122.19	56.69	950.42	0.21	11.41	1161.94
省直县	291.02	6.35	172.55	80.05	1342.18	39.36	0.19	0.39	44.38	1.11	4.63	0.32	17.51	1783.13
铁岭市	1116.19	24.35	661.82	307.05	5147.94	150.97	0.73	1.49	170.20	4.26	17.77	1.22	67.17	6839.23
营口市	28.90	0.63	17.13	7.95	133.27	3.91	0.02	0.04	4.41	0.11	0.46	0.03	1.74	177.06

注：表中吸收污染物是森林吸收二氧化硫、氟化物和氮氧化物的物质量总和。

辽东东部山区是辽宁中部城市群的天然绿色屏障及主要水源地，退耕还林工程生态效益的高低直接关系到辽宁中部城市群发展的现在和未来。辽东地区，如大连市、丹东市、本溪市、铁岭市、辽阳市东部山区，峰峦叠嶂，是辽河支流清河、柴河、凡河及浑河、太子河等河流的发源地，土壤类型主要以棕壤和暗棕壤为主，气候多雨潮湿，年平均降水量600～1000毫米。辽东地区林木生长旺盛，林业生产潜力大。由于降水多而集中，水土流失局部较为严重，因此在该区域实施人工植树造林和封山育林，发挥退耕还林水源涵养、保育土壤以及生物多样性保护等生态功能具有重要意义。退耕还林应采取以人工造成林为主、封育为辅的措施，因地制宜地营造以多种混交模式为主的水源涵养林，适度发展用材林和具有“新、奇、特”的经济林（赵润林，2008）。

辽西地区，如朝阳市、阜新市、葫芦岛市、锦州市西北部山区，该地区属于半干旱季风气候区，年平均降水量一般低于600毫米，主要山脉由努鲁儿虎山、松岭和医巫闾山等褶皱平行的岭、谷所构成，主要河流有大凌河、小凌河、辽河等，辽西地区同样是重要的水源涵养和土壤保育区。长期以来，辽西地区由于过度放牧和过度开垦，土地沙化、草场退化问题突出，风沙危害、水土流失严重。在该地区大力实施宜林荒山荒地造林，发挥退耕还林防风固沙、净化大气环境等生态功能具有重要意义。该地区应以防沙治沙、防治水土流失为主要目标，采取乔灌草相结合、林带林网片林相结合的手段，营造完善的防风固沙林体系。该地区退耕还林工程任重而道远。

辽中地区，如沈阳市、鞍山市、营口市、辽阳市等地区，该地区属于退耕还林风沙区，沙质潜在荒漠化土地达194万公顷，占全省土地总面积的13.3%；已经发生严重荒漠化土地面积113.8万公顷，占土地总面积的7.6%；沙质耕地51.68万公顷。科尔沁沙地南侵对辽河中下游地区的生态安全形成了重大威胁（赵显波，2006）。辽中地区地势变化较大，植被稀少、气候干旱，土壤贫瘠，生态环境极为脆弱，年平均降水量一般在350～600毫米之间，年平均蒸发量1500～1800毫米（赵润林，2008）。该地区是辽宁省主要贫困地区和风沙危害的重灾区，也是辽宁沙尘暴的主要来源之一，导致退耕还林工程某些生态效益低于辽西地区，因此该地区应在退耕地还林的同时，大力实施宜林荒山荒地造林和封山育林，在沙地、山坡地积极营造生态林，在平原、河谷平地营造经济林和用材林，以提高退耕农户的收入。

4.3 湖北省

4.3.1 湖北省退耕还林工程资源概况

湖北省是国家第二批实施退耕还林试点的省份之一，2000年，秭归、咸丰、竹溪、神农架4县（区）列入全国退耕还林试点，2002年湖北省全面启动实施退耕还林工程。工程共惠及了全省16个市（州）和3个保护区99个县（市、区）900多个乡171余万农户。实施退耕还林工程10多年来，在国家有关部门的大力支持和具体指导下，在工程区广大干部群众的共同努力下，湖北省工程进展顺利，退耕还林任务全面完成，工程区生态、经济和社会效益显著。截至2013年年底，湖北省累计完成退耕还林工程建设任务107.57万公顷，其中，退耕地还林面积占总退耕面积的30.80%，宜林荒山荒地造林面积占到58.14%；封山育林面积占11.06%，林种类型方面，生态林占总面积的75.17%，经济林占24.83%。

湖北省退耕还林主要树种如表4-35所示，全省退耕地林下植被乔、灌、草合计有149科248种，其中乔木37科55种，灌木35科89种，草本36科104种。退耕还林主要树种中，杨树、杉木、茅栗、油茶面积分别为18.32、18.34、 10.15和7.88万公顷。

表4-35 湖北省主要退耕还林树种

林种类型	主要树种
经济林	油茶、核桃、柑橘、桃树、梨树、李、茅栗
灌木林	—
生态林	杉木、杨树、泡桐、其他松类、其他硬阔类、针阔混交林、阔叶混交林

近年来，湖北省退耕还林工程综合效益不断提高。25度以上陡坡耕地退耕还林面积19万公顷，占退耕地还林总面积的57.35%；三峡库区、丹江库区、清江流域、大别山区等重点生态区退耕还林21.83万公顷，占全省退耕总面积的20.29%。10年来，湖北省通过退耕还林工程平均每年新造林10.67万公顷，全部成林后，森林覆盖率将提高5.40%，森林蓄积量增加3000多万立方米。

4.3.2 湖北省地市级退耕还林工程生态效益

湖北省地市级退耕还林工程生态效益物质量如表4-36所示。退耕还林面积较大的十堰市、恩施市和黄冈市，其生态效益各分项物质量均排在全省前列。

表4-36 湖北省地市级退耕还林工程生态效益物质量

地区	涵养水源(万立方米/年)	保育土壤					固碳释氧		林木积累营养物质			净化大气环境		
		固土(万吨/年)	氮(万吨/年)	磷(万吨/年)	钾(万吨/年)	有机质(万吨/年)	固碳(万吨/年)	释氧(万吨/年)	氮(百吨/年)	磷(百吨/年)	钾(百吨/年)	提供负离子($\times10^{22}$个)	吸收污染物(万千克/年)	滞尘(亿千克/年)
武汉市	7867.08	64.29	0.18	0.04	0.92	0.02	12.89	31.74	12.16	0.80	10.63	27.87	522.49	7.60
黄石市	4859.90	39.76	0.11	0.03	0.57	0.01	8.04	19.78	7.58	0.50	6.61	17.29	327.39	4.77
十堰市	31035.35	206.09	0.68	0.14	2.87	0.05	30.19	70.52	25.77	2.12	17.81	104.88	2044.81	30.70
荆州市	11114.19	88.10	0.25	0.05	1.27	0.03	16.81	41.14	15.58	1.04	13.40	39.43	730.88	10.76
宜昌市	22861.51	158.07	0.47	0.11	2.18	0.04	22.91	53.88	20.49	1.60	14.51	71.64	1419.28	21.31
襄阳市	18091.65	137.10	0.40	0.09	1.95	0.04	24.35	59.03	22.35	1.56	18.40	62.02	1171.13	17.42
鄂州市	2446.70	18.93	0.06	0.01	0.27	0.01	3.54	8.65	3.25	0.22	2.78	8.66	158.83	2.37
荆门市	11428.28	88.23	0.27	0.06	1.26	0.03	16.52	40.27	15.09	1.03	12.84	41.09	755.49	11.21
孝感市	13875.98	106.09	0.32	0.07	1.51	0.03	19.48	47.45	17.79	1.22	15.05	48.93	897.08	13.38
黄冈市	24279.84	182.44	0.56	0.12	2.57	0.05	33.57	81.60	30.56	2.12	25.67	85.82	1586.35	23.58
咸宁市	17142.00	132.03	0.39	0.09	1.86	0.04	24.59	59.98	22.68	1.54	19.29	60.05	1107.78	16.37
恩施市	28398.46	182.46	0.64	0.12	2.54	0.04	25.33	58.43	20.90	1.82	13.51	97.02	1890.18	28.43
随州市	9223.20	71.40	0.19	0.05	1.00	0.02	12.81	31.21	12.02	0.82	10.01	29.82	568.18	8.49
仙桃市	1703.92	11.76	0.04	0.01	0.17	<0.01	1.99	4.78	1.75	0.13	1.41	5.87	107.79	1.60
天门市	1612.16	11.66	0.04	0.01	0.16	<0.01	1.99	4.78	1.76	0.13	1.40	5.69	106.90	1.60
潜江市	1153.54	8.39	0.03	0.01	0.12	<0.01	1.45	3.48	1.28	0.09	1.02	4.11	77.46	1.16
神农架	2210.00	14.78	0.05	0.01	0.21	<0.01	2.25	5.31	1.93	0.15	1.42	7.60	141.37	2.14
太子山	137.68	1.01	0.00	0.00	0.01	<0.01	0.17	0.42	0.15	0.01	0.12	0.48	9.14	0.14
九峰山	277.66	1.67	0.01	0.00	0.02	<0.01	0.21	0.50	0.15	0.01	0.11	0.96	14.54	0.25

注：表中吸收污染物是森林吸收二氧化硫、氟化物和氮氧化物的物质量总和。

湖北省地市级退耕还林工程生态效益各分项物质量空间分布如图4-19至图4-26所示。湖北省地处长江中上游，是一个多山、多水的省份，地处中国地势第二级阶梯向第三级阶梯过渡地带，地貌类型多样，山地、丘陵、岗地和平原兼备，山地约占全省总面积55.50%，西部有神农架，北部三面环山，中南部为江汉平原。

湖北省降水丰富，年平均降水量由东南向西北逐步递减。湖北省西部和北部属于山区和低山丘陵，退耕还林后涵养水源功能和保育土壤功能有了很大提高。另外，西部地区的十堰市和恩施市退耕还林面积在全省最大，因此退耕还林生态效益各项功能位于全省前列；神农架属于秦岭大别山鄂西山地森林轻度水蚀区，但由于退耕还林面积较小，因此生态效益各项功能均较低；湖北省中部为江汉平原，天门市、潜江市、仙桃市由于退耕还林面积比较小，其涵养水源、保育土壤、固碳释氧等功能的物质量均较低。

湖北省东部和南部地区年平均降水量较大，且森林立地条件优于西部山区，该地区退耕还林营造林长势优良，如黄冈市固碳释氧和净化大气环境功能物质量较高。南部的荆州市、咸宁市降水量丰富，可达1000～1400毫米，光照充分，因此该地区退耕还林亦可发挥较高的固碳释氧和净化大气环境功能。

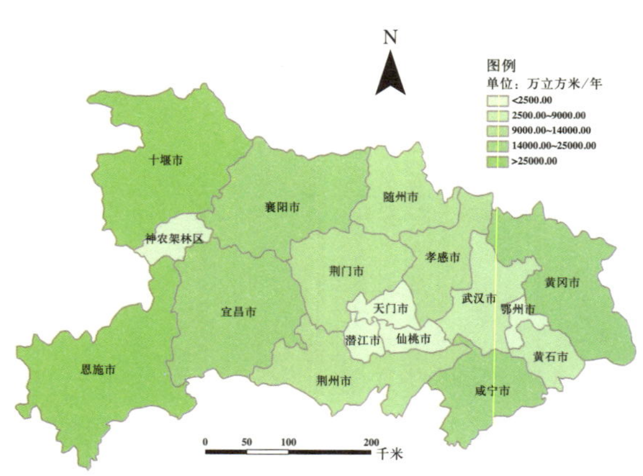

图4-19 湖北省地市级涵养水源功能物质量

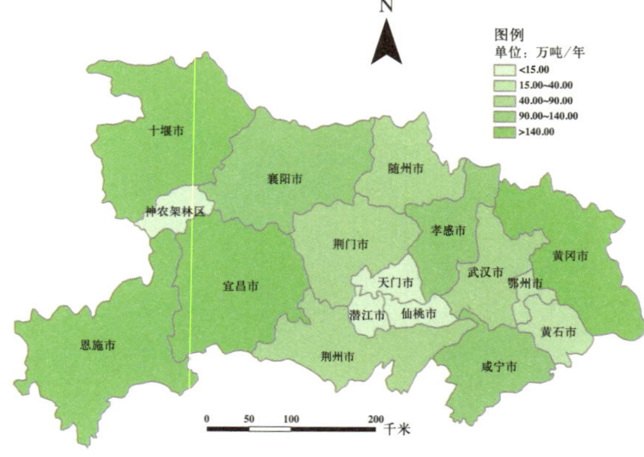

图4-20 湖北省地市级固土功能物质量

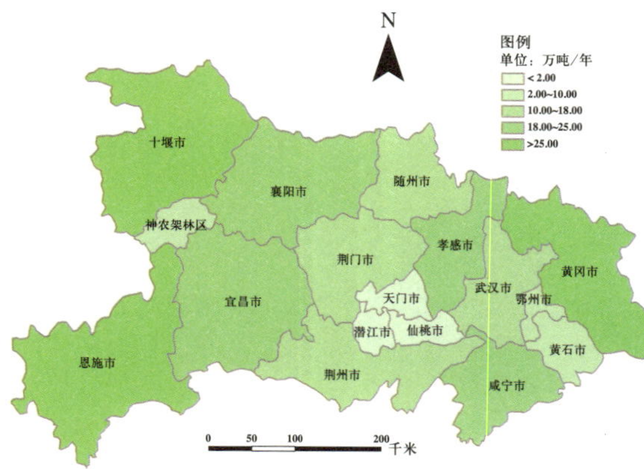

图4-21 湖北省地市级固碳功能物质量

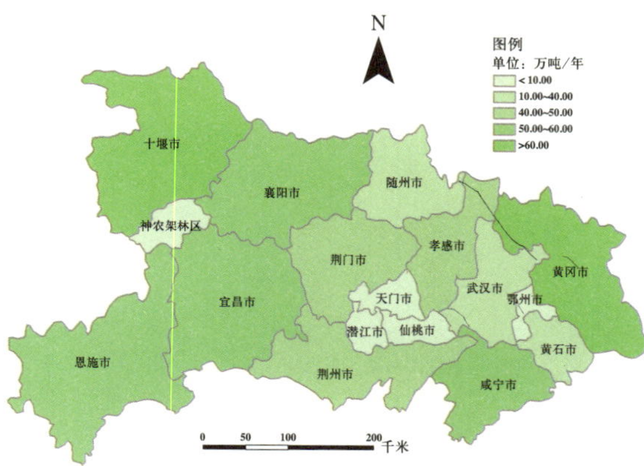

图4-22 湖北省地市级释氧功能物质量

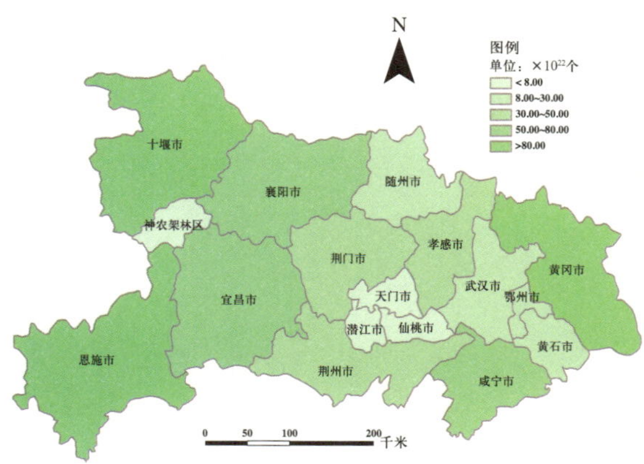

图4-23 湖北省地市级提供负离子功能物质量

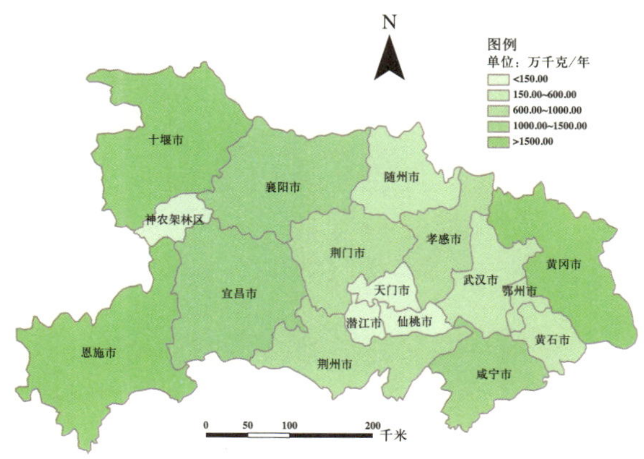

图4-24 湖北省地市级吸收污染物功能物质量

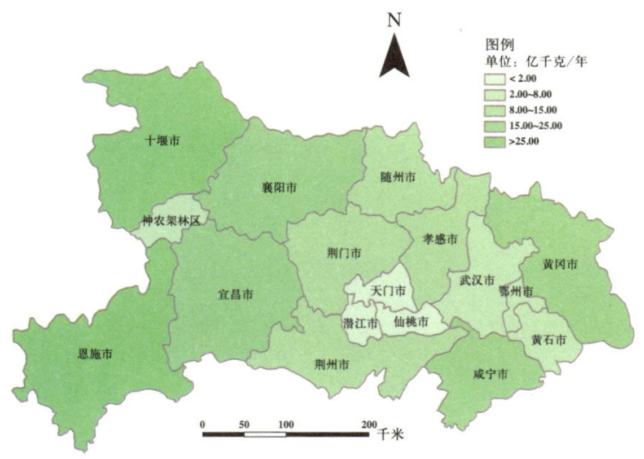

图4-25 湖北省地市级滞尘功能物质量

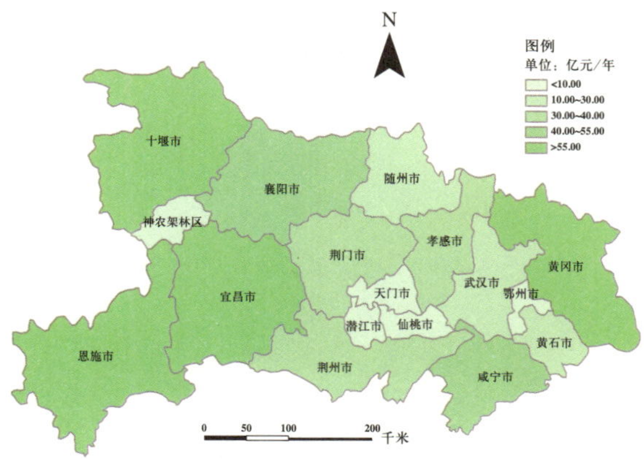

图4-26 湖北省地市级生态效益总价值量空间分布

湖北省地市级退耕还林工程每年生态效益总价值量为553.82亿元（表4-37）。湖北西部地区的十堰市和恩施市以及东部的黄冈市生态效益总价值量位于全省前三位。其十堰市、恩施市、黄冈市生态效益价值量占全省生态效益总价值量的14.07%、12.76%和11.97%。而江汉平原的仙桃市、天门市和潜江市以及西部的神农架林区的生态效益总价值量均较低（图4-26）。

湖北省地市级退耕还林工程生态效益各分项价值量分布如图4-27所示。涵养水源价值量占全省生态效益总价值量的比例高达43.59%，林木积累营养物质仅占1.25%。

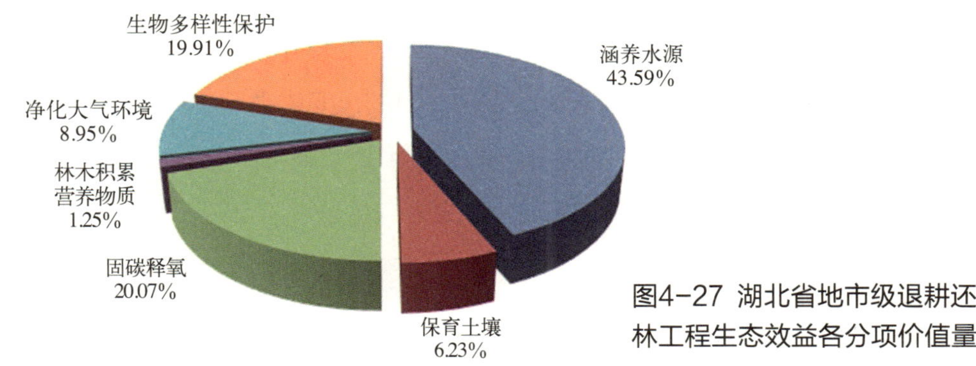

图4-27 湖北省地市级退耕还林工程生态效益各分项价值量

表4-37 湖北省地市级退耕还林工程生态效益价值量及排序

排序	地区	涵养水源（亿元/年）	保育土壤（亿元/年）	固碳释氧（亿元/年）	林木积累营养物质（亿元/年）	净化大气环境（亿元/年）	生物多样性保护（亿元/年）	总价值（亿元/年）
1	十堰市	35.72	4.79	12.69	0.75	7.49	16.48	77.92
2	恩施市	32.69	4.30	10.56	0.61	6.93	15.59	70.68
3	黄冈市	27.95	4.13	14.51	0.91	5.75	13.04	66.29
4	宜昌市	26.31	3.53	9.68	0.60	5.19	11.28	56.59
5	襄阳市	20.82	3.06	10.52	0.66	4.25	9.28	48.59
6	咸宁市	19.73	2.97	10.66	0.68	3.99	9.11	47.14
7	孝感市	15.97	2.39	8.44	0.53	3.26	7.55	38.14
8	荆门市	13.15	2.01	7.16	0.45	2.73	6.21	31.71
9	荆州市	12.79	1.96	7.30	0.47	2.62	5.83	30.97
10	随州市	10.62	1.55	5.55	0.36	2.07	4.39	24.54
11	武汉市	9.06	1.42	5.62	0.36	1.86	3.85	22.17
12	黄石市	5.59	0.88	3.51	0.23	1.16	2.30	13.67
13	鄂州市	2.82	0.42	1.54	0.10	0.58	1.32	6.78
14	神农架	2.54	0.34	0.95	0.06	0.52	1.26	5.67
15	仙桃市	1.96	0.27	0.85	0.05	0.39	0.98	4.50
16	天门市	1.86	0.27	0.85	0.05	0.39	0.88	4.30
17	潜江市	1.33	0.18	0.62	0.04	0.28	0.63	3.09
18	九峰山	0.32	0.04	0.09	<0.01	0.06	0.21	0.72
19	太子山	0.16	0.02	0.07	<0.01	0.03	0.07	0.35
合计		241.39	34.53	111.17	6.92	49.55	110.26	553.82

4.3.3 退耕还林工程三种植被恢复类型生态效益

4.3.3.1 退耕地还林生态效益

根据退耕还林工程三种植被恢复类型，分别核算了湖北省地市级退耕地还林、宜林荒山荒地造林、封山育林生态效益的物质量和价值量。

湖北省地市级退耕地还林生态效益物质量如表4-38所示。十堰市和恩施市退耕地还林面积较大，分别为6.61万公顷和5.86万公顷，占该市退耕总面积的比例分别为42.98%和41.77%（表4-39），生态效益各项物质量均排在全省前列。其他退耕地面积较大的黄冈、宜昌等市，生态效益各分项物质量亦较高。

表4-38 湖北省地市级退耕地还林生态效益物质量

地区	涵养水源	保育土壤					固碳释氧		林木积累营养物质			净化大气环境		
	(万立方米/年)	固土 (万吨/年)	氮 (吨/年)	磷 (吨/年)	钾 (吨/年)	有机质 (吨/年)	固碳 (万吨/年)	释氧 (万吨/年)	氮 (百吨/年)	磷 (百吨/年)	钾 (百吨/年)	提供负离子 ($\times10^{22}$个)	吸收污染物 (万千克/年)	滞尘 (亿千克/年)
武汉市	2264.45	19.92	466.31	133.73	2859.29	62.32	4.35	10.80	4.31	0.27	3.89	7.66	147.83	2.02
黄石市	1194.61	10.66	250.59	71.97	1525.50	33.51	2.32	5.76	2.29	0.14	2.07	4.07	77.77	1.09
十堰市	13072.82	86.94	2811.61	594.93	12167.49	220.33	12.89	30.09	11.36	0.92	7.88	43.75	867.72	12.73
荆州市	222.82	1.83	48.65	12.44	256.82	5.61	0.39	0.95	0.37	0.02	0.33	0.77	14.89	0.21
宜昌市	9980.65	71.75	1920.54	511.06	9984.25	185.81	10.69	25.29	10.07	0.75	7.36	30.10	610.19	8.91
襄阳市	5472.34	45.70	1120.62	307.89	6588.72	134.52	8.80	21.59	8.59	0.56	7.38	18.15	351.52	4.99
鄂州市	432.53	3.67	94.90	25.13	519.08	11.20	0.77	1.92	0.76	0.05	0.67	1.49	28.32	0.40
荆门市	2293.68	19.44	511.30	130.72	2785.20	57.95	3.93	9.69	3.81	0.24	3.35	8.00	151.78	2.15
孝感市	2521.13	20.04	565.90	137.95	2804.92	59.11	4.03	9.89	3.86	0.26	3.35	8.76	167.07	2.37
黄冈市	6934.59	52.38	1574.43	364.72	7230.04	151.32	10.24	24.97	9.66	0.66	8.17	24.09	462.42	6.61
咸宁市	5265.95	42.04	1155.59	296.45	5822.40	122.80	8.32	20.41	8.04	0.53	6.94	17.67	338.29	4.80
恩施市	11621.97	74.72	2578.61	512.07	10394.39	184.12	10.72	24.77	9.18	0.78	6.08	39.58	780.36	11.47
随州市	2177.97	17.55	432.96	124.84	2424.11	51.88	3.40	8.35	3.34	0.22	2.85	6.83	135.47	1.93
仙桃市	—	—	—	—	—	—	—	—	—	—	—	—	—	—
天门市	130.04	0.95	28.10	6.58	132.20	2.55	0.16	0.38	0.15	0.01	0.12	0.43	8.44	0.12
潜江市	—	—	—	—	—	—	—	—	—	—	—	—	—	—
神农架	1172.92	7.90	262.11	53.75	1106.22	20.36	1.24	2.92	1.10	0.09	0.80	4.04	79.03	1.15
太子山	—	—	—	—	—	—	—	—	—	—	—	—	—	—
九峰山	—	—	—	—	—	—	—	—	—	—	—	—	—	—

注：表中吸收污染物是森林吸收二氧化硫、氟化物和氮氧化物的物质量总和。

表4-39 湖北省地市级退耕还林工程三种植被恢复类型退耕面积的相对比例

地区	退耕地还林比例(%)	宜林荒山荒地造林比例(%)	封山育林比例(%)
十堰市	42.98	49.61	7.41
恩施市	41.77	51.01	7.22
黄冈市	29.56	57.39	13.05
宜昌市	41.04	52.33	6.63
襄阳市	31.75	56.84	11.41
咸宁市	31.65	56.12	12.23
孝感市	19.11	65.59	15.30
荆门市	21.14	65.69	13.17
荆州市	2.09	85.72	12.19
随州市	24.60	62.30	13.10
武汉市	29.66	60.25	10.09
黄石市	25.28	67.60	7.12
鄂州市	18.77	66.22	15.01
神农架	55.90	28.57	15.53
仙桃市	—	84.21	15.79
天门市	8.20	79.50	12.30
潜江市	—	88.64	11.36
九峰山	—	21.21	78.79
太子山	—	90.48	9.52

湖北省地市级退耕地还林生态效益价值量及排序如表4-40所示，全省地市级退耕地还林每年生态效益总价值量为168.21亿元。退耕地还林面积较大的十堰、恩施、宜昌、黄冈等市，退耕地还林生态效益总价值量均高于其他地市。生态效益各分项价值量中，涵养水源和固碳释氧价值占全省总价值量的比例最高，分别为44.32%和20.99%。

4.3.3.2 宜林荒山荒地造林生态效益

湖北省地市级宜林荒山荒地造林生态效益物质量如表4-41所示。宜林荒山荒地造林面积较大的十堰市、恩施市和黄冈市，生态效益各分项物质量均高于其他地市。

表4-40 湖北省地市级退耕地还林生态效益价值量及排序

排序	地区	涵养水源(亿元/年)	保育土壤(亿元/年)	固碳释氧(亿元/年)	林木积累营养物质(亿元/年)	净化大气环境(亿元/年)	生物多样性保护(亿元/年)	总价值(亿元/年)
1	十堰市	15.05	2.01	5.42	0.33	3.10	6.59	32.50
2	恩施市	13.38	1.76	4.47	0.27	2.80	6.10	28.78
3	宜昌市	11.49	1.56	4.53	0.30	2.17	4.50	24.55
4	黄冈市	7.98	1.18	4.44	0.29	1.62	3.23	18.74
5	襄阳市	6.30	0.98	3.83	0.26	1.22	2.40	14.99
6	咸宁市	6.06	0.92	3.62	0.24	1.17	2.36	14.37
7	孝感市	2.90	0.44	1.76	0.12	0.58	1.16	6.96
8	武汉市	2.61	0.42	1.91	0.13	0.49	0.92	6.48
9	荆门市	2.64	0.42	1.72	0.11	0.52	1.06	6.47
10	随州市	2.51	0.37	1.48	0.10	0.47	0.85	5.78
11	黄石市	1.37	0.23	1.02	0.07	0.27	0.48	3.44
12	神农架	1.35	0.18	0.52	0.03	0.28	0.61	2.97
13	鄂州市	0.50	0.08	0.34	0.02	0.10	0.19	1.23
14	荆州市	0.26	0.04	0.17	0.01	0.05	0.09	0.62
15	天门市	0.15	0.02	0.07	<0.01	0.03	0.06	0.33
16	仙桃市	—	—	—	—	—	—	—
17	潜江市	—	—	—	—	—	—	—
18	太子山	—	—	—	—	—	—	—
19	九峰山	—	—	—	—	—	—	—
合计		74.55	10.61	35.30	2.28	14.87	30.60	168.21

湖北省地市级宜林荒山荒地造林生态效益价值量及排序如表4-42所示。全省19个市和自然保护区宜林荒山荒地造林每年的生态效益价值量为306.81亿元。湖北省地市级宜林荒山荒地造林生态效益总价值量中，十堰市、黄冈市、恩施市总价值量最高。生态效益各分项价值量中，涵养水源价值量所占比例最高，占全省总价值量的43.03%；林木积累营养物质价值量仅占全省总价值量的1.39%。

表4-41 湖北省地市级宜林荒山荒地造林生态效益物质量

地区	涵养水源（万立方米/年）	保育土壤					固碳释氧		林木积累营养物质			净化大气环境		
		固土（万吨/年）	氮（万吨/年）	磷（万吨/年）	钾（万吨/年）	有机质（万吨/年）	固碳（万吨/年）	释氧（万吨/年）	氮（百吨/年）	磷（百吨/年）	钾（百吨/年）	提供负离子（$\times10^{22}$个）	吸收污染物（万千克/年）	滞尘（亿千克/年）
武汉市	4523.43	38.21	0.11	0.02	0.55	0.01	7.84	19.31	7.40	0.49	6.43	16.50	321.66	4.64
黄石市	3174.98	26.27	0.08	0.02	0.37	0.01	5.39	13.26	5.08	0.34	4.40	11.53	224.87	3.24
十堰市	14867.08	101.63	0.34	0.07	1.40	0.03	15.30	35.84	13.14	1.08	9.05	50 .53	1027.21	15.28
荆州市	8882.35	75.64	0.21	0.05	1.09	0.02	15.21	37.41	14.41	0.95	12.49	32.15	625.51	8.98
宜昌市	10722.84	74.02	0.23	0.05	1.00	0.02	10.81	25.34	9.52	0.77	6.52	34.13	703.05	10.51
襄阳市	9795.94	75.30	0.23	0.05	1.06	0.02	13.71	33.19	12.59	0.90	10.20	34.17	680.87	9.95
鄂州市	1510.66	12.39	0.04	0.01	0.18	<0.01	2.44	5.98	2.29	0.15	1.96	5.43	105.77	1.53
荆门市	7048.42	56.89	0.17	0.04	0.81	0.02	11.22	27.44	10.41	0.71	8.89	25.93	501.21	7.24
孝感市	8459.31	69.55	0.20	0.05	0.99	0.02	13.56	33.20	12.73	0.85	10.88	30.22	587.75	8.47
黄冈市	13010.64	105.35	0.31	0.07	1.49	0.03	20.49	50.11	19.11	1.30	16.25	46.85	911.00	13.16
咸宁市	8998.42	73.59	0.22	0.05	1.04	0.02	14.39	35.24	13.45	0.90	11.52	32.50	628.12	9.05
恩施市	14042.95	92.16	0.33	0.06	1.27	0.02	12.83	29.54	10.60	0.94	6.64	48.05	975.50	14.57
随州市	5426.67	44.62	0.12	0.03	0.62	0.01	8.34	20.42	8.01	0.53	6.70	17.43	353.19	5.13
仙桃市	1297.62	9.82	0.03	0.01	0.14	<0.01	1.77	4.28	1.60	0.12	1.30	4.65	91.56	1.34
天门市	1212.33	9.18	0.03	0.01	0.13	<0.01	1.65	3.99	1.50	0.11	1.21	4.33	85.21	1.24
潜江市	973.67	7.37	0.02	<0.01	0.10	<0.01	1.33	3.21	1.20	0.09	0.97	3.49	68.63	1.00
神农架	587.66	4.32	0.01	<0.01	0.06	<0.01	0.72	1.71	0.65	0.05	0.49	2.01	40.24	0.59
太子山	119.69	0.91	<0.01	<0.01	0.01	<0.01	0.16	0.39	0.15	0.01	0.12	0.42	8.26	0.12
九峰山	44.10	0.34	<0.01	<0.01	<0.01	<0.01	0.06	0.14	0.05	<0.01	0.04	0.15	3.04	0.04

注：表中吸收污染物是森林吸收二氧化硫、氟化物和氮氧化物的物质量总和。

表4-42 湖北省地市级宜林荒山荒地造林生态效益价值量及排序

排序	地区	涵养水源（亿元/年）	保育土壤（亿元/年）	固碳释氧（亿元/年）	林木积累营养物质（亿元/年）	净化大气环境（亿元/年）	生物多样性保护（亿元/年）	总价值（亿元/年）
1	十堰市	17.11	2.36	6.45	0.38	3.72	7.32	37.34
2	黄冈市	14.98	2.37	8.90	0.57	3.21	6.22	36.25
3	恩施市	16.16	2.18	5.34	0.31	3.55	7.22	34.76
4	宜昌市	12.34	1.68	4.56	0.28	2.56	4.99	26.41
5	襄阳市	11.28	1.70	5.91	0.37	2.43	4.54	26.23
6	咸宁市	10.36	1.66	6.26	0.40	2.21	4.37	25.26
7	荆州市	10.22	1.67	6.63	0.43	2.19	4.08	25.22
8	孝感市	9.74	1.55	5.89	0.38	2.07	4.00	23.63
9	荆门市	8.11	1.29	4.87	0.31	1.77	3.43	19.78
10	随州市	6.25	0.96	3.62	0.24	1.25	2.20	14.52
11	武汉市	5.21	0.85	3.42	0.22	1.13	2.03	12.86
12	黄石市	3.65	0.59	2.35	0.15	0.79	1.42	8.95
13	鄂州市	1.74	0.28	1.06	0.07	0.37	0.71	4.23
14	仙桃市	1.49	0.23	0.76	0.05	0.33	0.64	3.50
15	天门市	1.40	0.21	0.71	0.04	0.30	0.60	3.26
16	潜江市	1.12	0.17	0.57	0.04	0.24	0.48	2.62
17	神农架	0.68	0.10	0.31	0.02	0.14	0.29	1.54
18	太子山	0.14	0.02	0.07	<0.01	0.03	0.06	0.32
19	九峰山	0.05	0.01	0.03	<0.01	0.01	0.02	0.12
	合 计	132.03	19.88	67.71	4.27	28.30	54.62	306.81

4.3.3.3 封山育林生态效益物质量

湖北省地市级封山育林生态效益物质量如表4-43所示。封山育林面积较大的黄冈、十堰和孝感等市，生态效益各分项物质量均高于其他地市。江汉平原的仙桃市、天门市和潜江市以及西部的神农架林区的封山育林生态效益均较低。

表4-43 湖北省地市级封山育林生态效益物质量

地区	涵养水源	保育土壤					固碳释氧		林木积累营养物质			净化大气环境		
	涵养水源（万立方米/年）	固土（万吨/年）	氮（吨/年）	磷（吨/年）	钾（吨/年）	有机质（吨/年）	固碳（万吨/年）	释氧（万吨/年）	氮（百吨/年）	磷（百吨/年）	钾（百吨/年）	提供负离子（$\times10^{22}$个）	吸收污染物（万千克/年）	滞尘（亿千克/年）
武汉市	1079.20	6.15	218.48	27.08	892.54	14.67	0.71	1.62	0.45	0.04	0.31	3.71	53.01	0.95
黄石市	490.31	2.83	101.63	12.38	410.32	6.75	0.33	0.76	0.21	0.02	0.14	1.69	24.74	0.44
十堰市	3095.45	17.52	618.87	77.43	2544.25	41.77	2.00	4.59	1.27	0.12	0.88	10.60	149.88	2.69
荆州市	2009.02	10.64	360.27	46.82	1525.78	24.80	1.21	2.77	0.79	0.07	0.58	6.50	90.49	1.57
宜昌市	2158.02	12.30	437.02	54.15	1785.06	29.33	1.41	3.25	0.89	0.08	0.62	7.41	106.04	1.90
襄阳市	2823.37	16.10	571.78	70.85	2335.45	38.38	1.85	4.25	1.17	0.11	0.81	9.70	138.74	2.48
鄂州市	503.51	2.87	101.98	12.64	416.51	6.84	0.33	0.76	0.21	0.02	0.14	1.73	24.74	0.44
荆门市	2086.19	11.89	422.44	52.35	1725.56	28.36	1.36	3.14	0.86	0.08	0.60	7.17	102.50	1.83
孝感市	2895.54	16.51	586.30	72.66	2394.96	39.35	1.89	4.35	1.20	0.11	0.83	9.95	142.26	2.54
黄冈市	4334.62	24.71	877.57	108.76	3585.02	58.91	2.84	6.52	1.79	0.17	1.25	14.89	212.93	3.81
咸宁市	2877.63	16.40	582.65	72.21	2380.09	39.11	1.88	4.33	1.19	0.11	0.83	9.88	141.37	2.53
恩施市	2733.54	15.58	553.55	68.59	2261.08	37.15	1.79	4.11	1.13	0.10	0.79	9.39	134.31	2.40
随州市	1618.56	9.23	327.76	40.61	1338.80	22.00	1.06	2.43	0.67	0.06	0.47	5.56	79.53	1.42
仙桃市	406.29	1.95	61.14	8.56	274.31	4.38	0.22	0.50	0.15	0.01	0.12	1.21	16.23	0.27
天门市	269.80	1.54	54.62	6.77	223.13	3.67	0.18	0.41	0.11	0.01	0.08	0.93	13.25	0.24
潜江市	179.87	1.03	36.41	4.51	148.76	2.44	0.12	0.27	0.07	0.01	0.05	0.62	8.83	0.16
神农架	449.43	2.56	91.08	11.28	371.88	6.11	0.29	0.68	0.19	0.02	0.13	1.54	22.10	0.39
太子山	17.99	0.10	3.64	0.45	14.88	0.24	0.01	0.03	0.01	<0.01	0.01	0.06	0.88	0.02
九峰山	233.56	1.33	47.39	5.86	193.37	3.18	0.15	0.35	0.10	0.01	0.07	0.80	11.50	0.21

注：表中吸收污染物是森林吸收二氧化硫、氟化物和氮氧化物的物质量总和。

湖北省地市级封山育林生态效益价值量及排序如表4-44所示，全省19个市和自然保护区封山育林每年的生态效益价值量为78.80亿元。黄冈市、十堰市和孝感市的封山育林面积分别为1.61、1.14和1.07万公顷，其封山育林生态效益的总价值量均高于其他地市。封山育林生态效益价值量分布中，涵养水源和生物多样性保护价值占总价值量的比例最高，分别为44.18%和31.78%。

表4-44 湖北省地市级封山育林生态效益价值量及排序

排序	地区	涵养水源（亿元/年）	保育土壤（亿元/年）	固碳释氧（亿元/年）	林木积累营养物质（亿元/年）	净化大气环境（亿元/年）	生物多样性保护（亿元/年）	总价值（亿元/年）
1	黄冈市	4.99	0.58	1.18	0.05	0.92	3.59	11.31
2	十堰市	3.56	0.41	0.83	0.04	0.65	2.57	8.06
3	孝感市	3.33	0.39	0.79	0.04	0.62	2.40	7.57
4	咸宁市	3.31	0.39	0.78	0.04	0.61	2.38	7.51
5	襄阳市	3.25	0.38	0.77	0.03	0.60	2.34	7.37
6	恩施市	3.15	0.37	0.74	0.03	0.58	2.26	7.13
7	宜昌市	2.48	0.29	0.59	0.03	0.46	1.79	5.64
8	荆门市	2.40	0.28	0.57	0.03	0.44	1.73	5.45
9	荆州市	2.31	0.25	0.50	0.02	0.38	1.66	5.12
10	随州市	1.86	0.22	0.44	0.02	0.34	1.34	4.22
11	武汉市	1.24	0.15	0.29	0.01	0.23	0.89	2.81
12	鄂州市	0.58	0.07	0.15	0.01	0.11	0.42	1.34
13	黄石市	0.56	0.07	0.14	0.01	0.12	0.40	1.30
14	神农架	0.52	0.06	0.12	0.01	0.10	0.37	1.18
15	仙桃市	0.47	0.04	0.09	<0.01	0.07	0.33	1.00
16	天门市	0.31	0.04	0.07	<0.01	0.06	0.22	0.70
17	九峰山	0.27	0.03	0.06	<0.01	0.05	0.19	0.60
18	潜江市	0.20	0.02	0.05	<0.01	0.04	0.15	0.46
19	太子山	0.02	<0.01	<0.01	<0.01	<0.01	0.01	0.03
合计		34.81	4.04	8.16	0.37	6.38	25.04	78.80

4.3.4 退耕还林工程不同林种类型生态效益

4.3.4.1 生态林生态效益

根据退耕还林工程不同林种类型，分别核算了湖北省地市级生态林、经济林生态效益的物质量和价值量。湖北省地市级退耕还林工程生态林生态效益物质量如表4-46所示。十堰市、恩施市、黄冈市生态林营造面积比例较大（表4-45），其生态效益各分项物质量均高于其他地市。

表4-45 湖北省地市级退耕还林工程不同林种类型退耕面积的相对比例

地区	生态林比例 (%)	经济林比例 (%)	灌木林比例 (%)
十堰市	70.88	29.12	—
恩施市	71.05	28.95	—
黄冈市	79.17	20.83	—
宜昌市	65.78	34.22	—
襄阳市	75.67	24.33	—
咸宁市	78.86	21.14	—
孝感市	79.74	20.26	—
荆门市	80.49	19.51	—
荆州市	79.83	20.17	—
随州市	72.96	27.04	—
武汉市	79.36	20.64	—
黄石市	78.58	21.42	—
鄂州市	80.13	19.87	—
神农架	75.38	24.62	—
仙桃市	78.96	21.04	—
天门市	77.40	22.60	—
潜江市	77.77	22.23	—
九峰山	94.27	5.73	—
太子山	75.56	24.44	—

表4-46 湖北省地市级退耕还林工程生态林生态效益物质量

地区	涵养水源（万立方米/年）	保育土壤					固碳释氧		林木积累营养物质			净化大气环境		
		固土（万吨/年）	氮（万吨/年）	磷（万吨/年）	钾（万吨/年）	有机质（万吨/年）	固碳（万吨/年）	释氧（万吨/年）	氮（百吨/年）	磷（百吨/年）	钾（百吨/年）	提供负离子（$\times10^{22}$个）	吸收污染物（万千克/年）	滞尘（亿千克/年）
武汉市	5401.69	50.91	0.17	0.03	0.78	0.02	12.07	30.10	10.89	0.70	10.18	25.46	453.48	6.67
黄石市	3271.22	31.14	0.10	0.02	0.48	0.01	7.51	18.73	6.76	0.44	6.32	15.74	282.92	4.17
十堰市	18171.28	136.32	0.63	0.06	2.14	0.04	25.89	62.00	19.13	1.61	15.45	92.31	1684.74	25.85
荆州市	7792.63	70.09	0.23	0.03	1.08	0.02	15.69	38.94	13.86	0.91	12.79	36.18	637.91	9.51
宜昌市	12106.31	99.73	0.42	0.04	1.57	0.03	19.31	46.75	14.94	1.17	12.54	61.13	1118.24	17.26
襄阳市	11681.29	102.33	0.37	0.05	1.58	0.03	22.21	54.78	19.04	1.31	17.22	55.75	991.70	15.00
鄂州市	1737.68	15.08	0.05	0.01	0.23	<0.01	3.31	8.18	2.89	0.19	2.65	7.96	138.99	2.10
荆门市	8139.44	70.39	0.25	0.04	1.07	0.02	15.42	38.09	13.39	0.90	12.24	37.87	663.43	9.97
孝感市	9797.75	83.97	0.30	0.04	1.28	0.03	18.12	44.74	15.69	1.06	14.31	44.94	782.93	11.85
黄冈市	16917.64	142.51	0.52	0.07	2.15	0.04	31.11	76.72	26.76	1.83	24.32	78.63	1380.27	20.80
咸宁市	11849.73	103.33	0.37	0.05	1.56	0.03	22.82	56.48	19.95	1.33	18.32	54.88	959.65	14.38
恩施市	16736.13	119.21	0.59	0.05	1.87	0.03	21.43	50.70	14.89	1.36	11.37	85.63	1563.74	24.04
随州市	5668.35	52.12	0.18	0.03	0.79	0.02	11.62	28.85	10.18	0.67	9.36	26.35	468.68	7.15
仙桃市	1206.63	9.06	0.04	<0.01	0.14	<0.01	1.82	4.45	1.50	0.11	1.32	5.38	93.87	1.42
天门市	1084.46	8.80	0.03	<0.01	0.13	<0.01	1.81	4.43	1.49	0.11	1.31	5.17	92.13	1.40
潜江市	779.13	6.36	0.03	<0.01	0.10	<0.01	1.32	3.23	1.08	0.08	0.95	3.74	66.98	1.02
神农架	1451.54	10.67	0.05	<0.01	0.16	<0.01	2.00	4.81	1.54	0.12	1.28	6.86	120.14	1.85
太子山	88.57	0.75	<0.01	<0.01	0.01	<0.01	0.16	0.38	0.13	0.01	0.11	0.43	7.77	0.12
九峰山	259.56	1.57	0.01	<0.01	0.02	<0.01	0.21	0.48	0.14	0.01	0.11	0.94	14.04	0.24

注：表中吸收污染物是森林吸收二氧化硫、氟化物和氮氧化物的物质量总和。

湖北省地市级退耕还林工程生态林生态效益价值量及排序如表4-47所示，全省退耕还林工程生态林每年的生态效益价值量为426.19亿元。生态林营造面积较大的十堰市、恩施市和黄冈市，生态效益总价值量位于全省前三位。生态林生态效益价值量分布中，涵养水源和固碳释氧价值占总价值量的比例最高，分别为36.23%和23.83%。

表4-47 湖北省地市级退耕还林工程生态林生态效益价值量及排序

排序	地区	涵养水源（亿元/年）	保育土壤（亿元/年）	固碳释氧（亿元/年）	林木积累营养物质（亿元/年）	净化大气环境（亿元/年）	生物多样性保护（亿元/年）	总价值（亿元/年）
1	十堰市	20.92	3.64	11.06	0.57	6.30	13.70	56.19
2	黄冈市	19.47	3.48	13.58	0.81	5.07	11.44	53.85
3	恩施市	19.26	3.27	9.08	0.44	5.86	13.07	50.98
4	宜昌市	13.93	2.58	8.31	0.45	4.20	8.96	38.43
5	咸宁市	13.64	2.50	9.99	0.60	3.51	7.97	38.21
6	襄阳市	13.45	2.49	9.69	0.57	3.65	7.89	37.74
7	孝感市	11.28	2.02	7.92	0.47	2.89	6.67	31.25
8	荆门市	9.37	1.70	6.74	0.40	2.43	5.50	26.14
9	荆州市	8.97	1.66	6.88	0.42	2.32	5.12	25.37
10	随州市	6.52	1.24	5.10	0.31	1.74	3.63	18.54
11	武汉市	6.22	1.20	5.31	0.33	1.63	3.31	18.00
12	黄石市	3.77	0.74	3.30	0.20	1.02	1.96	10.99
13	鄂州市	2.00	0.36	1.45	0.09	0.51	1.16	5.57
14	神农架	1.67	0.28	0.86	0.05	0.45	1.10	4.41
15	仙桃市	1.39	0.22	0.79	0.05	0.35	0.87	3.67
16	天门市	1.25	0.22	0.79	0.04	0.34	0.77	3.41
17	潜江市	0.90	0.16	0.57	0.03	0.25	0.55	2.46
18	九峰山	0.30	0.04	0.09	<0.01	0.06	0.21	0.70
19	太子山	0.10	0.02	0.07	<0.01	0.03	0.06	0.28
合计		154.41	27.82	101.58	5.83	42.61	93.94	426.19

4.3.4.2 经济林生态效益

湖北省地市级退耕还林工程经济林的生态效益物质量如表4-48所示。湖北省退耕还林工程经济林生态效益物质量与各市经济林营造面积相关，经济林营造面积较大的十堰市、恩施市和宜昌市，生态效益各分项物质量均较高。

表4-48 湖北省地市级退耕还林工程经济林生态效益物质量

地区	涵养水源	保育土壤					固碳释氧		林木积累营养物质			净化大气环境		
	(万立方米/年)	固土(万吨/年)	氮(万吨/年)	磷(万吨/年)	钾(万吨/年)	有机质(万吨/年)	固碳(万吨/年)	释氧(万吨/年)	氮(百吨/年)	磷(百吨/年)	钾(百吨/年)	提供负离子($\times10^{22}$个)	吸收污染物(万千克/年)	滞尘(万千克/年)
武汉市	2465.39	13.37	0.01	0.01	0.14	<0.01	0.83	1.63	1.27	0.10	0.45	2.41	69.01	9299.10
黄石市	1588.69	8.62	0.01	0.01	0.09	<0.01	0.53	1.05	0.82	0.06	0.29	1.55	44.47	5992.31
十堰市	12864.07	69.77	0.06	0.08	0.74	0.01	4.31	8.52	6.63	0.51	2.36	12.57	360.07	48521.46
荆州市	3321.56	18.02	0.01	0.02	0.19	<0.01	1.11	2.20	1.71	0.13	0.61	3.25	92.97	12528.46
宜昌市	10755.19	58.34	0.05	0.06	0.61	0.01	3.60	7.12	5.54	0.43	1.97	10.51	301.05	40567.08
襄阳市	6410.36	34.77	0.03	0.04	0.37	0.01	2.15	4.25	3.30	0.25	1.18	6.26	179.43	24178.98
鄂州市	709.02	3.85	<0.01	<0.01	0.04	<0.01	0.24	0.47	0.37	0.03	0.13	0.69	19.85	2674.33
荆门市	3288.84	17.84	0.01	0.02	0.19	<0.01	1.10	2.18	1.70	0.13	0.60	3.21	92.06	12405.05
孝感市	4078.23	22.12	0.02	0.02	0.23	<0.01	1.37	2.70	2.10	0.16	0.75	3.99	114.15	15382.51
黄冈市	7362.20	39.93	0.03	0.04	0.42	0.01	2.46	4.88	3.80	0.29	1.35	7.19	206.07	27769.19
咸宁市	5292.27	28.71	0.02	0.03	0.30	0.01	1.77	3.50	2.73	0.21	0.97	5.17	148.13	19961.69
恩施市	11662.32	63.26	0.05	0.07	0.67	0.01	3.90	7.72	6.01	0.46	2.14	11.40	326.44	43988.65
随州市	3554.84	19.28	0.02	0.02	0.20	<0.01	1.19	2.35	1.83	0.14	0.65	3.47	99.50	13408.36
仙桃市	497.29	2.70	<0.01	<0.01	0.03	<0.01	0.17	0.33	0.26	0.02	0.09	0.49	13.92	1875.71
天门市	527.70	2.86	<0.01	<0.01	0.03	<0.01	0.18	0.35	0.27	0.02	0.10	0.52	14.77	1990.43
潜江市	374.41	2.03	<0.01	<0.01	0.02	<0.01	0.13	0.25	0.19	0.01	0.07	0.37	10.48	1412.21
神农架	758.46	4.11	<0.01	<0.01	0.04	<0.01	0.25	0.50	0.39	0.03	0.14	0.74	21.23	2860.82
太子山	49.11	0.27	<0.01	<0.01	<0.01	<0.01	0.02	0.03	0.03	<0.01	0.01	0.05	1.37	185.22
九峰山	18.09	0.10	<0.01	<0.01	<0.01	<0.01	0.01	0.01	0.01	<0.01	<0.01	0.02	0.51	68.25

注：表中吸收污染物是森林吸收二氧化硫、氟化物和氮氧化物的物质量总和。

湖北省地市级退耕还林工程经济林生态效益价值量及排序如表4-49所示，全省退耕还林工程经济林每年的生态效益价值量为127.63亿元。生态效益物质量较高的十堰、恩施和宜昌等市，其生态效益总价值量也较高。生态效益各分项价值量中，涵养水源功能价值量占全省生态效益总价值量的比例高达68.15%。

湖北省三面环山，西部是大巴山区，东北部是大别山区，东部为幕阜山丘陵，中南部为江汉平原，长江横穿全省，属于亚热带季风气候，鄂西南长江三峡以南属于中亚热带湿润区，其余广大地区属于北亚热带湿润区，具有季节变化明显和南北过渡性的气候特征。年平均降水量自东南向西北递减，不同地区退耕还林工程生态效益差异明显。

湖北省东部及中部江汉平原地区降水量相对较高，退耕还林营造林长势良好，固碳释氧、林木积累营养物质和净化大气环境物质量均较高。该地区应在封山育林的同时，积极实施宜林荒山荒地造林，充分发挥该地区森林生长速度快，固碳释氧、净化

表4-49 湖北省地市级退耕还林工程经济林生态效益价值量及排序

排序	地区	涵养水源(亿元/年)	保育土壤(亿元/年)	固碳释氧(亿元/年)	林木积累营养物质(亿元/年)	净化大气环境(亿元/年)	生物多样性保护(亿元/年)	总价值(亿元/年)
1	十堰市	14.81	1.14	1.64	0.18	1.18	2.78	21.73
2	恩施市	13.42	1.04	1.48	0.16	1.07	2.52	19.69
3	宜昌市	12.38	0.96	1.37	0.15	0.99	2.32	18.17
4	黄冈市	8.47	0.65	0.93	0.10	0.68	1.59	12.42
5	襄阳市	7.38	0.57	0.81	0.09	0.59	1.38	10.82
6	咸宁市	6.09	0.47	0.67	0.07	0.49	1.14	8.93
7	孝感市	4.69	0.36	0.52	0.06	0.38	0.88	6.89
8	随州市	4.09	0.32	0.45	0.05	0.33	0.77	6.01
9	荆州市	3.82	0.30	0.42	0.05	0.31	0.72	5.62
10	荆门市	3.79	0.29	0.42	0.05	0.30	0.71	5.56
11	武汉市	2.84	0.22	0.31	0.03	0.23	0.53	4.16
12	黄石市	1.83	0.14	0.20	0.02	0.15	0.34	2.68
13	神农架	0.87	0.07	0.10	0.01	0.07	0.16	1.28
14	鄂州市	0.82	0.06	0.08	0.02	0.06	0.15	1.19
15	天门市	0.61	0.05	0.07	0.01	0.05	0.11	0.90
16	仙桃市	0.57	0.04	0.06	0.02	0.04	0.11	0.84
17	潜江市	0.42	0.03	0.05	0.01	0.02	0.08	0.61
18	太子山	0.06	<0.01	0.01	<0.01	<0.01	0.03	0.10
19	九峰山	0.02	<0.01	<0.01	<0.01	<0.01	<0.01	0.03
合计		86.98	6.71	9.59	1.09	6.94	16.32	127.63

大气环境功能高的优势，积极发展乡村旅游，依据适地适树、生态效益和经济效益兼顾的原则，在广大农区、湖区恢复植被，积极发展经济林，提高退耕农户的收入。

湖北省西部山区，土壤质地类型为花岗岩风化而成的尖沙土，水土流失严重，因此该区域也成为湖北省最主要也是最早开展退耕还林工程的地区。退耕还林工程实施以来，该地区随着林、灌、草植被覆盖率增加，通过林冠截流，地上枯枝落叶层拦截降水，滞留地表径流，从而达到很好的涵养水源和保育土壤的生态效益，大大改善了当地的生态环境。湖北省秭归县位于鄂西山区长江西陵峡畔，是举世瞩目的三峡工程坝上库首县，2003年3月被列为湖北省“长江上游，黄河中上游退耕还林（草）工程”早期试点县之一（潘磊等，2006）。秭归县退耕还林工程10年累积涵养水源26483.12万立方米，减少土壤侵蚀量218.07万吨，固碳总量159.05万吨，退耕还林在提高当地生态效益的同时，大大提高了经济效益和社会效益（吴穹，2011）。今后，该地区应以防沙治沙、防治水土流失为主要目标，采取乔灌草相结合、林带林网片林相结合的手段，营造完善的防风固沙林体系，不断巩固退耕还林的成果。

4.4 湖南省

4.4.1 湖南省退耕还林工程资源概况

湖南省2000年开始在永顺、沅陵、桑植、隆回4县进行退耕还林试点，2001年试点范围扩大到24个县（市、区），2002年在全省铺开。迄今为止，湖南省退耕还林工程共覆盖14个州（市）127个县（市、区）。截至2013年，全省累计完成退耕还林工程建设任务140.93万公顷，其中，退耕地还林面积占总退耕面积的35.77%，宜林荒山荒地造林面积占53.76%，封山育林面积占到10.47%。

退耕林种类型中，生态林面积占94.41%，经济林和灌木林分别仅占5.57%和0.02%。湖南省退耕还林主要树种有云南松、马尾松、杉木、柏木、华山松、枫香、桦木，以及国外松等，其中马尾松营造面积15.22万公顷，油茶营造面积12.82万公顷，枫香营造面积7.74万公顷。

退耕还林工程实施以来，全省森林覆盖率提高了5.54%。水土流失明显减少。据湖南省退耕还林效益监测站监测，退耕还林后，工程区水土流失量下降近30%，地表径流系数减少20%左右，土壤侵蚀模数呈减少之势，林地土壤的保土能力提高。退耕还林林地涵养水源能力逐年增加，2000～2005年合计涵养水源30多亿立方米，相当于

30座大型水库（库容1亿立方米以上）的蓄水量。

4.4.2 湖南省地市级退耕还林工程生态效益

湖南省地市级退耕还林工程生态效益物质量如表4-50所示。退耕还林面积较大的湘西土家族苗族自治州（以下简称“湘西州”）、衡阳市和怀化市，生态效益各分项物质量均较高。其中湘西州、衡阳市、怀化市退耕还林面积分别为27.18、17.89、16.61万公顷，占全省退耕还林总面积的比例分别为19.29%、12.69%和11.79%。

湖南省地市级退耕还林工程生态效益各分项物质量空间分布如图4-28至图4-34所示。湖南省以山地、丘陵为主，东南西三面环山，东以幕阜、武功诸山系与江西交界；西以云贵高原东缘连贵州；西北以武陵山毗邻重庆市；南枕南岭与广东省、广西壮族自治区相邻。中部和北部地势低平，北以滨湖平原与湖北省相邻，气候湿润多雨且雨热同期，降水量由东南向西北逐步减少，全省水资源充沛，土壤以红壤和黄壤为主。

西部山区以湘西州退耕还林面积最大，退耕还林涵养水源、保育土壤、固碳释氧等多项功能最高。东部长沙市、湘潭市退耕还林面积最小，因此生态效益各项功能均最低。

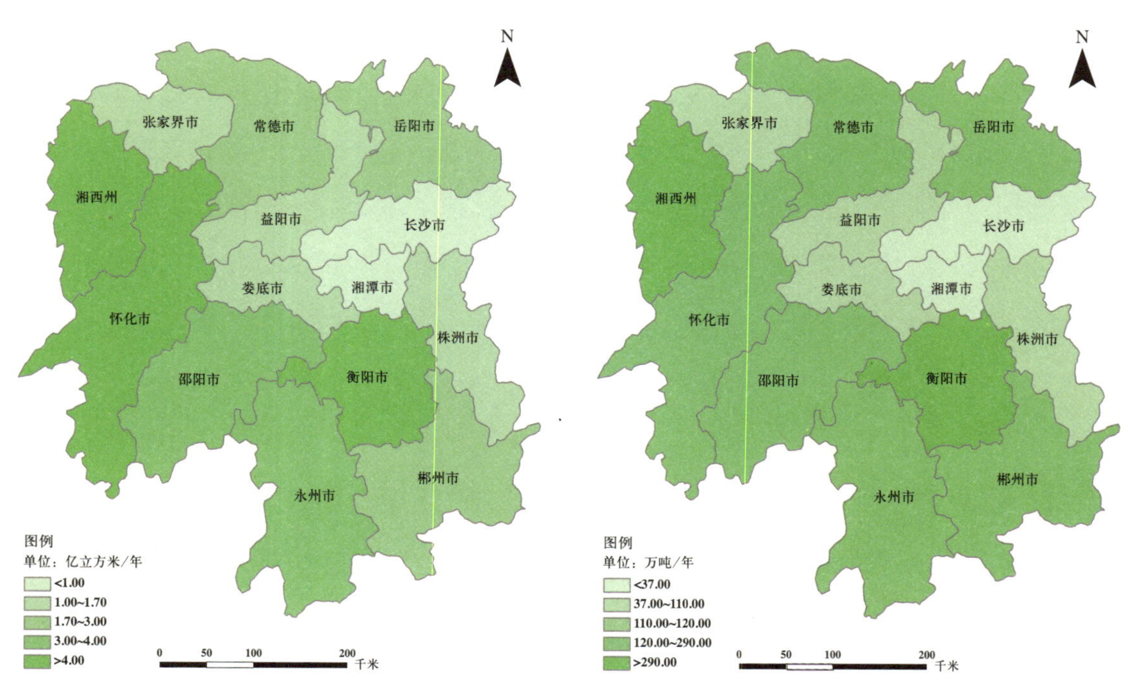

图4-28 湖南省地市级涵养水源功能物质量

图4-29 湖南省地市级固土功能物质量

表4-50 湖南省地市级退耕还林工程生态效益物质量

地区	涵养水源	保育土壤					固碳释氧		林木积累营养物质			净化大气环境		
	水源（亿立方米/年）	固土（万吨/年）	氮（万吨/年）	磷（万吨/年）	钾（万吨/年）	有机质（万吨/年）	固碳（万吨/年）	释氧（万吨/年）	氮（百吨/年）	磷（百吨/年）	钾（百吨/年）	提供负离子（$\times10^{22}$个）	吸收污染物（万千克/年）	滞尘（亿千克/年）
长沙市	0.65	36.85	0.07	0.02	0.48	0.01	0.69	0.87	0.36	0.03	0.22	20.34	387.14	5.37
株洲市	1.32	77.13	0.14	0.04	1.01	0.02	1.41	1.81	0.75	0.07	0.44	41.30	797.63	11.12
湘潭市	0.57	32.32	0.06	0.02	0.42	0.01	0.60	0.77	0.32	0.03	0.19	17.77	340.44	4.74
衡阳市	4.77	293.61	0.46	0.16	3.83	0.07	5.33	6.95	2.92	0.29	1.55	155.14	3106.14	44.69
邵阳市	3.66	220.19	0.40	0.12	2.87	0.05	3.96	5.12	2.16	0.20	1.24	113.97	2235.70	31.38
岳阳市	2.40	145.08	0.27	0.08	1.88	0.03	2.57	3.32	1.40	0.13	0.81	74.08	1446.80	20.26
常德市	2.39	142.98	0.26	0.07	1.85	0.03	2.55	3.29	1.38	0.13	0.81	73.84	1435.49	20.03
益阳市	1.55	92.37	0.17	0.05	1.19	0.02	1.63	2.09	0.87	0.08	0.51	47.78	923.52	12.90
张家界市	1.66	107.32	0.17	0.05	1.41	0.03	2.11	2.91	1.35	0.12	0.68	51.49	1159.66	16.51
郴州市	2.90	170.78	0.30	0.09	2.22	0.04	3.10	4.00	1.69	0.16	0.98	89.80	1736.45	24.27
永州市	3.13	187.79	0.34	0.10	2.44	0.04	3.38	4.37	1.85	0.17	1.06	97.31	1905.63	26.71
娄底市	1.67	99.47	0.18	0.05	1.30	0.02	1.80	2.33	0.98	0.09	0.56	52.27	1023.34	14.39
怀化市	4.53	274.32	0.48	0.15	3.54	0.07	4.94	6.44	2.75	0.26	1.54	140.48	2792.00	39.27
湘西州	7.33	452.40	0.78	0.24	5.88	0.11	8.10	10.54	4.47	0.43	2.44	232.65	4637.76	65.97

注：表中吸收污染物是森林吸收二氧化硫、氟化物和氮氧化物的物质量总和。

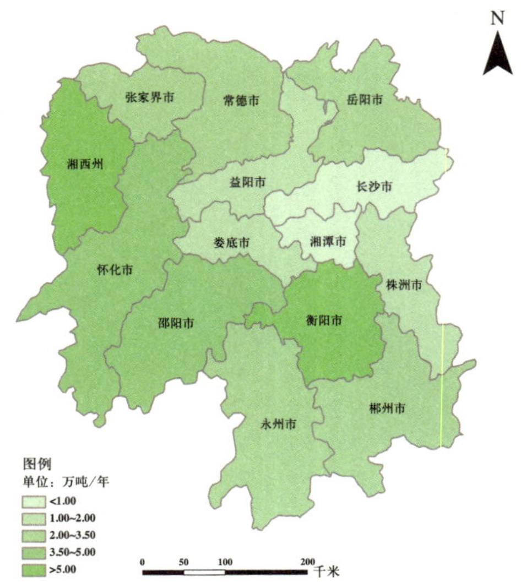

图4-30 湖南省地级市固碳功能物质量

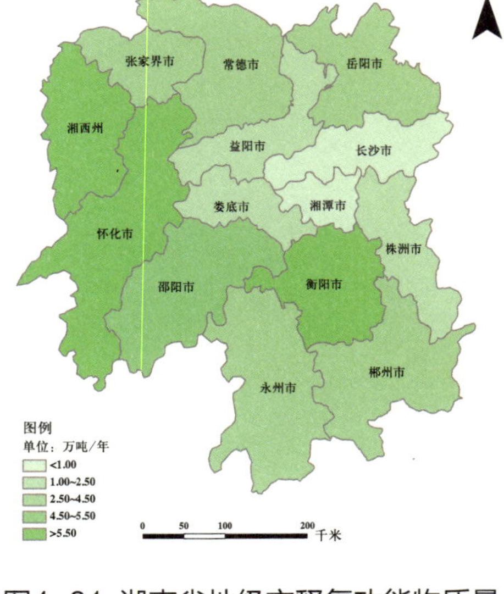

图4-31 湖南省地级市释氧功能物质量

图4-32 湖南省地市级提供负离子功能物质量

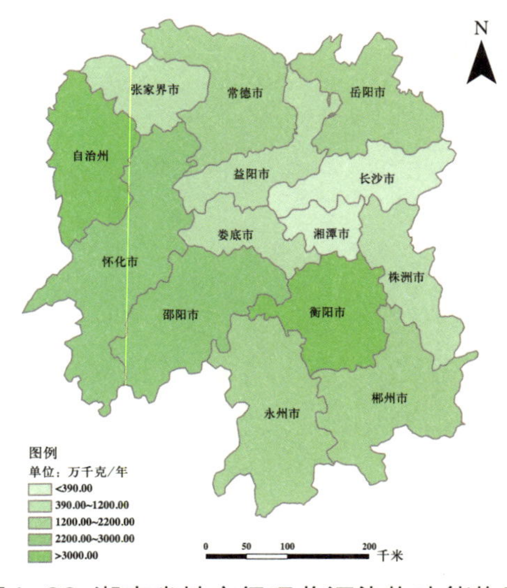

图4-33 湖南省地市级吸收污染物功能物质量

图4-34 湖南省地市级滞尘功能物质量

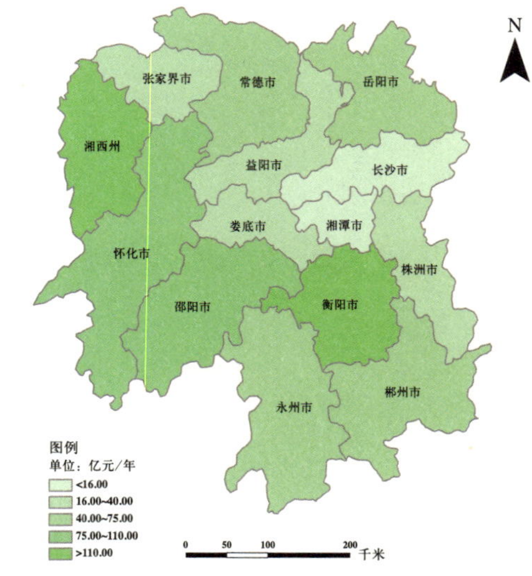

图4-35 湖南省地市级生态效益总价值量空间分布

湖南省退耕还林工程生态效益总价值量及排序如表4-51所示，全省退耕还林工程每年的生态效益总价值量为897.40亿元。退耕面积较大的湘西州、怀化市以及衡阳市，其生态效益总价值量位于全省前三位。东部的长沙市、湘潭市生态效益总价值量最低（图4-35）。生态效益各分项价值量中，涵养水源、生物多样性保护生态效益价值量占全省总价值量的比例最高，分别为49.43%和35.05%（图4-36）。

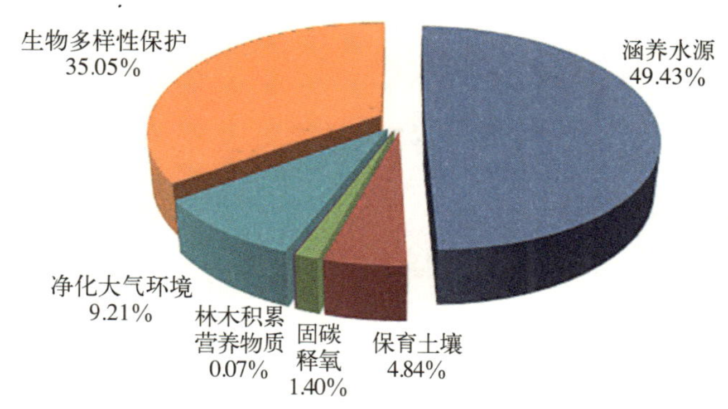

图4-36 湖南省地市级退耕还林工程生态效益各分项价值量

表4-51 湖南省地市级退耕还林工程生态效益价值量及排序

排序	地区	涵养水源（亿元/年）	保育土壤（亿元/年）	固碳释氧（亿元/年）	林木积累营养物质（亿元/年）	净化大气环境（亿元/年）	生物多样性保护（亿元/年）	总价值（亿元/年）
1	湘西州	84.42	8.41	2.41	0.13	16.14	59.83	171.34
2	衡阳市	54.84	5.38	1.59	0.08	10.92	39.84	112.65
3	怀化市	52.16	5.09	1.47	0.07	9.61	37.12	105.52
4	邵阳市	42.12	4.14	1.17	0.06	7.68	29.62	84.79
5	永州市	36.02	3.53	1.00	0.05	6.54	25.32	72.46
6	郴州市	33.37	3.19	0.92	0.05	5.94	23.72	67.19
7	岳阳市	27.64	2.73	0.76	0.04	4.96	19.33	55.46
8	常德市	27.55	2.69	0.75	0.04	4.89	19.38	55.30
9	张家界市	19.14	1.97	0.65	0.04	4.03	12.97	38.80
10	娄底市	19.17	1.86	0.53	0.03	3.52	13.63	38.74
11	益阳市	17.89	1.73	0.47	0.03	3.16	12.74	36.02
12	株洲市	15.24	1.45	0.42	0.02	2.73	10.85	30.71
13	长沙市	7.48	0.69	0.20	0.01	1.33	5.42	15.13
14	湘潭市	6.54	0.60	0.18	0.01	1.17	4.79	13.29
	合 计	443.58	43.46	12.52	0.66	82.62	314.56	897.40

4.4.3 退耕还林工程三种植被恢复类型生态效益

4.4.3.1 退耕地还林生态效益

根据退耕还林工程三种植被恢复类型，分别核算湖南省地市级退耕地还林、宜林荒山荒地造林、封山育林生态效益的物质量和价值量。湖南省地市级退耕地还林生态效益物质量如表4-53所示。

湘西州、衡阳市、怀化市退耕地还林面积较大，分别为13.00、10.85和5.86万公顷，其占各市总退耕面积的比例均较大（表4-52），生态效益各项物质量均排在全省前列。其他退耕地比例较大的邵阳、永州等市，生态效益各分项物质量均较高。长沙市和湘潭市退耕地面积较小且退耕地面积仅占市总退耕面积的26.40%和29.26%，因此生态效益各分项物质量均低于其他地市。

表4-52 湖南省地市级退耕还林工程三种植被恢复类型退耕面积的相对比例

地区	退耕地还林比例(%)	宜林荒山荒地造林比例(%)	封山育林比例(%)
湘西州	47.82	46.61	5.57
衡阳市	60.68	32.18	7.14
怀化市	35.28	56.07	8.65
邵阳市	34.72	55.09	10.19
永州市	33.46	55.81	10.73
郴州市	30.80	56.04	13.16
岳阳市	31.83	60.88	7.29
常德市	29.98	59.41	10.61
张家界市	42.64	45.19	12.17
娄底市	36.91	50.60	12.49
益阳市	29.46	60.81	9.73
株洲市	29.46	52.65	17.89
长沙市	26.40	49.45	24.15
湘潭市	29.26	47.72	23.02

表4-53 湖南省地市级退耕地还林生态效益物质量

地区	涵养水源（万立方米/年）	保育土壤					固碳释氧		林木积累营养物质			净化大气环境		
		固土（万吨/年）	氮（万吨/年）	磷（万吨/年）	钾（万吨/年）	有机质（万吨/年）	固碳（万吨/年）	释氧（万吨/年）	氮（百吨/年）	磷（百吨/年）	钾（百吨/年）	提供负离子（$\times10^{22}$个）	吸收污染物（万千克/年）	滞尘（亿千克/年）
长沙市	1604.24	10.42	0.01	0.01	0.14	<0.01	0.19	0.25	0.11	0.01	0.05	5.58	115.91	1.73
株洲市	3652.39	23.73	0.03	0.01	0.31	0.01	0.43	0.57	0.24	0.03	0.11	12.71	263.89	3.93
湘潭市	1557.14	10.08	0.01	0.01	0.13	<0.01	0.19	0.25	0.11	0.01	0.05	5.40	111.71	1.66
衡阳市	27787.55	180.51	0.22	0.11	2.36	0.05	3.30	4.36	1.82	0.19	0.85	96.66	2007.67	29.89
邵阳市	11919.19	77.43	0.10	0.05	1.01	0.02	1.41	1.87	0.78	0.08	0.36	41.46	861.17	12.82
岳阳市	7138.20	46.05	0.06	0.03	0.60	0.01	0.85	1.12	0.47	0.05	0.22	24.87	511.43	7.63
常德市	6707.13	43.31	0.05	0.03	0.57	0.01	0.80	1.06	0.45	0.05	0.21	23.27	480.13	7.15
益阳市	4251.45	27.35	0.03	0.02	0.36	0.01	0.50	0.66	0.28	0.03	0.13	14.80	303.43	4.53
张家界市	6984.57	47.02	0.06	0.03	0.60	0.01	0.94	1.32	0.64	0.06	0.28	22.26	514.98	7.52
郴州市	8313.44	53.79	0.07	0.03	0.70	0.01	0.99	1.32	0.56	0.06	0.26	28.91	597.33	8.91
永州市	9813.19	63.75	0.08	0.04	0.83	0.02	1.16	1.54	0.64	0.07	0.30	34.14	709.01	10.56
娄底市	5785.52	37.58	0.05	0.02	0.49	0.01	0.69	0.91	0.38	0.04	0.18	20.13	418.01	6.22
怀化市	15038.97	97.72	0.12	0.06	1.27	0.02	1.77	2.33	0.97	0.10	0.46	51.94	1083.29	16.08
湘西州	33279.52	216.18	0.27	0.13	2.83	0.05	3.95	5.22	2.18	0.23	1.02	115.77	2404.47	35.80

注：表中吸收污染物是森林吸收二氧化硫、氟化物和氮氧化物的物质量总和。

湖南省地市级退耕地还林生态效益价值量及排序如表4-54所示。湖南省地市级退耕地还林每年的生态效益总价值量为350.77亿元。退耕地还林面积较大的湘西州、衡阳市及怀化市，生态效益总价值位于全省前三位。退耕地生态效益价值量分布中，涵养水源价值量所占比例最大，达到47.19%；生物多样性保护价值量占全省生态效益总价值量的35.82%；林木积累营养物质价值量仅占全省生态效益总价值量的0.08%。

表4-54 湖南省地市级退耕地还林生态效益价值量及排序

排序	地区	涵养水源（亿元/年）	保育土壤（亿元/年）	固碳释氧（亿元/年）	林木积累营养物质（亿元/年）	净化大气环境（亿元/年）	生物多样性保护（亿元/年）	总价值（亿元/年）
1	湘西州	38.30	3.81	1.18	0.06	8.73	29.19	81.27
2	衡阳市	31.98	3.18	0.99	0.05	7.29	24.30	67.79
3	怀化市	17.31	1.72	0.53	0.03	3.92	13.24	36.75
4	邵阳市	13.72	1.37	0.42	0.02	3.13	10.46	29.12
5	永州市	11.29	1.12	0.35	0.02	2.57	8.61	23.96
6	郴州市	9.57	0.95	0.30	0.02	2.17	7.25	20.26
7	岳阳市	8.22	0.81	0.25	0.01	1.86	6.26	17.41
8	张家界市	8.04	0.82	0.29	0.02	1.83	5.69	16.69
9	常德市	7.72	0.76	0.24	0.01	1.75	5.88	16.36
10	娄底市	6.66	0.66	0.21	0.01	1.52	5.08	14.14
11	益阳市	4.89	0.48	0.15	0.01	1.10	3.74	10.37
12	株洲市	4.20	0.42	0.13	0.01	0.96	3.19	8.91
13	长沙市	1.85	0.18	0.06	<0.01	0.43	1.41	3.93
14	湘潭市	1.79	0.18	0.06	<0.01	0.42	1.36	3.81
合计		165.54	16.46	5.16	0.27	37.68	125.66	350.77

4.4.3.2 宜林荒山荒地造林生态效益

湖南省地市级宜林荒山荒地造林生态效益物质量如表4-55所示，宜林荒山荒地造林面积较大的湘西州、怀化市和邵阳市，生态效益各分项物质量均较高。

湖南省地市级宜林荒山荒地造林生态效益价值量及排序如表4-56所示。湖南省地市级宜林荒山荒地造林每年的生态效益总价值量为455.95亿元。湘西州宜林荒山荒地造林生态效益总价值量在各市中最高，其生态效益总价值量占全省生态效益总价值量的17.56%。宜林荒山荒地造林生态效益总价值量分布中，涵养水源和生物多样性保护价值量的比例最高，分别为51.53%和33.29%。

表4-55 湖南省地市级宜林荒山荒地造林生态效益物质量

地区	涵养水源	保育土壤					固碳释氧		林木积累营养物质			净化大气环境		
	涵养水源（亿立方米/年）	固土（万吨/年）	氮（万吨/年）	磷（万吨/年）	钾（万吨/年）	有机质（万吨/年）	固碳（万吨/年）	释氧（万吨/年）	氮（百吨/年）	磷（百吨/年）	钾（百吨/年）	提供负离子（$\times10^{22}$个）	吸收污染物（万千克/年）	滞尘（亿千克/年）
长沙市	0.33	20.44	0.05	0.01	0.26	<0.01	0.35	0.45	0.20	0.02	0.12	9.58	185.29	2.51
株洲市	0.72	44.36	0.10	0.02	0.57	0.01	0.76	0.98	0.43	0.04	0.26	20.77	403.82	5.47
湘潭市	0.28	17.21	0.04	0.01	0.22	<0.01	0.29	0.38	0.17	0.02	0.10	8.11	156.94	2.13
衡阳市	1.63	100.15	0.22	0.05	1.29	0.02	1.71	2.22	0.97	0.09	0.59	46.90	911.64	12.34
邵阳市	2.10	128.50	0.28	0.06	1.65	0.03	2.19	2.85	1.25	0.11	0.76	60.17	1169.66	15.83
岳阳市	1.51	92.43	0.20	0.05	1.18	0.02	1.56	2.01	0.87	0.08	0.54	43.49	840.70	11.37
常德市	1.47	90.01	0.20	0.04	1.15	0.02	1.52	1.95	0.84	0.08	0.52	42.33	817.15	11.05
益阳市	0.98	59.30	0.13	0.03	0.75	0.01	0.99	1.27	0.54	0.05	0.34	28.13	538.58	7.29
张家界市	0.76	50.70	0.10	0.02	0.67	0.01	0.95	1.30	0.61	0.05	0.32	22.42	514.02	7.19
郴州市	1.69	102.65	0.22	0.05	1.31	0.02	1.75	2.27	0.99	0.09	0.61	48.35	932.79	12.63
永州市	1.81	111.21	0.25	0.05	1.43	0.03	1.90	2.47	1.08	0.10	0.66	52.07	1012.21	13.70
娄底市	0.88	53.91	0.12	0.03	0.69	0.01	0.92	1.19	0.52	0.05	0.32	25.24	490.71	6.64
怀化市	2.63	161.73	0.33	0.08	2.06	0.04	2.80	3.68	1.64	0.15	0.96	75.58	1495.02	20.37
湘西州	3.59	220.43	0.49	0.11	2.83	0.05	3.76	4.88	2.14	0.19	1.30	103.21	2006.44	27.16

注：表中吸收污染物是森林吸收二氧化硫、氟化物和氮氧化物的物质量总和。

表4-56 湖南省地市级宜林荒山荒地造林生态效益价值量及排序

排序	地区	涵养水源(亿元/年)	保育土壤(亿元/年)	固碳释氧(亿元/年)	林木积累营养物质(亿元/年)	净化大气环境(亿元/年)	生物多样性保护(亿元/年)	总价值(亿元/年)
1	湘西州	41.38	4.31	1.12	0.06	6.66	26.55	80.08
2	怀化市	30.33	3.10	0.84	0.05	4.99	19.97	59.28
3	邵阳市	24.12	2.51	0.65	0.04	3.88	15.48	46.68
4	永州市	20.88	2.17	0.56	0.03	3.36	13.39	40.39
5	郴州市	19.45	1.98	0.52	0.03	3.10	12.72	37.80
6	衡阳市	18.80	1.96	0.51	0.03	3.03	12.00	36.33
7	岳阳市	17.42	1.79	0.46	0.03	2.79	11.34	33.83
8	常德市	16.95	1.75	0.45	0.02	2.71	11.02	32.90
9	益阳市	11.30	1.14	0.29	0.02	1.79	7.53	22.07
10	娄底市	10.12	1.05	0.27	0.02	1.63	6.49	19.58
11	张家界市	8.76	0.96	0.29	0.02	1.76	5.37	17.16
12	株洲市	8.33	0.87	0.22	0.01	1.34	5.32	16.09
13	长沙市	3.83	0.40	0.10	0.01	0.61	2.46	7.41
14	湘潭市	3.26	0.33	0.09	<0.01	0.52	2.15	6.35
	合 计	234.93	24.32	6.37	0.37	38.17	151.79	455.95

4.4.3.3 封山育林生态效益

湖南省地市级封山育林生态效益物质量如表4-57所示，封山育林面积较大的湘西洲、怀化市和郴州市，生态效益各分项物质量均高于其他地市。

湖南省地市级封山育林生态效益价值量及排序如表4-58所示，湖南省地市级封山育林每年的生态效益总价值量为90.68亿元。湘西州、怀化市及郴州市封山育林生态效益总价值量位于全省前三位。封山育林生态效益总价值量分布中，涵养水源和生物多样性保护价值量的比例最高，分别为47.54%和40.92%。

表4-57 湖南省地市级封山育林生态效益物质量

地区	涵养水源 (万立方米/年)	保育土壤					固碳释氧		林木积累营养物质			净化大气环境		
		固土 (万吨/年)	氮 (吨/年)	磷 (吨/年)	钾 (吨/年)	有机质 (吨/年)	固碳 (万吨/年)	释氧 (万吨/年)	氮 (吨/年)	磷 (吨/年)	钾 (吨/年)	提供负离子 ($\times 10^{22}$个)	吸收污染物 (万千克/年)	滞尘 (亿千克/年)
长沙市	1558.60	5.98	89.54	24.18	839.90	13.90	0.15	0.17	5.54	0.40	4.74	5.18	85.94	1.14
株洲市	2356.03	9.04	135.35	36.56	1269.61	21.02	0.22	0.26	8.37	0.61	7.17	7.82	129.92	1.73
湘潭市	1294.39	5.02	75.02	19.88	699.12	11.58	0.12	0.14	4.60	0.33	3.96	4.26	71.79	0.95
衡阳市	3533.51	12.96	194.49	52.58	1810.35	29.78	0.33	0.38	12.56	0.89	10.94	11.58	186.84	2.45
邵阳市	3715.27	14.26	213.43	57.65	2002.08	33.14	0.35	0.40	13.20	0.96	11.31	12.34	204.87	2.72
岳阳市	1734.85	6.60	98.74	26.46	921.46	15.23	0.16	0.19	6.16	0.44	5.32	5.72	94.68	1.25
常德市	2506.40	9.67	144.43	38.27	1344.38	22.25	0.24	0.27	8.91	0.64	7.69	8.24	138.21	1.83
益阳市	1479.25	5.71	85.28	22.43	791.38	13.10	0.14	0.16	5.26	0.38	4.55	4.84	81.52	1.07
张家界市	2030.87	9.60	141.52	40.83	1363.12	22.63	0.23	0.29	9.29	0.68	7.93	6.81	130.66	1.80
郴州市	3781.14	14.34	214.80	58.22	2013.77	33.28	0.36	0.41	13.43	0.97	11.55	12.54	206.33	2.74
永州市	3340.95	12.84	192.09	51.94	1803.00	29.85	0.32	0.36	11.87	0.86	10.16	11.11	184.41	2.45
娄底市	2078.74	7.98	119.42	32.25	1120.19	18.54	0.20	0.23	7.38	0.54	6.33	6.90	114.63	1.52
怀化市	3931.62	14.87	222.73	59.90	2079.89	34.36	0.37	0.42	13.97	1.01	12.06	12.96	213.69	2.82
湘西州	4113.99	15.79	236.34	63.83	2216.94	36.70	0.39	0.45	14.61	1.06	12.52	13.66	226.85	3.01

注：表中吸收污染物是森林吸收二氧化硫、氟化物和氮氧化物的物质量总和。

表4-58 湖南省地市级封山育林生态效益价值量及排序

排序	地区	涵养水源（亿元/年）	保育土壤（亿元/年）	固碳释氧（亿元/年）	林木积累营养物质（亿元/年）	净化大气环境（亿元/年）	生物多样性保护（亿元/年）	总价值（亿元/年）
1	湘西洲	4.74	0.29	0.11	<0.01	0.74	4.08	9.96
2	怀化市	4.53	0.27	0.10	<0.01	0.70	3.91	9.51
3	郴州市	4.35	0.26	0.10	<0.01	0.67	3.76	9.14
4	邵阳市	4.28	0.26	0.10	<0.01	0.67	3.69	9.00
5	衡阳市	4.07	0.24	0.09	<0.01	0.60	3.54	8.54
6	永州市	3.85	0.24	0.09	<0.01	0.60	3.32	8.10
7	常德市	2.88	0.18	0.07	<0.01	0.45	2.49	6.07
8	株洲市	2.71	0.17	0.06	<0.01	0.42	2.34	5.70
9	娄底市	2.39	0.15	0.05	<0.01	0.37	2.06	5.02
10	张家界市	2.34	0.18	0.06	<0.01	0.47	1.89	4.94
11	岳阳市	2.00	0.14	0.05	<0.01	0.31	1.73	4.23
12	长沙市	1.78	0.11	0.04	<0.01	0.28	1.55	3.76
13	益阳市	1.70	0.10	0.04	<0.01	0.26	1.47	3.58
14	湘潭市	1.49	0.09	0.03	<0.01	0.23	1.28	3.13
	合 计	43.11	2.68	0.99	0.02	6.77	37.11	90.68

4.4.4 退耕还林工程不同林种类型生态效益

4.4.4.1 生态林生态效益

根据退耕还林工程不同林种类型，分别核算了湖南省地市级生态林、经济林、灌木林生态效益的物质量和价值量。

湖南省地市级退耕还林工程生态林生态效益物质量如表4-60所示。各市生态林营造面积占市退耕总面积的比例均超过了90%，其中湘西州、衡阳市、怀化市生态林营造面积比例分别为94.20%、94.16%和94.22%（表4-59），其生态效益各分项物质量在全省位于前列。

表4-59 湖南省地市级退耕还林工程不同林种类型退耕面积的相对比例

地区	生态林比例（%）	经济林比例（%）	灌木林比例（%）
湘西州	94.20	5.80	—
衡阳市	94.16	5.84	—
怀化市	94.22	5.78	—
邵阳市	94.59	5.41	—
永州市	94.62	5.38	—
郴州市	94.70	5.30	—
岳阳市	94.63	5.37	—
常德市	94.81	5.19	—
张家界市	90.82	8.70	0.48
娄底市	94.70	5.30	—
益阳市	95.02	4.98	—
株洲市	95.07	4.93	—
长沙市	95.44	4.56	—
湘潭市	95.16	4.84	—

湖南省地市级退耕还林工程生态林生态效益价值量及排序如表4-61所示。湖南省地市级退耕还林每年的生态林生态效益总价值量为848.02亿元。生态林营造面积较大的湘西州、衡阳市、怀化市，生态效益总价值量位于全省前三列，其生态效益总价值量占全省生态效益总价值量的19.06%、12.53%、11.25%；长沙市和湘潭市生态林生态效益总价值量最低，仅有14.45亿元和12.66亿元。总体上，湘西州、怀化市，生态林生态效益高于北部和东部平原地区的长沙市、湘潭市和岳阳市。湖南省地市级生态林生态效益总价值量分布中，涵养水源和生物多样性保护价值的比例最大，分别为48.58%和35.91%。

表4-60 湖南省地市级退耕还林工程生态林生态效益物质量

地区	涵养水源(亿立方米/年)	保育土壤					固碳释氧		林木积累营养物质			净化大气环境		
		固土(万吨/年)	氮(万吨/年)	磷(万吨/年)	钾(万吨/年)	有机质(万吨/年)	固碳(万吨/年)	释氧(万吨/年)	氮(百吨/年)	磷(百吨/年)	钾(百吨/年)	提供负离子($\times10^{22}$个)	吸收污染物(万千克/年)	滞尘(万千克/年)
长沙市	0.61	35.18	0.06	0.02	0.47	0.01	0.58	0.67	0.20	0.02	0.16	20.04	378.43	5.26
株洲市	1.24	73.45	0.13	0.04	0.97	0.02	1.18	1.36	0.40	0.04	0.32	40.63	778.46	10.86
湘潭市	0.53	30.77	0.05	0.02	0.40	0.01	0.51	0.58	0.17	0.02	0.14	17.48	332.37	4.63
衡阳市	4.41	277.49	0.44	0.15	3.66	0.07	4.33	4.96	1.38	0.17	1.00	152.21	3022.19	43.56
邵阳市	3.41	208.99	0.38	0.10	2.75	0.05	3.26	3.74	1.09	0.12	0.85	111.93	2177.38	30.59
岳阳市	2.24	137.86	0.25	0.07	1.80	0.03	2.12	2.43	0.71	0.08	0.56	72.77	1409.21	19.75
常德市	2.24	136.02	0.25	0.07	1.78	0.03	2.12	2.43	0.72	0.08	0.57	72.58	1399.22	19.54
益阳市	1.46	88.07	0.16	0.04	1.14	0.02	1.36	1.57	0.46	0.05	0.37	47.00	901.16	12.59
张家界市	1.46	97.93	0.16	0.04	1.31	0.02	1.53	1.76	0.48	0.05	0.35	49.83	1110.60	15.86
郴州市	2.71	162.19	0.29	0.08	2.12	0.04	2.56	2.94	0.87	0.10	0.69	88.24	1691.67	23.67
永州市	2.92	178.28	0.33	0.09	2.34	0.04	2.79	3.19	0.93	0.10	0.73	95.58	1856.09	26.04
娄底市	1.55	94.46	0.17	0.05	1.24	0.02	1.49	1.71	0.50	0.06	0.39	51.36	997.25	14.04
怀化市	4.20	259.51	0.45	0.13	3.38	0.06	4.02	4.61	1.33	0.15	1.04	137.78	2714.86	38.23
湘西州	6.80	428.06	0.74	0.22	5.63	0.10	6.58	7.55	2.14	0.25	1.61	228.22	4511.02	64.27

注：表中吸收污染物是森林吸收二氧化硫、氟化物和氮氧化物的物质量总和。

表4-61 湖南省地市级退耕还林工程生态林生态效益价值量及排序

排序	地区	涵养水源(亿元/年)	保育土壤(亿元/年)	固碳释氧(亿元/年)	林木积累营养物质(亿元/年)	净化大气环境(亿元/年)	生物多样性保护(亿元/年)	总价值(亿元/年)
1	湘西洲	78.22	7.96	1.82	0.07	15.72	57.87	161.66
2	衡阳市	50.75	5.08	1.20	0.04	10.65	38.55	106.27
3	怀化市	48.39	4.82	1.11	0.04	9.36	35.93	99.65
4	邵阳市	39.27	3.93	0.90	0.03	7.49	28.72	80.34
5	永州市	33.60	3.36	0.77	0.03	6.38	24.55	68.69
6	郴州市	31.18	3.04	0.71	0.03	5.80	23.03	63.79
7	岳阳市	25.80	2.59	0.59	0.02	4.84	18.74	52.58
8	常德市	25.78	2.56	0.59	0.02	4.78	18.83	52.56
9	娄底市	17.90	1.77	0.41	0.02	3.44	13.23	36.77
10	张家界市	16.77	1.79	0.43	0.01	3.87	12.18	35.05
11	益阳市	16.80	1.65	0.38	0.01	3.08	12.39	34.31
12	株洲市	14.31	1.38	0.33	0.01	2.66	10.55	29.24
13	长沙市	7.05	0.66	0.16	0.01	1.29	5.28	14.45
14	湘潭市	6.14	0.57	0.14	0.01	1.14	4.66	12.66
合计		411.96	41.16	9.54	0.35	80.50	304.51	848.02

4.4.4.2 经济林生态效益

湖南省地市级退耕还林工程经济林生态效益物质量如表4-62所示，与生态林相比，经济林营造面积较小，仅占全省总退耕面积的5.57%左右，其生态效益各分项物质量均低于生态林。经济林营造面积较大的湘西洲、衡阳市、怀化市，生态效益各分项物质量均较高。

湖南省地市级退耕还林工程经济林生态效益价值量及排序如表4-63所示，湖南省地市级退耕还林每年的经济林生态效益总价值量为49.15亿元。湘西洲、衡阳市、怀化市，生态效益总价值量位于全省前三位。经济林生态效益总价值量分布中，涵养水源的比例最大，高达64.11%。

表4-62 湖南省地市级退耕还林工程经济林生态效益物质量

地区	涵养水源 (万立方米/年)	保育土壤					固碳释氧		林木积累营养物质			净化大气环境		
		固土 (万吨/年)	氮 (吨/年)	磷 (吨/年)	钾 (吨/年)	有机质 (吨/年)	固碳 (万吨/年)	释氧 (万吨/年)	氮 (吨/年)	磷 (吨/年)	钾 (吨/年)	提供负离子 ($\times10^{22}$个)	吸收污染物 (万千克/年)	滞尘 (亿千克/年)
长沙市	369.69	1.67	28.09	18.39	176.23	6.14	0.10	0.21	16.04	1.23	5.71	0.30	8.71	0.12
株洲市	813.93	3.68	61.84	40.49	387.99	13.51	0.23	0.45	35.31	2.71	12.57	0.67	19.17	0.26
湘潭市	342.71	1.55	26.04	17.05	163.36	5.69	0.10	0.19	14.87	1.14	5.29	0.28	8.07	0.11
衡阳市	3564.72	16.12	270.85	177.34	1699.24	59.19	1.00	1.99	154.63	11.87	55.03	2.93	83.95	1.13
邵阳市	2475.98	11.20	188.12	123.18	1180.26	41.11	0.70	1.38	107.40	8.24	38.22	2.04	58.31	0.79
岳阳市	1596.32	7.22	121.29	79.41	760.94	26.51	0.45	0.89	69.24	5.31	24.64	1.31	37.59	0.51
常德市	1539.96	6.96	117.01	76.61	734.07	25.57	0.43	0.86	66.80	5.13	23.77	1.27	36.27	0.49
益阳市	949.46	4.29	72.14	47.23	452.59	15.77	0.27	0.53	41.19	3.16	14.66	0.78	22.36	0.30
张家界市	1950.83	8.82	148.22	97.05	929.92	32.39	0.55	1.09	84.62	6.49	30.12	1.60	45.94	0.62
郴州市	1901.20	8.60	144.45	94.58	906.27	31.57	0.54	1.06	82.47	6.33	29.35	1.56	44.78	0.60
永州市	2103.54	9.51	159.83	104.65	1002.72	34.93	0.59	1.17	91.25	7.00	32.47	1.73	49.54	0.67
娄底市	1108.14	5.01	84.20	55.13	528.23	18.40	0.31	0.62	48.07	3.69	17.11	0.91	26.10	0.35
怀化市	3275.33	14.81	248.86	162.94	1561.29	54.38	0.92	1.83	142.07	10.90	50.56	2.69	77.14	1.04
湘西洲	5381.59	24.34	408.89	267.73	2565.31	89.36	1.52	3.00	233.44	17.92	83.08	4.42	126.74	1.71

注：表中吸收污染物是森林吸收二氧化硫、氟化物和氮氧化物的物质量总和。

表4-63 湖南省地市级退耕还林工程经济林生态效益价值量及排序

排序	地区	涵养水源（亿元/年）	保育土壤（亿元/年）	固碳释氧（亿元/年）	林木积累营养物质（亿元/年）	净化大气环境（亿元/年）	生物多样性保护（亿元/年）	总价值（亿元/年）
1	湘西洲	6.19	0.45	0.58	0.06	0.42	1.96	9.66
2	衡阳市	4.10	0.30	0.39	0.04	0.28	1.30	6.41
3	怀化市	3.77	0.27	0.36	0.04	0.25	1.19	5.88
4	邵阳市	2.85	0.21	0.27	0.03	0.19	0.90	4.45
5	永州市	2.42	0.17	0.23	0.02	0.16	0.76	3.76
6	张家界市	2.25	0.16	0.21	0.02	0.15	0.71	3.50
7	郴州市	2.19	0.16	0.21	0.02	0.15	0.69	3.42
8	岳阳市	1.84	0.13	0.17	0.02	0.12	0.58	2.86
9	常德市	1.77	0.13	0.17	0.02	0.12	0.56	2.77
10	娄底市	1.28	0.09	0.12	0.01	0.09	0.40	1.99
11	益阳市	1.09	0.08	0.10	0.01	0.07	0.35	1.70
12	株洲市	0.94	0.07	0.09	0.01	0.06	0.30	1.47
13	长沙市	0.43	0.03	0.04	<0.01	0.03	0.13	0.66
14	湘潭市	0.39	0.03	0.04	<0.01	0.03	0.12	0.62
	合 计	31.51	2.28	2.98	0.31	2.12	9.95	49.15

4.4.4.3 灌木林生态效益

湖南省退耕还林工程中，全省只有张家界市有灌木林退耕还林类型。张家界市灌木林生态效益中，涵养水源为107.11万立方米/年；固土0.57万吨/年；减少土壤中氮损失8.16 吨/年；减少土壤中磷损失5.12吨/年；减少土壤中钾损失76.92吨/年；减少土壤中有机质损失0.84吨/年；固碳功能物质量为0.03万吨/年；释氧功能物质量为0.06万吨/年；林木积累氮物质量为247.19吨/年；林木积累磷物质量为13.09吨/年；林木积累钾物质量为251.50 吨/年；灌木林能够提供负离子量为6×10^{20}个/年；吸收污染物（二氧化硫、氟化物和氮氧化物）物质量为3.12万千克/年；滞尘功能物质量为317.38万千克/年。

张家界市退耕还林工程灌木林每年的生态效益总价值量约为0.23亿元，生态效益各分项价值量中，涵养水源生态效益价值量占全市生态效益总价值量的比例高达50%。

湖南省以山地、丘陵为主，东南西三面环山，呈马蹄形的丘陵型盆地，该省气候为大陆性亚热带季风湿润气候，光、热、水资源丰富，年平均降水量在1200～1700毫米之间，雨量充沛，雨量自东南向西北递减。西部山区的湘西洲、怀化市退耕还林面积大，生态效益各项功能的物质量和价值量均较高，今后该地区应以营造水土保持林、涵养水源林为主要目标。湘中西南部的邵阳市，由于长期毁林开荒，生态环境破坏比较严重，常年水土流失面积30万公顷，通过退耕还林，全市水土流失面积减少14万公顷，部分地区生态恶化状况得到改善（向更生，2006）。

另外，退耕树种的选择在一定程度上决定了湖南省退耕还林工程的生态效益，例如张家界市和怀化市选择营造杨树、枫树、桤木等速生丰产用材林，这些速生树种能够具有较高的固碳释氧和净化大气环境等功能；乐昌含笑、红花木莲混交林的固碳释氧功能亦较高，而马尾松林则相对较低。尹刚强（2010）研究湖南会同退耕还林生态效益时发现，乐昌含笑、红花木莲混交林每年固碳释氧的价值量为90794.32元/公顷，而马尾松林仅为9791.88元/公顷；益阳市大面积营造樟树林，樟树林涵养水源功能较高。此外，湘西、湘西南、湘北地区水土流失严重的坡耕地较多，退耕地还林和荒山荒地造林后，能够有效减缓地表径流，增加土壤水分渗入，同时降低土壤水分蒸发量，大大提高林地的蓄水能力。因此，这些地区今后应在退耕地还林的同时，大力实施宜林荒山荒地造林和封山育林，在沙地、山坡地积极营造生态林，在平原、河谷平地营造经济林和用材林，以提高退耕农户的收入。

4.5 云南省

4.5.1 云南省退耕还林工程资源概况

云南省退耕还林工程于2000年开展试点，2002年全面启动，工程区覆盖16个州市129个县，惠及130万户退耕农户544.6万人。截至2013年年底，云南省累计完成退耕还林工程建设任务120.17万公顷，其中，退耕地还林面积占到总退耕面积的29.57%，宜林荒山荒地造林面积占到58.19%，封山育林面积占到12.23%，退耕林种类型中，生态林占总面积的56.80%，经济林占31.67%，灌木林占11.53%。

云南省退耕还林主要栽种的树种如表4-64所示，生态林中云南松营造面积30.94万公顷，柏木营造面积16.34万公顷，华山松营造面积16.21万公顷，阔叶树种营造面积12.43万公顷。自退耕还林工程启动以来，工程区在25度以上和15～25度陡坡耕地，

表4-64 云南省主要退耕还林树种

林种类型	主要树种
经济林	板栗、核桃、柑橘、桃树、李子、花椒、柿、八角、枇杷、橡胶、杨梅、杜仲、梨树、茶叶、杧果、油茶、油桐、油橄榄、樱桃、龙眼、咖啡
灌木林	灌木林
生态林	云南松、华山松、冷杉、云杉、落叶松、其他松类、杉木、柳杉、柏木、栎类、桦木、枫香、桉树、檫木、楝树、杨树、柳树、油杉、其他硬阔类、其他软阔类、阔叶混交林、针叶混交林、针阔混交林

退耕还林面积分别占退耕还林任务的62.4%和24.9%，有效地减少了全省陡坡耕作面积，工程区水土流失面积大幅度下降。通过实施退耕还林工程，全省增加了林草面积83.18万公顷，覆盖度增加2.3%，局部遏制了水土流失，工程区生态环境得到了较大改善。

4.5.2 云南省地市级退耕还林工程生态效益

云南省地市级退耕还林工程生态效益物质量如表4-65所示。退耕还林面积较大的红河州、临沧市和普洱市，生态效益各分项物质量均较高。

云南省地市级退耕还林工程生态效益物质量空间分布如图4-37至图4-43所示。云南省位于我国西南边陲，高原多山，地形地貌类型多而复杂，降水量总体上较为丰富，但分布不均，年平均降水量在500～1600毫米之间，降水量由南向北逐步递减，且部分属于干热地区，水资源较为缺乏。

云南省特殊的地形地貌及气候类型影响着退耕还林工程生态效益的发挥。整体上，云南省南部地区退耕还林营造林的涵养水源物质量高于北部地区。云南省中北部的金沙江流域是水土流失较为严重的地区，西部为高山峡谷地貌特征，这些区域实施退耕还林工程后，保育土壤生态效益发挥了明显优势。云南省南部地区和东部地区降水相对较多，且地形变化较为平缓，退耕还林新造林木长势优良，林木固碳释氧和净化大气环境等生态效益较高。

云南省地市级退耕还林工程生态效益价值量及排序如表4-66所示。全省退耕还林工程生态效益总价值量为739.49亿元。红河州生态效益总价值量位于全省第一位，其价值量占全省生态效益总价值量的14.33%；西双版纳州生态效益总价值量仅占全省生态效益总价值量的1.20%。

总体上，云南省地市级退耕还林工程生态效益总价值量呈现由东向西、由南向北递减的趋势（图4-44）。在生态效益总价值量分布中，涵养水源价值量占总价值量的比重达到了47.37%；

表4-65 云南省地市级退耕还林工程生态效益物质量

地区	涵养水源	保育土壤					固碳释氧		林木积累营养物质			净化大气环境		
	水源(亿立方米/年)	固土(万吨/年)	氮(万吨/年)	磷(万吨/年)	钾(万吨/年)	有机质(万吨/年)	固碳(万吨/年)	释氧(万吨/年)	氮(百吨/年)	磷(百吨/年)	钾(百吨/年)	提供负离子($\times10^{22}$个)	吸收污染物(万千克/年)	滞尘(亿千克/年)
昆明市	1.08	184.49	0.18	0.26	2.47	0.07	12.92	31.25	12.28	3.33	5.84	32.11	761.80	10.25
昭通市	2.78	347.47	0.35	0.34	5.33	0.11	21.66	51.76	20.01	6.03	11.79	87.28	1188.02	16.07
曲靖市	1.88	331.51	0.31	0.45	4.52	0.12	23.21	56.16	20.63	6.50	11.20	54.86	1461.57	20.57
楚雄州	1.66	269.99	0.29	0.20	3.89	0.08	15.31	36.13	17.77	3.27	5.38	27.67	850.00	10.49
玉溪市	1.53	222.61	0.23	0.20	3.37	0.07	13.71	31.60	14.24	4.14	6.73	34.34	696.82	8.81
红河州	4.11	574.17	0.64	0.38	8.82	0.17	36.26	86.77	38.91	9.41	16.50	94.89	1775.36	22.19
文山州	2.55	363.17	0.39	0.18	5.87	0.12	23.32	55.93	30.91	5.72	9.92	42.21	979.12	10.89
普洱市	2.89	425.61	0.42	0.29	6.01	0.11	27.95	67.13	27.63	7.81	13.26	56.81	1630.42	21.92
西双版纳州	0.45	56.70	0.07	0.04	0.95	0.02	2.05	4.48	1.87	0.51	0.99	6.28	139.15	1.78
大理州	2.16	324.99	0.36	0.29	4.87	0.10	16.70	38.88	15.73	4.89	8.18	41.12	1075.26	14.02
保山市	1.40	214.58	0.43	0.40	3.21	0.27	13.05	30.20	9.83	4.02	5.89	36.13	876.26	11.86
德宏州	1.74	174.35	0.21	0.07	2.92	0.06	9.24	21.61	5.31	2.29	3.21	37.36	471.04	5.31
丽江市	1.14	168.03	0.18	0.12	2.58	0.05	7.53	17.16	6.24	2.04	3.32	21.09	547.60	7.08
怒江州	1.04	152.56	0.16	0.12	2.30	0.04	7.52	17.40	5.66	2.16	3.19	21.57	512.59	6.71
迪庆州	0.60	91.29	0.11	0.07	1.32	0.03	4.71	10.98	3.47	1.26	2.38	13.56	363.91	5.05
临沧市	3.41	452.17	0.50	0.34	7.03	0.14	21.37	49.12	18.76	7.27	10.72	58.88	1366.86	17.76

注：1. 表中吸收污染物是森林吸收二氧化硫、氟化物和氮氧化物的物质量总和。

2. 楚雄州、红河州、文山州、西双版纳州、大理州、德宏州、怒江州、迪庆州分别为楚雄彝族自治州、红河哈尼族彝族自治州、文山壮族苗族自治州、西双版纳傣族自治州、大理白族自治州、德宏傣族景颇族自治州、怒江傈僳族自治州、迪庆藏族自治州的简称，下同。

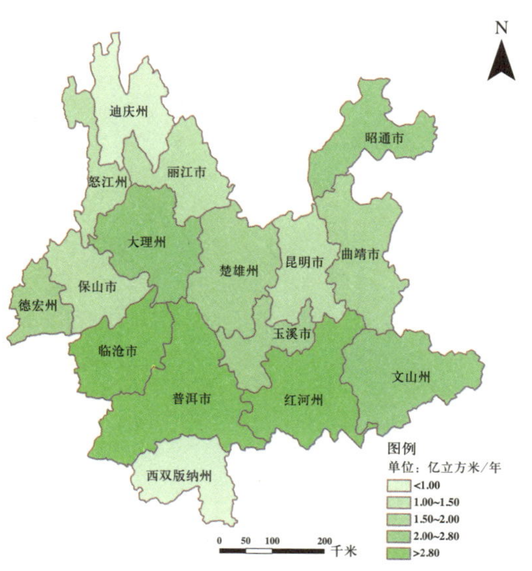

图4-37 云南省地市级涵养水源功能物质量

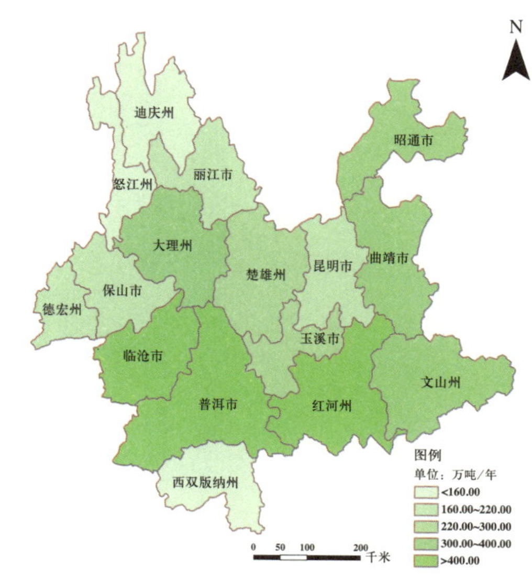

图4-38 云南省地市级固土功能物质量

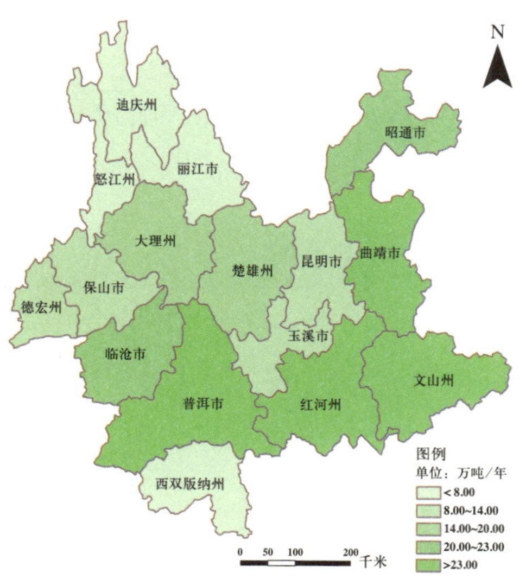

图4-39 云南省地市级固碳功能物质量

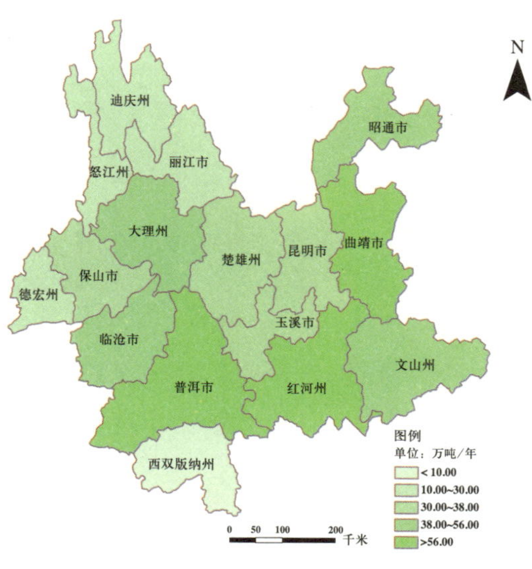

图4-40 云南省地市级释氧功能物质量

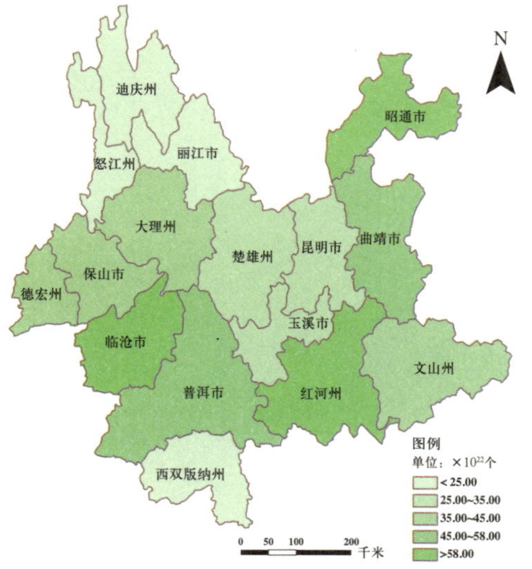

图4-41 云南省地市级提供负离子功能物质量

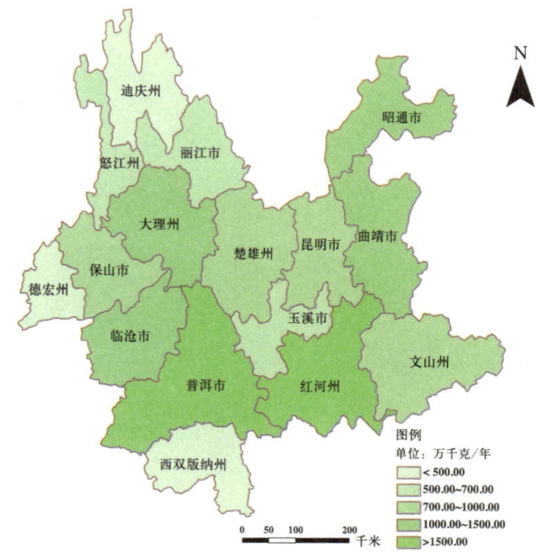

图4-42 云南省地市级吸收污染物功能物质量

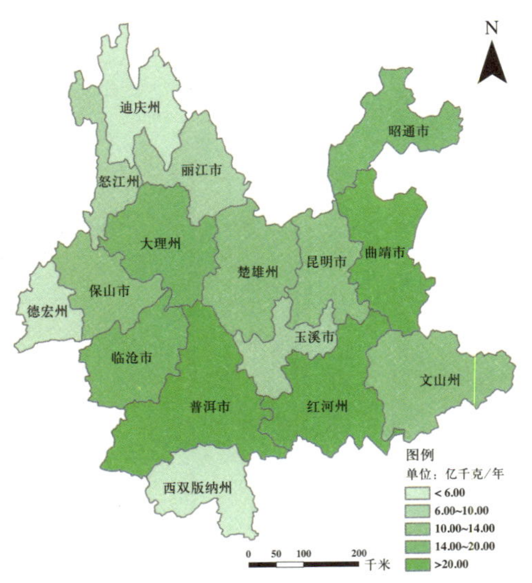

图4-43 云南省地市级滞尘功能物质量

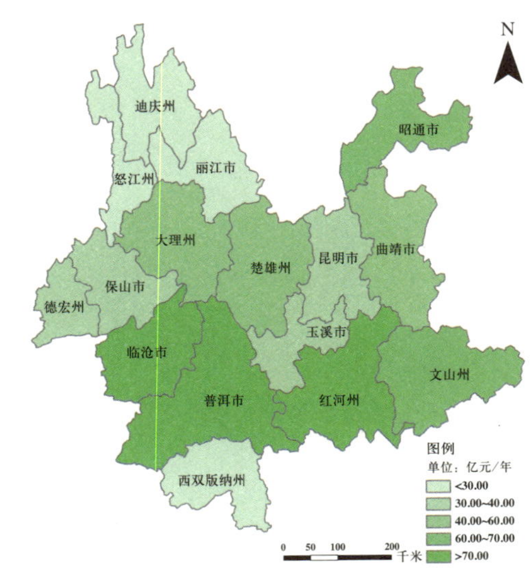

图4-44 云南省地市级生态效益总价值量空间分布

表4-66 云南省地市级退耕还林工程生态效益价值量及排序

排序	地区	涵养水源（亿元/年）	保育土壤（亿元/年）	固碳释氧（亿元/年）	林木积累营养物质（亿元/年）	净化大气环境（亿元/年）	生物多样性保护（亿元/年）	总价值（亿元/年）
1	红河州	47.35	10.35	15.93	1.22	5.47	25.66	105.98
2	临沧市	39.20	8.30	9.12	0.66	4.35	12.59	74.22
3	普洱市	33.32	7.27	12.30	0.90	5.36	11.57	70.72
4	昭通市	32.01	6.44	9.50	0.67	3.96	12.68	65.26
5	文山州	29.37	6.54	10.25	0.91	2.70	10.94	60.71
6	曲靖市	21.62	6.02	10.27	0.69	5.02	10.34	53.96
7	大理州	24.88	5.97	7.19	0.52	3.44	11.22	53.22
8	楚雄州	19.13	4.75	6.65	0.53	2.58	6.78	40.42
9	保山市	16.16	4.84	5.60	0.35	3.23	7.01	37.19
10	玉溪市	17.62	4.05	5.86	0.46	2.62	6.45	37.06
11	德宏州	20.01	3.22	3.99	0.19	1.32	5.84	34.57
12	昆明市	12.45	3.39	5.71	0.40	2.51	7.45	31.91
13	丽江市	13.11	3.04	3.19	0.21	1.74	4.39	25.68
14	怒江州	11.97	2.75	3.23	0.20	1.65	4.96	24.76
15	迪庆州	6.88	1.65	2.03	0.12	1.23	3.02	14.93
16	西双版纳州	5.22	1.07	0.84	0.06	0.44	1.27	8.90
	合计	350.30	79.65	111.66	8.09	47.62	142.17	739.49

固碳释氧和生物多样性保护功能的价值量所占比重分别为15.10%和19.23%（图4-45）。

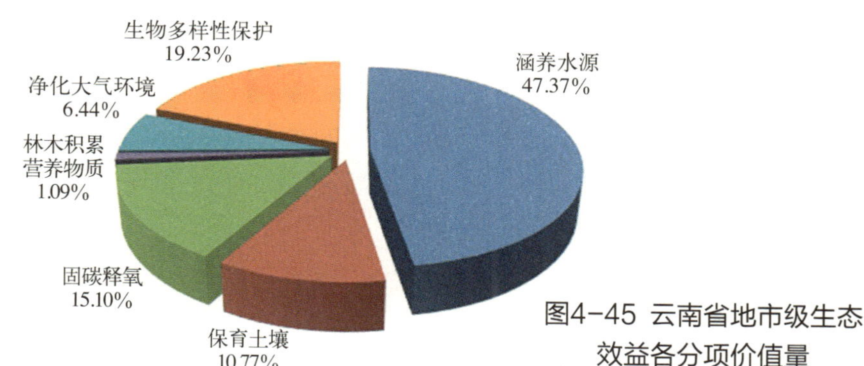

图4-45 云南省地市级生态效益各分项价值量

4.5.3 退耕还林工程三种植被恢复类型生态效益

4.5.3.1 退耕地还林生态效益

根据退耕还林工程三种植被恢复类型，分别核算云南省地市级退耕地还林、宜林荒山荒地造林、封山育林生态效益的物质量和价值量。

云南省地市级退耕地还林生态效益物质量如表4-68所示。退耕地还林生态效益物质量与各地市退耕地还林面积相关，大理州、红河州、昭通市退耕地还林面积最大，其退耕地还林面积占该州总退耕面积的比例分别为42.92%、23.91%、38.58%（表4-67）。因此大理州、红河州、昭通市退耕地还林生态效益各分项物质量均较高。

表4-67 云南省地市级退耕还林工程三种植被恢复类型退耕面积的相对比例

地 区	退耕还林比例 (%)	宜林荒山荒地造林比例 (%)	封山育林比例 (%)
红河州	23.91	60.93	15.16
临沧市	26.82	58.89	14.29
普洱市	24.27	62.38	13.35
文山州	25.62	57.61	16.77
昭通市	38.58	60.99	0.43
曲靖市	30.28	60.12	9.60
大理州	42.92	53.66	3.42
楚雄州	37.54	61.08	1.38
玉溪市	27.99	47.86	24.15
保山市	26.67	44.59	28.74
昆明市	34.93	58.57	6.50
德宏州	24.50	55.84	19.66
丽江市	34.56	57.32	8.12
怒江州	29.11	61.13	9.76
迪庆州	42.28	57.72	—
西双版纳州	44.18	55.82	—

表4-68 云南省地市级退耕地还林生态效益物质量

地区	涵养水源（万立方米/年）	保育土壤					固碳释氧		林木积累营养物质			净化大气环境		
		固土（万吨/年）	氮（万吨/年）	磷（万吨/年）	钾（万吨/年）	有机质（万吨/年）	固碳（万吨/年）	释氧（万吨/年）	氮（百吨/年）	磷（百吨/年）	钾（百吨/年）	提供负离子（$\times10^{22}$个）	吸收污染物（万千克/年）	滞尘（亿千克/年）
昆明市	3565.36	65.57	0.06	0.11	0.88	0.03	5.08	12.42	4.54	1.26	2.38	12.60	295.57	4.12
昭通市	11088.24	132.50	0.13	0.11	2.08	0.04	8.04	19.16	7.69	2.26	4.44	33.39	421.07	5.70
曲靖市	5039.81	100.31	0.09	0.10	1.38	0.03	8.65	21.33	8.75	2.20	4.16	18.26	479.66	6.79
楚雄州	6216.86	101.48	0.12	0.08	1.45	0.04	7.15	17.32	9.94	1.33	2.48	11.20	282.95	3.37
玉溪市	4640.96	66.72	0.07	0.03	1.11	0.02	5.14	12.56	6.99	1.00	2.17	11.81	177.83	2.07
红河州	10018.06	137.20	0.15	0.10	2.11	0.05	8.82	21.16	9.87	1.96	3.64	23.23	404.53	5.10
文山州	6958.60	94.74	0.11	0.05	1.59	0.03	5.81	13.85	6.86	1.17	2.44	12.54	253.69	3.01
普洱市	7212.37	102.89	0.10	0.08	1.49	0.02	5.23	12.16	3.38	1.42	2.52	12.14	426.52	5.99
西双版纳州	1998.83	25.06	0.03	0.02	0.42	0.01	0.85	1.83	0.75	0.22	0.42	2.44	59.36	0.75
大理州	9522.87	138.59	0.16	0.11	2.12	0.04	6.43	14.74	6.28	1.55	2.70	15.73	416.88	5.35
保山市	4462.54	57.29	0.06	0.05	0.88	0.02	2.73	6.27	1.86	0.66	1.15	8.67	191.86	2.52
德宏州	4380.40	42.81	0.05	0.02	0.72	0.01	2.28	5.33	1.65	0.58	0.94	11.17	104.40	1.21
丽江市	4453.30	58.31	0.07	0.04	0.96	0.02	2.21	4.87	2.35	0.48	1.00	6.04	144.14	1.73
怒江州	3581.17	44.59	0.05	0.03	0.71	0.01	1.79	4.00	1.70	0.46	0.81	6.21	116.00	1.42
迪庆州	2726.77	38.71	0.05	0.03	0.60	0.01	1.97	4.57	1.68	0.53	1.05	5.86	129.96	1.74
临沧市	9637.16	121.39	0.14	0.08	2.01	0.04	4.64	10.27	3.89	1.14	2.07	13.35	313.55	3.97

注：表中吸收污染物是森林吸收二氧化硫、氟化物和氮氧化物的物质量总和。

云南省退耕地还林生态效益总价值量及排序如表4-69所示。云南省退耕地还林每年生态效益总价值量为220.69亿元。退耕地还林面积较大的昭通市、红河州及大理州，退耕地还林生态效益总价值较高。全省生态效益总价值分布中，涵养水源价值量所占比例最高，达到49.81%；生物多样性保护和固碳释氧占全省总价值量的比例分别为16.83%和15.16%；林木积累营养物质仅占总价值量的1.11%。

表4-69 云南省地市级退耕地还林生态效益价值量及排序

排序	地区	涵养水源（亿元/年）	保育土壤（亿元/年）	固碳释氧（亿元/年）	林木积累营养物质（亿元/年）	净化大气环境（亿元/年）	生物多样性保护（亿元/年）	总价值（亿元/年）
1	昭通市	12.76	2.44	3.52	0.26	1.41	4.00	24.39
2	红河州	11.53	2.50	3.88	0.30	1.26	4.32	23.79
3	大理州	10.96	2.55	2.74	0.20	1.31	3.83	21.59
4	临沧市	11.09	2.28	1.93	0.13	0.97	3.12	19.52
5	曲靖市	5.80	1.73	3.88	0.28	1.66	3.24	16.59
6	普洱市	8.30	1.78	2.25	0.13	1.46	2.30	16.22
7	文山州	8.01	1.75	2.54	0.20	0.74	2.45	15.69
8	楚雄州	7.16	1.79	3.17	0.28	0.83	2.27	15.50
9	昆明市	4.10	1.22	2.26	0.15	1.01	2.59	11.33
10	玉溪市	5.34	1.21	2.29	0.20	0.52	1.60	11.16
11	保山市	5.14	1.05	1.16	0.06	0.62	1.61	9.64
12	丽江市	5.13	1.09	0.91	0.07	0.43	1.36	8.99
13	德宏州	5.04	0.80	0.98	0.06	0.30	1.15	8.33
14	怒江州	4.12	0.83	0.75	0.05	0.35	1.25	7.35
15	迪庆州	3.14	0.72	0.85	0.06	0.43	1.46	6.66
16	西双版纳州	2.30	0.48	0.35	0.02	0.19	0.60	3.94
	合 计	109.92	24.22	33.46	2.45	13.49	37.15	220.69

4.5.3.2 宜林荒山荒地造林生态效益

云南省地市级宜林荒山荒地造林生态效益物质量如表4-70所示。宜林荒山荒地造林生态效益物质量与各市（州）荒山荒地营造林面积相关，荒山荒地营造林面积所占比例较大的红河州、普洱市和临沧市，生态效益各分项物质量均较高。

表4-70 云南省地市级宜林荒山荒地造林生态效益物质量

地区	涵养水源 (亿立方米/年)	保育土壤					固碳释氧		林木积累营养物质			净化大气环境		
		固土 (万吨/年)	氮 (万吨/年)	磷 (万吨/年)	钾 (万吨/年)	有机质 (万吨/年)	固碳 (万吨/年)	释氧 (万吨/年)	氮 (百吨/年)	磷 (百吨/年)	钾 (百吨/年)	提供负离子 ($\times 10^{22}$个)	吸收污染物 (万千克/年)	滞尘 (亿千克/年)
昆明市	0.70	111.57	0.12	0.15	1.51	0.04	7.37	17.72	7.58	1.93	3.33	18.24	423.77	5.50
昭通市	1.65	213.47	0.22	0.23	3.22	0.07	13.51	32.34	12.20	3.74	7.28	53.15	763.74	10.33
曲靖市	1.21	199.49	0.19	0.31	2.78	0.08	12.41	29.64	10.29	3.05	5.62	30.55	820.85	11.46
楚雄州	1.03	164.85	0.17	0.12	2.40	0.05	7.93	18.27	7.75	1.87	2.84	15.87	544.84	6.79
玉溪市	0.77	105.59	0.11	0.10	1.63	0.03	5.02	11.55	4.50	1.26	2.36	13.97	323.30	4.10
红河州	2.53	350.08	0.40	0.22	5.43	0.10	20.50	48.60	22.33	5.01	8.96	54.86	1070.01	13.42
文山州	1.43	217.02	0.22	0.10	3.53	0.08	15.18	36.73	21.09	3.22	5.86	23.63	586.33	6.43
普洱市	1.68	265.75	0.27	0.18	3.71	0.07	18.63	45.09	20.36	4.16	7.76	32.27	999.10	13.34
西双版纳州	0.25	31.64	0.04	0.02	0.53	0.01	1.20	2.65	1.12	0.30	0.57	3.84	79.79	1.03
大理州	1.16	175.33	0.19	0.17	2.60	0.05	9.68	22.77	9.16	3.08	5.24	23.83	604.92	7.92
保山市	0.64	95.92	0.10	0.10	1.35	0.04	5.80	13.80	4.37	1.36	2.47	16.13	400.70	5.42
德宏州	0.99	97.26	0.12	0.04	1.63	0.03	4.90	11.37	2.26	1.16	1.44	19.85	264.60	2.93
丽江市	0.67	96.27	0.10	0.07	1.45	0.03	4.48	10.28	3.63	1.27	2.10	12.83	322.02	4.13
怒江州	0.58	93.15	0.09	0.08	1.38	0.02	4.95	11.57	3.44	1.42	2.10	12.85	339.64	4.54
迪庆州	0.32	52.58	0.06	0.05	0.73	0.02	2.75	6.40	1.79	0.73	1.33	7.70	233.95	3.32
临沧市	2.00	266.54	0.30	0.22	4.20	0.09	12.31	28.19	10.64	2.96	5.24	32.44	783.69	10.18

注：表中吸收污染物是森林吸收二氧化硫、氟化物和氮氧化物的物质量总和。

云南省地市级宜林荒山荒地造林生态效益总价值量及各分项价值量如表4-71所示，云南省地市级宜林荒山荒地造林每年的生态效益总价值量为428.08亿元。红河州、临沧市、普洱市，宜林荒山荒地造林生态效益总价值较高。生态效益总价值分布中，涵养水源价值量所占比例最高，达到47.41%；生物多样性保护和固碳释氧占全省总价值量的比例分别为19.50%和14.92%；林木积累营养物质仅占总价值量的1.06%。

表4-71　云南省地市级宜林荒山荒地造林生态效益价值量及排序

排序	地区	涵养水源（亿元/年）	保育土壤（亿元/年）	固碳释氧（亿元/年）	林木积累营养物质（亿元/年）	净化大气环境（亿元/年）	生物多样性保护（亿元/年）	总价值（亿元/年）
1	红河州	29.14	6.34	8.94	0.69	3.31	14.70	63.12
2	临沧市	22.97	4.96	5.24	0.35	2.50	7.07	43.09
3	普洱市	19.30	4.53	8.24	0.61	3.26	6.76	42.70
4	昭通市	19.04	3.97	5.93	0.41	2.55	8.65	40.55
5	文山州	16.49	3.90	6.72	0.60	1.59	6.20	35.50
6	曲靖市	13.90	3.75	5.44	0.34	2.80	6.30	32.53
7	大理州	13.35	3.23	4.20	0.31	1.94	7.14	30.17
8	楚雄州	11.89	2.90	3.39	0.24	1.66	4.45	24.53
9	昆明市	8.10	2.04	3.25	0.24	1.35	4.72	19.70
10	德宏州	11.42	1.80	2.11	0.09	0.73	3.04	19.19
11	玉溪市	8.89	1.96	2.14	0.15	1.01	3.19	17.34
12	保山市	7.42	1.72	2.54	0.15	1.33	2.99	16.15
13	丽江市	7.67	1.74	1.91	0.13	1.01	2.80	15.26
14	怒江州	6.70	1.66	2.14	0.12	1.11	3.25	14.98
15	迪庆州	3.74	0.94	1.18	0.07	0.81	1.56	8.30
16	西双版纳州	2.92	0.59	0.50	0.04	0.25	0.67	4.97
	合 计	202.94	46.03	63.87	4.54	27.21	83.49	428.08

4.5.3.3 封山育林生态效益

云南省地市级封山育林生态效益物质量如表4-72所示，封山育林生态效益物质量与各市（州）封山育林面积相关，封山育林面积较大的红河州、临沧市和保山市，生态效益各分项物质量均较高。

表4-72 云南省地市级封山育林生态效益物质量

地区	涵养水源（万立方米/年）	保育土壤					固碳释氧		林木积累营养物质			净化大气环境		
		固土（万吨/年）	氮（万吨/年）	磷（万吨/年）	钾（万吨/年）	有机质（万吨/年）	固碳（万吨/年）	释氧（万吨/年）	氮（吨/年）	磷（吨/年）	钾（吨/年）	提供负离子（$\times10^{22}$个）	吸收污染物（万千克/年）	滞尘（亿千克/年）
昆明市	218.48	7.34	58.94	77.04	886.50	14.02	0.47	1.11	16.21	14.83	12.90	1.26	42.46	0.63
昭通市	174.80	1.50	13.48	10.18	254.53	4.09	0.11	0.26	11.13	3.06	6.11	0.74	3.21	0.04
曲靖市	1669.74	31.70	260.84	463.16	3643.10	87.00	2.15	5.18	160.07	124.65	141.61	6.05	161.06	2.32
楚雄州	74.65	3.66	28.59	29.69	439.78	4.91	0.23	0.55	7.21	7.71	5.66	0.61	22.21	0.33
玉溪市	2940.73	50.30	493.44	622.33	6354.38	122.34	3.55	7.49	275.42	188.32	220.20	8.56	195.69	2.64
红河州	5811.44	86.90	884.01	569.01	12699.15	205.97	6.94	17.00	671.26	244.36	389.32	16.81	300.82	3.68
文山州	4230.26	51.41	596.27	281.76	7514.66	134.27	2.34	5.34	296.58	133.72	162.90	6.04	139.11	1.45
普洱市	4965.27	56.97	552.33	340.00	8059.13	123.60	4.08	9.89	388.71	222.13	298.38	12.40	204.80	2.60
西双版纳州	—	—	—	—	—	—	—	—	—	—	—	—	—	—
大理州	496.13	11.08	97.81	78.96	1450.36	19.57	0.59	1.37	29.48	25.83	23.70	1.56	53.47	0.75
保山市	3132.62	61.38	2614.35	2506.88	9782.15	2153.55	4.53	10.13	359.29	200.86	226.26	11.34	283.70	3.91
德宏州	3083.68	34.29	396.84	145.73	5587.89	102.50	2.07	4.91	140.27	53.84	82.91	6.34	102.04	1.16
丽江市	273.72	13.44	104.81	108.85	1612.52	18.01	0.84	2.02	26.44	28.26	20.77	2.22	81.44	1.22
怒江州	992.55	14.82	166.50	84.06	2124.10	37.09	0.78	1.82	52.38	27.82	28.10	2.51	56.94	0.74
迪庆州	—	—	—	—	—	—	—	—	—	—	—	—	—	—
临沧市	4460.62	64.24	630.80	476.33	8146.91	143.09	4.42	10.66	423.75	316.32	341.31	13.09	269.62	3.60

注：表中吸收污染物是森林吸收二氧化硫、氟化物和氮氧化物的物质量总和。

云南省地市级封山育林生态效益总价值量及排序如表4-73所示。云南省全省封山育林每年的生态效益总价值量为90.72亿元。红河州、临沧市、普洱市，封山育林生态效益总价值量较高。生态效益总价值量分布中，涵养水源和生物多样性保护价值量所占比例最高，分别为41.27%和23.73%。

云南省南部和东部温润多雨地区，如红河州、普洱市、德宏州和临沧市，不同植被恢复类型生态效益价值量较高；而处于干热地区的丽江市、楚雄州、玉溪市和怒江州等地区，不同植被恢复类型生态效益价值量较低。

表4-73 云南省地市级封山育林生态效益价值量及排序

排序	地区	涵养水源（亿元/年）	保育土壤（亿元/年）	固碳释氧（亿元/年）	林木积累营养物质（亿元/年）	净化大气环境（亿元/年）	生物多样性保护（亿元/年）	总价值（亿元/年）
1	红河州	6.69	1.51	3.10	0.23	0.91	6.65	19.09
2	普洱市	5.72	0.96	1.81	0.15	0.64	2.52	11.81
3	临沧市	5.13	1.05	1.95	0.13	0.88	2.40	11.59
4	保山市	3.61	2.06	1.90	0.14	1.28	2.42	11.41
5	文山州	4.87	0.90	0.99	0.12	0.36	2.29	9.52
6	玉溪市	3.38	0.88	1.43	0.12	1.09	1.65	8.55
7	德宏州	3.55	0.62	0.90	0.05	0.29	1.65	7.06
8	曲靖市	1.92	0.54	0.95	0.06	0.57	0.81	4.85
9	怒江州	1.14	0.26	0.34	0.02	0.18	0.46	2.40
10	大理州	0.57	0.18	0.25	0.01	0.18	0.25	1.44
11	丽江市	0.32	0.21	0.37	0.01	0.30	0.23	1.44
12	昆明市	0.25	0.12	0.20	0.01	0.15	0.12	0.85
13	楚雄州	0.09	0.08	0.10	<0.01	0.08	0.06	0.40
14	昭通市	0.20	0.03	0.05	<0.01	0.01	0.02	0.31
15	西双版纳州	—	—	—	—	—	—	—
16	迪庆州	—	—	—	—	—	—	—
	合计	37.44	9.40	14.33	1.10	6.92	21.53	90.72

4.5.4 退耕还林工程不同林种类型生态效益

4.5.4.1 生态林生态效益

根据退耕还林工程不同林种类型，分别核算了云南省地市级生态林、经济林、灌木林生态效益的物质量和价值量。

云南省地市级退耕还林工程生态林生态效益物质量如表4-75所示，生态林生态效益物质量与市（州）退耕还林工程生态林营造面积相关。红河州、普洱市、曲靖市在全省范围内生态林营造面积较高，分别为占到总面积的63.00%、75.26%、76.15%（表4-74），因此生态效益各分项物质量均较高。而西双版纳州生态林营造面积仅有0.31万公顷，其生态效益各分项物质量均较低。

表4-74 云南省地市级退耕还林工程不同林种类型营造面积的相对比例

地 区	生态林比例 (%)	经济林比例 (%)	灌木林比例 (%)
红河州	63.00	27.31	9.69
临沧市	44.68	53.90	1.42
普洱市	75.26	23.20	1.54
文山州	52.49	19.72	27.79
昭通市	67.77	22.72	9.51
曲靖市	76.15	22.07	1.78
大理州	45.36	36.82	17.82
楚雄州	44.35	25.14	30.51
玉溪市	57.79	24.15	18.06
保山市	78.62	15.08	6.30
昆明市	76.44	8.98	14.58
德宏州	80.36	14.33	5.31
丽江市	37.81	37.46	24.73
怒江州	50.31	34.95	14.74
迪庆州	57.04	34.62	8.34
西双版纳州	20.13	78.76	1.11

云南省地市级退耕还林工程生态林生态效益价值量及排序如表4-76所示。云南省地市级退耕还林工程生态林每年的生态效益总价值量为435.51亿元。生态林营造面积较大的红河州、普洱市及曲靖市，生态效益总价值量位于全省前三位。西双版纳州生态效益总价值量在全省范围最低，每年仅有1.70亿元。生态效益总价值量分布中，涵养水源和生物多样性保护价值量所占比例较高，分别为37.37%和23.13%。而林木积累营养物质所占比例仅为1.46%。

表4-75 云南省地市级退耕还林工程生态林生态效益物质量

地区	涵养水源(亿立方米/年)	保育土壤					固碳释氧		林木积累营养物质			净化大气环境		
		固土(万吨/年)	氮(万吨/年)	磷(万吨/年)	钾(万吨/年)	有机质(万吨/年)	固碳(万吨/年)	释氧(万吨/年)	氮(百吨/年)	磷(百吨/年)	钾(百吨/年)	提供负离子($\times10^{22}$个)	吸收污染物(万千克/年)	滞尘(亿千克/年)
昆明市	0.73	140.41	0.13	0.24	1.76	0.06	11.76	28.92	11.28	3.06	5.29	29.23	653.59	9.05
昭通市	0.80	143.20	0.14	0.21	1.90	0.05	12.13	29.88	10.63	3.46	6.64	33.29	733.87	10.50
曲靖市	1.23	251.02	0.21	0.40	3.16	0.09	21.12	51.98	18.84	6.01	10.22	48.71	1285.79	18.38
楚雄州	0.45	118.17	0.12	0.10	1.41	0.04	11.37	28.31	14.41	2.35	3.54	18.14	482.21	6.35
玉溪市	0.57	110.08	0.10	0.12	1.51	0.04	10.02	23.71	10.86	3.22	4.88	19.57	434.46	5.75
红河州	1.95	322.17	0.36	0.21	4.60	0.10	28.02	69.19	31.38	7.35	12.36	61.13	1206.15	15.33
文山州	1.11	183.00	0.19	0.06	2.94	0.07	18.55	46.34	26.80	4.59	7.67	30.03	540.01	5.98
普洱市	1.95	311.89	0.29	0.21	4.08	0.07	24.69	60.45	24.76	7.02	11.69	45.36	1382.93	18.82
西双版纳州	0.06	8.55	0.01	<0.01	0.13	<0.01	0.69	1.69	0.68	0.19	0.34	1.50	35.46	0.47
大理州	0.73	145.31	0.16	0.18	1.88	0.05	12.09	29.72	11.81	3.81	6.02	29.16	659.90	9.13
保山市	1.03	167.51	0.37	0.37	2.42	0.26	11.82	27.72	8.76	3.73	5.31	32.68	768.27	10.58
德宏州	1.24	120.95	0.15	0.04	2.02	0.04	7.00	16.57	3.15	1.69	2.02	25.61	351.71	3.85
丽江市	0.28	61.38	0.06	0.05	0.81	0.02	4.73	11.54	3.83	1.37	1.99	13.55	297.51	4.17
怒江州	0.37	71.48	0.07	0.07	0.95	0.02	5.22	12.68	3.64	1.61	2.08	14.06	327.08	4.50
迪庆州	0.28	51.74	0.06	0.05	0.66	0.02	3.70	8.96	2.61	1.02	1.91	10.80	275.11	3.97
临沧市	1.35	198.77	0.20	0.17	2.73	0.06	14.78	35.97	13.12	5.72	7.63	39.16	819.62	10.85

注：表中吸收污染物是森林吸收二氧化硫、氟化物和氮氧化物的物质量总和。

表4-76 云南省地市级退耕还林工程生态林生态效益价值量及排序

排序	地区	涵养水源(亿元/年)	保育土壤(亿元/年)	固碳释氧(亿元/年)	林木积累营养物质(亿元/年)	净化大气环境(亿元/年)	生物多样性保护(亿元/年)	总价值(亿元/年)
1	红河州	22.50	5.61	12.58	0.97	3.77	20.12	65.55
2	普洱市	22.47	5.10	11.02	0.80	4.60	9.58	53.57
3	曲靖市	14.14	4.49	9.46	0.63	4.48	8.91	42.11
4	临沧市	15.59	3.44	6.57	0.48	2.66	8.29	37.03
5	文山州	12.78	3.22	8.40	0.78	1.48	6.25	32.91
6	保山市	11.80	3.95	5.12	0.32	2.91	6.01	30.11
7	昭通市	9.23	2.62	5.43	0.36	2.56	8.55	28.75
8	大理州	8.35	2.59	5.41	0.40	2.23	7.28	26.26
9	德宏州	14.29	2.22	3.05	0.12	0.96	4.80	25.44
10	昆明市	8.40	2.58	5.26	0.36	2.21	6.28	25.09
11	玉溪市	6.55	1.95	4.36	0.35	1.85	3.90	18.96
12	楚雄州	5.22	1.95	5.13	0.41	1.56	2.90	17.17
13	怒江州	4.30	1.22	2.32	0.13	1.10	3.24	12.31
14	丽江市	3.26	1.05	2.10	0.13	1.02	1.93	9.49
15	迪庆州	3.22	0.90	1.64	0.09	0.97	2.24	9.06
16	西双版纳州	0.64	0.15	0.31	0.02	0.12	0.46	1.70
	合 计	162.74	43.04	88.16	6.35	34.48	100.74	435.51

4.5.4.2 经济林生态效益

云南省地市级退耕还林工程经济林生态效益物质量如表4-77所示，经济林营造面积较大的临沧市、红河州、大理州，生态效益各分项物质量均较高。

云南省退耕还林工程经济林生态效益价值量及排序如表4-78所示。云南省退耕还林工程经济林每年的生态效益总价值量为181.28亿元。经济林营造面积较大的临沧市、红河州及大理州，生态效益总价值量位于全省前三位。昆明市经济林营造面积只有0.44万公顷，其生态效益总价值在全省范围内最低。生态效益总价值量分布中，涵养水源价值所占比例高达63.50%。

表4-77 云南省地市级退耕还林工程经济林生态效益物质量

地区	涵养水源（亿立方米/年）	保育土壤					固碳释氧		林木积累营养物质			净化大气环境		
		固土（万吨/年）	氮（万吨/年）	磷（万吨/年）	钾（万吨/年）	有机质（万吨/年）	固碳（万吨/年）	释氧（万吨/年）	氮（百吨/年）	磷（百吨/年）	钾（百吨/年）	提供负离子（$\times10^{22}$个）	吸收污染物（万千克/年）	滞尘（亿千克/年）
昆明市	0.13	16.53	0.02	0.01	0.28	0.01	0.42	0.84	0.36	0.10	0.20	1.24	35.48	0.45
昭通市	0.64	79.65	0.10	0.05	1.35	0.03	2.04	4.05	1.74	0.48	0.95	5.97	170.98	2.17
曲靖市	0.60	73.89	0.09	0.05	1.26	0.02	1.89	3.76	1.61	0.44	0.88	5.54	158.61	2.01
楚雄州	0.55	68.23	0.08	0.05	1.16	0.02	1.75	3.47	1.49	0.41	0.82	5.11	146.47	1.86
玉溪市	0.43	53.83	0.06	0.04	0.92	0.02	1.38	2.74	1.17	0.32	0.64	4.03	115.55	1.47
红河州	1.27	157.36	0.19	0.11	2.68	0.05	4.03	8.00	3.43	0.94	1.88	11.79	337.79	4.29
文山州	0.59	73.35	0.09	0.05	1.25	0.02	1.88	3.73	1.60	0.44	0.88	5.50	157.46	2.00
普洱市	0.80	99.70	0.12	0.07	1.69	0.03	2.56	5.07	2.17	0.60	1.19	7.47	214.01	2.72
西双版纳州	0.36	44.71	0.05	0.03	0.76	0.01	1.15	2.27	0.97	0.27	0.54	3.35	95.97	1.22
大理州	0.98	121.00	0.15	0.08	2.06	0.04	3.10	6.15	2.64	0.72	1.45	9.07	259.74	3.30
保山市	0.26	32.72	0.04	0.02	0.56	0.01	0.84	1.66	0.71	0.20	0.39	2.45	70.24	0.89
德宏州	0.20	25.13	0.03	0.02	0.43	0.01	0.64	1.28	0.55	0.15	0.30	1.88	53.94	0.68
丽江市	0.51	63.29	0.08	0.04	1.08	0.02	1.62	3.22	1.38	0.38	0.76	4.74	135.87	1.72
怒江州	0.43	53.64	0.06	0.04	0.91	0.02	1.38	2.73	1.17	0.32	0.64	4.02	115.15	1.46
迪庆州	0.26	31.88	0.04	0.02	0.54	0.01	0.82	1.62	0.69	0.19	0.38	2.39	68.43	0.87
临沧市	1.98	244.80	0.29	0.17	4.16	0.08	6.28	12.45	5.34	1.46	2.93	18.35	525.49	6.67

注：表中吸收污染物是森林吸收二氧化硫、氟化物和氮氧化物的物质量总和。

表4-78 云南省地市级退耕还林工程经济林生态效益价值量及排序

排序	地区	涵养水源(亿元/年)	保育土壤(亿元/年)	固碳释氧(亿元/年)	林木积累营养物质(亿元/年)	净化大气环境(亿元/年)	生物多样性保护(亿元/年)	总价值(亿元/年)
1	临沧市	22.73	4.70	2.42	0.17	1.63	4.05	35.70
2	红河州	14.61	3.02	1.56	0.11	1.05	2.87	23.22
3	大理州	11.24	2.32	1.20	0.09	0.81	2.00	17.66
4	普洱市	9.26	1.92	0.99	0.07	0.67	1.65	14.56
5	昭通市	7.40	1.53	0.79	0.06	0.53	1.45	11.76
6	曲靖市	6.86	1.42	0.73	0.05	0.49	1.22	10.77
7	文山州	6.81	1.41	0.73	0.05	0.49	1.22	10.71
8	楚雄州	6.34	1.31	0.67	0.05	0.46	1.13	9.96
9	丽江市	5.88	1.22	0.63	0.05	0.42	1.05	9.25
10	玉溪市	5.00	1.03	0.53	0.04	0.36	0.89	7.85
11	怒江州	4.98	1.03	0.53	0.04	0.36	0.89	7.83
12	西双版纳州	4.15	0.86	0.44	0.03	0.30	0.74	6.52
13	保山市	3.04	0.63	0.32	0.02	0.22	0.54	4.77
14	迪庆州	2.96	0.61	0.32	0.02	0.21	0.53	4.65
15	德宏州	2.33	0.48	0.25	0.02	0.17	0.42	3.67
16	昆明市	1.53	0.32	0.16	0.01	0.11	0.27	2.40
	合 计	115.12	23.81	12.27	0.88	8.28	20.92	181.28

4.5.4.3 灌木林生态效益

云南省地市级退耕还林工程灌木林生态效益物质量如表4-79所示，灌木林营造面积较大的文山州、楚雄州、大理州，生态效益各分项物质量均较高。

云南省地市级退耕还林工程灌木林生态效益价值量及排序如表4-80所示。云南省地市级退耕还林工程灌木林每年的生态效益总价值量为81.78亿元。灌木林营造面积较大的文山州、楚雄州以及大理州，生态效益总价值量位于全省前三位。西双版纳州灌木林营造面积只有0.02万公顷，其生态效益总价值在全省范围内最低，每年仅为0.10亿元。生态效益总价值量分布中，涵养水源价值所占比例高达56.65%。

表4-79 云南省地市级退耕还林工程灌木林生态效益物质量

地区	涵养水源 (万立方米/年)	保育土壤					固碳释氧		林木积累营养物质			净化大气环境		
		固土 (万吨/年)	氮 (万吨/年)	磷 (万吨/年)	钾 (万吨/年)	有机质 (万吨/年)	固碳 (万吨/年)	释氧 (万吨/年)	氮 (百吨/年)	磷 (百吨/年)	钾 (百吨/年)	提供负离子 ($\times 10^{22}$个)	吸收污染物 (万千克/年)	滞尘 (亿千克/年)
昆明市	2103.07	26.87	0.03	0.02	0.42	0.01	0.69	1.37	0.59	0.16	0.32	1.30	71.27	0.73
昭通市	2420.63	30.92	0.03	0.02	0.49	0.01	0.79	1.57	0.67	0.19	0.37	1.49	82.04	0.84
曲靖市	464.84	5.94	0.01	<0.01	0.09	<0.01	0.15	0.30	0.13	0.04	0.07	0.29	15.75	0.16
楚雄州	6475.42	82.72	0.09	0.05	1.31	0.02	2.12	4.21	1.80	0.50	0.99	3.99	219.46	2.25
玉溪市	3214.08	41.06	0.04	0.02	0.65	0.01	1.05	2.09	0.90	0.25	0.49	1.98	108.93	1.12
红河州	4369.59	55.82	0.06	0.03	0.88	0.01	1.43	2.84	1.22	0.33	0.67	2.69	148.09	1.52
文山州	8094.44	103.41	0.11	0.06	1.63	0.03	2.65	5.26	2.25	0.62	1.24	4.99	274.33	2.82
普洱市	521.02	6.66	0.01	<0.01	0.11	<0.01	0.17	0.34	0.15	0.04	0.08	0.32	17.66	0.18
西双版纳州	49.42	0.63	<0.01	<0.01	0.01	<0.01	0.02	0.03	0.01	<0.01	0.01	0.03	1.67	0.02
大理州	4583.03	58.55	0.06	0.03	0.92	0.01	1.50	2.98	1.28	0.35	0.70	2.82	155.32	1.60
保山市	1071.27	13.69	0.01	0.01	0.22	<0.01	0.35	0.70	0.30	0.08	0.16	0.66	36.31	0.37
德宏州	728.45	9.31	0.01	0.01	0.15	<0.01	0.24	0.47	0.20	0.06	0.11	0.45	24.69	0.25
丽江市	3269.88	41.77	0.04	0.02	0.66	0.01	1.07	2.12	0.91	0.25	0.50	2.01	110.82	1.14
怒江州	1770.58	22.62	0.02	0.01	0.36	0.01	0.58	1.15	0.49	0.14	0.27	1.09	60.01	0.62
迪庆州	601.12	7.68	0.01	<0.01	0.12	<0.01	0.20	0.39	0.17	0.05	0.09	0.37	20.37	0.21
临沧市	506.71	6.47	0.01	<0.01	0.10	<0.01	0.17	0.33	0.14	0.04	0.08	0.31	17.17	0.18

注：表中吸收污染物是森林吸收二氧化硫、氟化物和氮氧化物的物质量总和。

表4-80 云南省地市级退耕还林工程灌木林生态效益价值量及排序

排序	地区	涵养水源 (亿元/年)	保育土壤 (亿元/年)	固碳释氧 (亿元/年)	林木积累营养物质 (亿元/年)	净化大气环境 (亿元/年)	生物多样性保护 (亿元/年)	总价值 (亿元/年)
1	文山州	9.32	1.85	1.02	0.07	0.70	3.43	16.39
2	楚雄州	7.45	1.48	0.82	0.06	0.56	2.74	13.11
3	大理州	5.28	1.05	0.58	0.04	0.40	1.94	9.29
4	红河州	5.03	1.00	0.55	0.04	0.38	2.03	9.03
5	丽江市	3.76	0.75	0.41	0.03	0.28	1.38	6.61
6	玉溪市	3.70	0.74	0.41	0.03	0.28	1.36	6.52
7	昭通市	2.79	0.55	0.31	0.02	0.21	1.13	5.01
8	昆明市	2.42	0.48	0.27	0.02	0.18	0.89	4.26
9	怒江州	2.04	0.40	0.22	0.02	0.15	0.75	3.58
10	保山市	1.23	0.25	0.14	0.01	0.09	0.45	2.17
11	德宏州	0.84	0.17	0.09	0.01	0.06	0.31	1.48
12	迪庆州	0.69	0.14	0.08	0.01	0.05	0.25	1.22
13	普洱市	0.60	0.12	0.07	<0.01	0.04	0.22	1.05
14	临沧市	0.58	0.12	0.06	<0.01	0.04	0.21	1.01
15	曲靖市	0.54	0.11	0.06	<0.01	0.04	0.20	0.95
16	西双版纳州	0.06	0.01	0.01	<0.01	<0.01	0.02	0.10
	合 计	46.33	9.22	5.10	0.36	3.46	17.31	81.78

云南位于我国西南边陲，地形以山地为主，山地面积占全省总面积的94%（张逊恒等，2011）。据统计，退耕还林工程实施前全省沙化面积已达8万多公顷，水土流失面积14.6万平方千米，占全省土地总面积的37%。金沙江流域水土流失面积达4.7万平方千米，占流域面积的43%，年输沙量达26亿吨（赵俊臣，2001）。退耕还林工程的实施，有效地减少了陡坡耕地面积。据退耕还林生态效益监测站监测，25度以上陡坡地营造生态林，其径流量下降82%，径流中泥沙含量下降98%（云南省林业厅退耕还林办公室，2009），荒山荒地造林径流率下降

71.67%，退耕地还林径流率下降59.81%，地表径流与退耕还林前相比有显著下降，全省减少土壤流失量3124万吨，乔木林地有机质比未退耕地增加41.66%，全氮含量由0.08%增加到0.11%（杞银凤，2006）。

云南省地处低纬度高原，地形地貌复杂，地势自西北向东南分三大阶梯递降。云南省主要受南孟加拉高压气流影响形成的高原季风气候控制，大部分地区年平均降水量在1100毫米左右，南部地区可达1600毫米以上。但由于冬夏两季受不同大气环流的控制和影响，降水量在不同地区的分配极不均匀，尤其是滇中腹地坝区和河谷地带形成了典型的干旱、半干旱地区，滇西的怒江流域，滇中的金沙江和红河流域，滇北的金沙江流域，以及滇东的珠江流域等地区的深切河谷和盆地地区，属于云南省干热地区，共涉及41个县，年平均降水量500～900毫米，蒸发量1300～2500毫米，极大地限制了退耕还林工程在该区域生态效益的发挥。

云南省金沙江干热干旱河谷地区以中山地貌为主，地势陡峻，岩石破碎，加之干湿季节分明，风化强烈，夏季有多暴雨，水土流失严重，山洪、泥石流等自然灾害频繁，其中尤以干热河谷地段最为突出。该地区应以人工造林措施为主，在高温、土壤水分亏缺等人工造林与植被天然恢复极为困难的地段，积极营造灌木林；对土层较厚的阴坡地段，在雨季用容器苗造林，固土稳坡，防止坡面受到侵蚀。

云南省退耕还林工程的另外一个特点就是生态林营造比例相对于其他各省较小，仅占57%左右，因此在很大程度上影响了退耕还林生态效益的发挥。在多种因素的影响下，云南省退耕还林工程生态效益呈现由南部到北部、由东部到西部递减的趋势。

4.6 甘肃省

4.6.1 甘肃省退耕还林工程资源概况

甘肃省退耕还林工程实施以来，共惠及了全省14个市（州）86个区（县）166万农户728万农村人口。截至2013年年末，甘肃省累计完成退耕还林工程建设任务189.69万公顷，其中，退耕地还林面积占总面积的35.26%，宜林荒山荒地造林面积占56.42%，封山育林面积占到8.32%，林种类型方面，生态林占到总面的58.06%，经济林占16.64%，灌木林占25.30%。

甘肃省退耕还林工程的主要树种如表4-81所示，生态林中落叶松营造面积17.41万公顷，刺槐营造面积54.76万公顷，油松营造面积9.15万公顷，经济林主要以山杏为主，营造面积22.85万公顷。

表4-81 甘肃省主要退耕还林树种

林种类型	主要树种
经济林	板栗、樱桃、花椒、山杏、仁用杏、柿、杜仲、山桃、杏树、桃树、苹果、梨树、葡萄、漆树、油桃、枸杞、山楂、油橄榄
灌木林	灌木林
生态林	云杉、落叶松、油松、华山松、其他松类、柏木、栎类、榆树、泡桐、杨树、刺槐、柳树、栎类、桦木、其他硬阔类、其他软阔类、针叶混交林、阔叶混交林、针阔混交林

10年来，退耕还林工程使得甘肃省林地总面积增加40%，工程区的土壤侵蚀量从2005年的每公顷241.88吨降低到2011年的每公顷2.84吨；土壤孔隙度从2005年的55%增加到2011年的55.46%（甘肃省2011年生态效益监测报告，2012）。退耕还林地林木长势良好，树高和胸径呈稳定增长态势，在涵养水源、保育土壤、改善生态等方面发挥了显著的作用。

4.6.2 甘肃省地市级退耕还林工程生态效益

甘肃省地市级退耕还林工程生态效益物质量如表4-82所示。退耕还林面积较大的平凉市、陇南市、庆阳市、天水市和定西市，其生态效益各分项物质量均较高。

表4-82 甘肃省地市级退耕还林工程生态效益物质量

地区	涵养水源（万立方米/年）	保育土壤					固碳释氧		林木积累营养物质			净化大气环境		
		固土（万吨/年）	氮（万吨/年）	磷（万吨/年）	钾（万吨/年）	有机质（万吨/年）	固碳（万吨/年）	释氧（万吨/年）	氮（百吨/年）	磷（百吨/年）	钾（百吨/年）	提供负离子（$\times10^{22}$个）	吸收污染物（万千克/年）	滞尘（亿千克/年）
白银市	24355.40	437.24	1.30	0.42	8.02	0.30	13.25	26.71	17.12	1.74	5.51	31.29	1268.18	14.05
定西市	38489.23	784.01	3.48	2.03	25.42	0.46	29.75	64.23	35.31	3.72	12.82	119.27	2737.50	36.64
甘南州	5471.65	122.80	0.43	0.27	3.22	0.07	4.73	10.17	4.79	0.60	2.25	29.80	465.87	8.83
金昌市	3382.73	66.02	0.20	0.06	1.24	0.05	3.12	6.84	3.84	0.44	2.39	11.22	233.05	3.00
酒泉市	7784.94	155.91	0.53	0.14	3.23	0.13	5.71	11.99	8.38	0.85	3.75	12.47	485.42	5.02
兰州市	8690.12	178.98	0.60	0.18	3.74	0.14	5.73	11.80	8.74	0.85	2.94	14.67	570.38	5.99
嘉峪关市	679.72	11.95	0.04	0.01	0.22	0.01	0.48	1.02	0.60	0.07	0.30	1.17	37.33	0.40
临夏州	20519.05	356.69	1.04	0.49	7.55	0.20	13.36	28.61	16.76	1.64	5.95	48.16	1109.98	14.27
陇南市	40152.98	743.94	3.85	3.35	34.17	0.22	40.14	92.06	32.77	4.15	17.53	190.95	3346.24	55.42
平凉市	62107.43	931.64	2.91	1.42	23.25	0.40	49.07	112.77	93.69	6.58	25.81	203.24	2763.70	35.26
庆阳市	55393.13	964.97	2.39	0.86	18.48	0.49	43.16	96.39	78.38	6.07	22.40	226.69	2978.08	34.50
天水市	42292.70	734.36	3.20	2.20	26.32	0.28	38.35	87.99	56.73	4.68	18.59	170.34	2596.53	37.57
威武市	7720.20	163.81	0.55	0.15	3.40	0.13	5.21	10.74	8.76	0.80	2.85	15.76	481.05	5.09
张掖市	9987.28	200.29	0.67	0.18	4.11	0.16	6.77	14.00	10.11	1.01	4.08	14.76	607.07	6.35

注：①表中吸收污染物是森林吸收二氧化硫、氟化物和氮氧化物的物质量总和。
②甘南州、临夏州为甘南藏族自治州和临夏回族自治州简称，下同。

甘肃省地市级退耕还林工程生态效益物质量空间分布如图4-46至图4-52所示。甘肃省地势狭长，地貌类型多样，不同地区气候差异较大，降水量东西、南北相差较大，地市级退耕还林生态效益物质量差异亦十分明显。

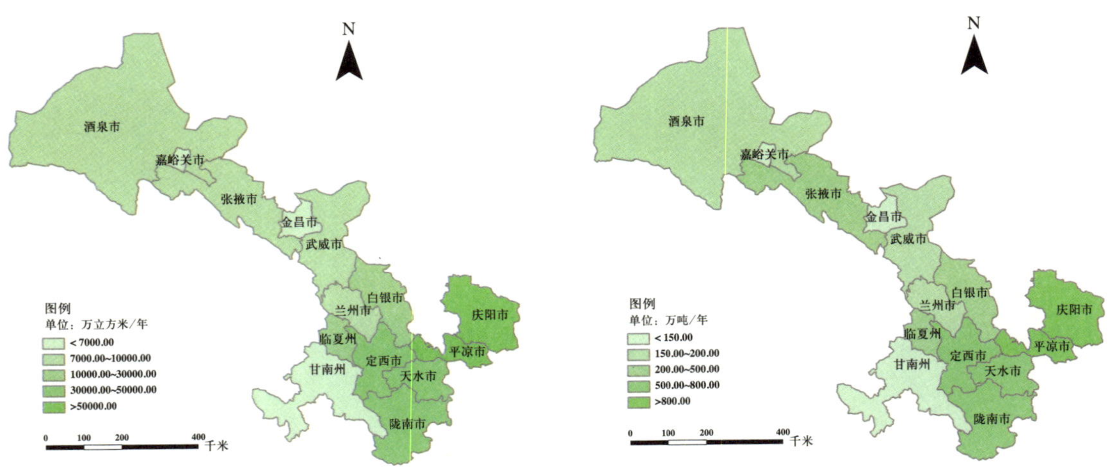

图4-46 甘肃省地市级涵养水源功能物质量

图4-47 甘肃省地市级固土功能物质量

甘肃省东部地区降水多于中部和西部地区，南部地区多于北部地区，因此东部和南部地区退耕还林工程营造林长势优良，涵养水源、保育土壤、固碳释氧、净化大气环境等多项功能物质量均显著高于中西部。

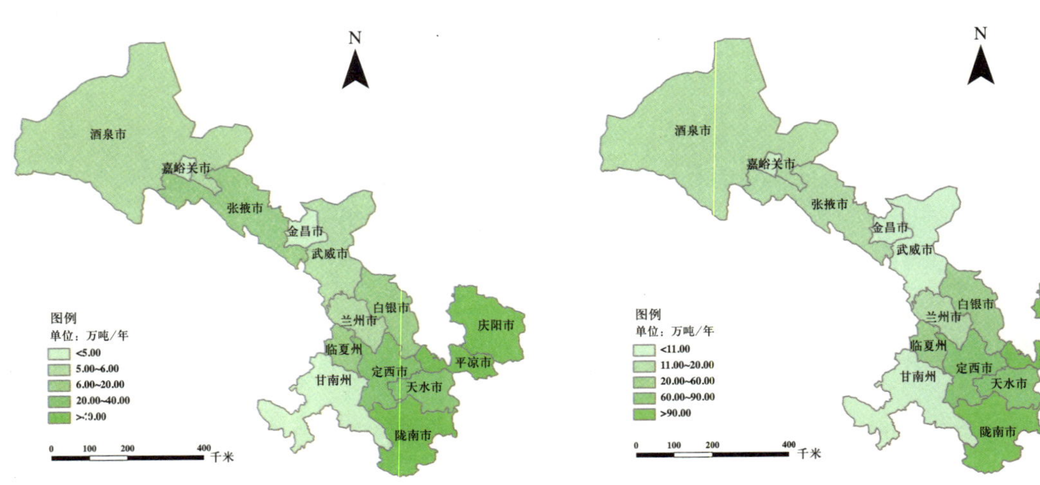

图4-48 甘肃省地市级固碳功能物质量

图4-49 甘肃省地市级释氧功能物质量

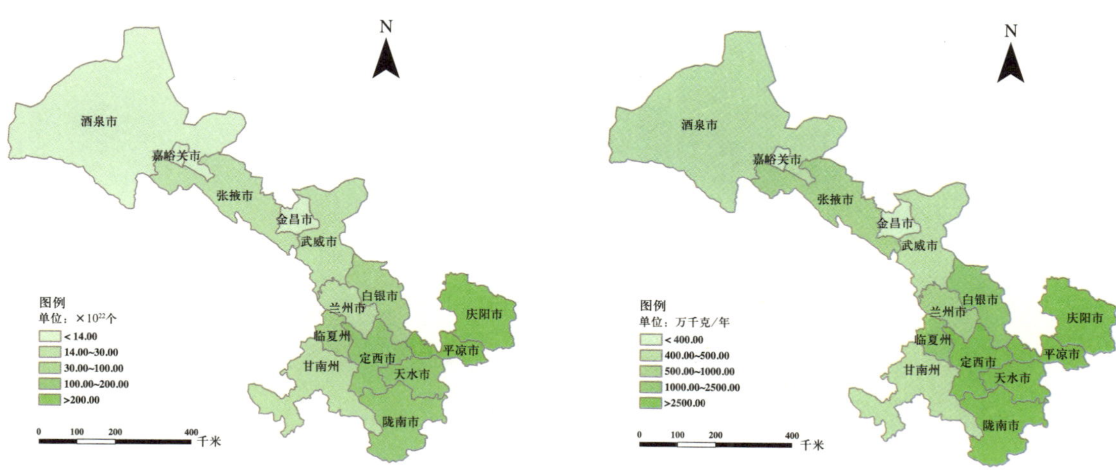

图4-50 甘肃省地市级提供负离子物质量

图4-51 甘肃省地市级吸收污染物功能物质量

甘肃省中部和东部地区，如武威市、兰州市属于黄土高原地区，该地区土质疏松，极易形成水土流失，因此该地区实施退耕还林工程后，保育土壤功能增强显著。

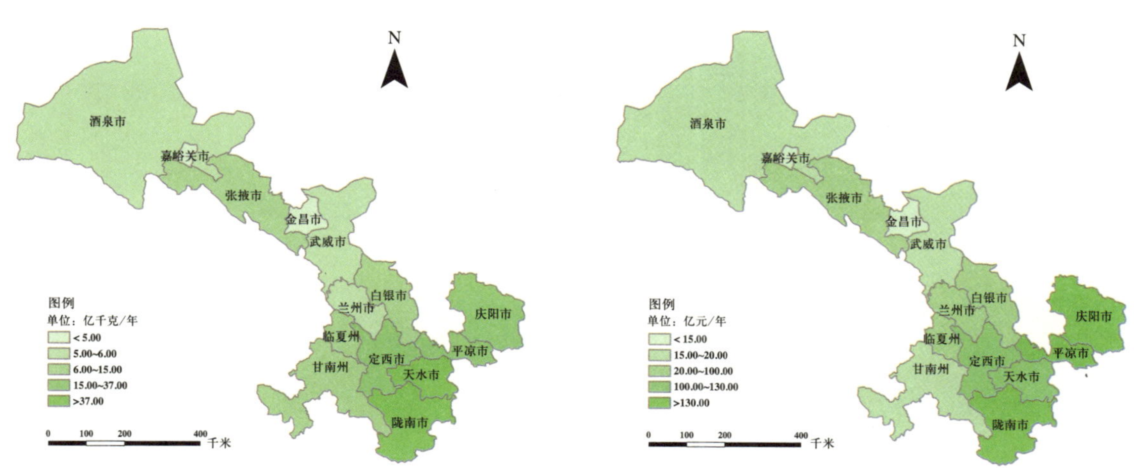

图4-52 甘肃省地市级滞尘功能物质量

图4-53 甘肃省地市级生态效益总价值量空间分布

甘肃省退耕还林工程每年生态效益总价值量为848.94亿元（表4-83）。退耕还林面积较大的平凉市、庆阳市、陇南市生态效益总价值量位于全省前列。平凉市、庆阳市、陇南市生态效益总价值量占全省生态效益总价值量的17.41%、15.58%、15.41%。而金昌市、嘉峪关市生态效益总价值量仅占全省生态效益总价值量的1.02%和0.18%（图4-53）。

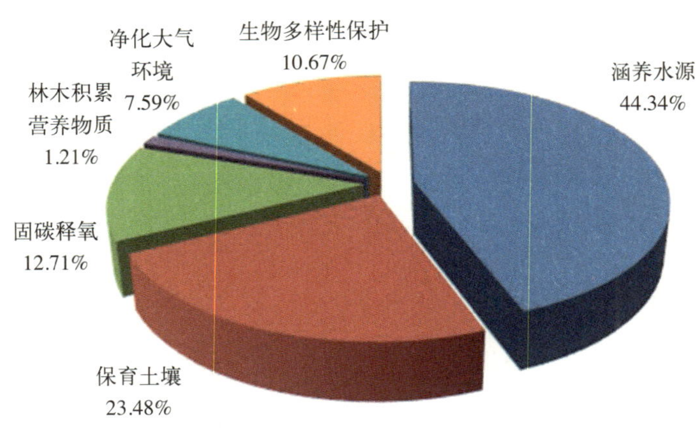

图4-54 甘肃省地市级退耕还林工程生态效益各分项价值量

甘肃省地市级退耕还林工程生态效益价值量如图4-54所示，涵养水源和保育土壤总价值量占全省退耕还林工程总价值量的比例较高，分别为44.34%和23.48%，而林木积累营养物质价值量仅占总价值量的1.21%。

表4-83 甘肃省地市级退耕还林工程生态效益价值量及排序

排序	地区	涵养水源（亿元/年）	保育土壤（亿元/年）	固碳释氧（亿元/年）	林木积累营养物质（亿元/年）	净化大气环境（亿元/年）	生物多样性保护（亿元/年）	总价值（亿元/年）
1	平凉市	71.48	28.20	20.93	2.50	8.70	15.97	147.78
2	庆阳市	63.76	23.25	18.05	2.11	8.59	16.48	132.24
3	陇南市	46.22	39.72	17.10	0.96	13.45	13.37	130.82
4	天水市	48.68	31.21	16.34	1.54	9.19	12.69	119.65
5	定西市	44.30	31.25	12.15	0.99	8.98	10.88	108.55
6	白银市	28.03	10.92	5.17	0.47	3.47	5.03	53.09
7	临夏州	23.62	9.75	5.43	0.46	3.50	4.74	47.50
8	张掖市	11.50	5.41	2.69	0.28	1.57	2.44	23.89
9	兰州市	10.00	4.90	2.27	0.24	1.49	2.13	21.03
10	酒泉市	8.95	4.24	2.29	0.25	1.25	1.99	18.97
11	威武市	8.89	4.43	2.06	0.24	1.26	2.01	18.89
12	甘南州	6.30	4.09	1.93	0.14	2.13	1.69	16.28
13	金昌市	3.89	1.66	1.29	0.11	0.74	1.01	8.70
14	嘉峪关市	0.78	0.30	0.19	0.02	0.10	0.16	1.55
	总计	376.40	199.33	107.89	10.31	64.42	90.59	848.94

4.6.3 退耕还林工程三种植被恢复类型生态效益

4.6.3.1 退耕地还林生态效益

根据退耕还林工程三种植被恢复类型，分别核算甘肃省地市级退耕地还林、宜林荒山荒地造林、封山育林生态效益的物质量和价值量。

甘肃省地市级退耕地还林生态效益物质量如表4-85所示。庆阳市、平凉市、陇南市、定西市退耕地还林面积较大，退耕地还林面积所占比例较大的这些地市（表4-84），生态效益各分项物质量均较高。而嘉峪关市退耕地还林面积最小，仅有0.13万公顷，因此生态效益各分项物质量为全省最低。

表4-84 甘肃省地市级退耕还林工程三种植被恢复类型退耕面积的相对比例

地区	退耕地还林比例(%)	宜林荒山荒地造林比例(%)	封山育林比例(%)
庆阳市	38.49	58.33	3.18
平凉市	40.29	57.63	2.08
陇南市	35.57	60.40	4.03
定西市	38.37	57.97	3.66
天水市	33.30	62.76	3.94
白银市	45.76	44.12	10.12
临夏州	23.81	69.23	6.96
张掖市	53.74	20.94	25.32
兰州市	20.13	61.89	17.98
酒泉市	20.76	18.73	60.51
武威市	32.40	50.08	17.52
甘南州	22.43	64.94	12.63
金昌市	16.19	60.24	23.57
嘉峪关市	33.90	27.12	38.98

表4-85 甘肃省地市级退耕地还林生态效益物质量

地区	涵养水源	保育土壤					固碳释氧		林木积累营养物质			净化大气环境		
	(亿立方米/年)	固土（万吨/年）	氮（万吨/年）	磷（万吨/年）	钾（万吨/年）	有机质（万吨/年）	固碳（万吨/年）	释氧（万吨/年）	氮（百吨/年）	磷（百吨/年）	钾（百吨/年）	提供负离子（$\times10^{22}$个）	吸收污染物（万千克/年）	滞尘（亿千克/年）
白银市	1.25	189.17	0.47	0.19	2.86	0.10	6.02	12.13	5.14	0.65	2.02	15.54	551.36	6.48
定西市	1.57	297.96	1.04	0.63	8.02	0.15	11.88	25.89	13.30	1.48	5.06	52.11	1196.07	15.11
甘南州	0.14	26.48	0.09	0.06	0.68	0.01	1.08	2.34	1.05	0.12	0.47	5.76	92.75	1.73
金昌市	0.05	8.32	0.02	0.01	0.15	0.01	0.62	1.42	0.70	0.09	0.58	1.89	36.03	0.39
酒泉市	0.17	28.36	0.09	0.03	0.53	0.02	1.38	3.01	1.61	0.19	1.03	3.41	97.24	1.05
兰州市	0.19	31.19	0.09	0.03	0.54	0.02	1.31	2.80	1.48	0.17	0.83	3.45	103.20	1.13
嘉峪关市	0.02	3.06	0.01	<0.01	0.05	<0.01	0.21	0.47	0.19	0.03	0.18	0.56	12.28	0.14
临夏州	0.55	81.75	0.20	0.08	1.28	0.04	2.91	6.08	3.06	0.32	1.09	9.72	232.64	2.93
陇南市	1.59	260.36	1.31	1.07	10.80	0.08	12.64	28.36	9.23	1.20	4.86	54.37	952.68	16.21
平凉市	2.56	367.42	1.03	0.52	7.90	0.15	17.30	38.84	28.95	2.18	8.15	68.05	1061.06	13.49
庆阳市	2.20	362.97	0.88	0.34	6.39	0.18	14.88	32.46	23.59	1.97	6.90	77.70	1062.93	12.51
天水市	1.54	238.77	0.86	0.54	6.56	0.10	10.72	23.82	14.29	1.24	4.57	46.91	730.03	10.02
武威市	0.25	49.75	0.16	0.05	1.01	0.04	1.82	3.82	2.66	0.27	1.17	4.86	156.19	1.72
张掖市	0.54	103.05	0.34	0.10	2.06	0.08	3.86	8.12	5.32	0.56	2.51	8.81	323.26	3.41

注：表中吸收污染物是森林吸收二氧化硫、氟化物和氮氧化物的物质量总和。

甘肃省地市级退耕地还林生态效益价值量及排序如表4-86所示，全省退耕地还林每年的生态效益总价值量为298.51亿元。退耕地还林面积所占比例较大的平凉市、庆阳市、陇南市等市的生态效益总价值量位于全省前列。生态效益总价值量分布中，涵养水源价值量所占比例最高，高达48.67%。林木积累营养物质价值量仅占1.03%。

表4-86 甘肃省地市级退耕地还林生态效益价值量及排序

排序	地区	涵养水源（亿元/年）	保育土壤（亿元/年）	固碳释氧（亿元/年）	林木积累营养物质（亿元/年）	净化大气环境（亿元/年）	生物多样性保护（亿元/年）	总价值（亿元/年）
1	平凉市	29.49	10.03	7.26	0.78	3.32	5.82	56.70
2	庆阳市	25.29	8.42	6.12	0.64	3.11	5.91	49.49
3	陇南市	18.26	12.93	5.30	0.27	3.93	4.27	44.96
4	定西市	18.11	9.99	4.88	0.37	3.72	4.35	41.42
5	天水市	17.70	8.20	4.47	0.39	2.46	3.80	37.02
6	白银市	14.39	4.18	2.35	0.15	1.60	2.27	24.94
7	张掖市	6.24	2.74	1.55	0.15	0.85	1.35	12.88
8	临夏州	6.31	1.81	1.16	0.09	0.72	1.05	11.14
9	威武市	2.84	1.33	0.73	0.08	0.43	0.64	6.05
10	兰州市	2.18	0.75	0.53	0.04	0.28	0.45	4.23
11	酒泉市	1.96	0.71	0.57	0.05	0.26	0.44	3.99
12	甘南州	1.62	0.87	0.44	0.03	0.42	0.38	3.76
13	金昌市	0.63	0.21	0.26	0.02	0.10	0.19	1.41
14	嘉峪关市	0.26	0.07	0.09	0.01	0.03	0.06	0.52
合计		145.28	62.24	35.71	3.07	21.23	30.98	298.51

4.6.3.2 宜林荒山荒地造林生态效益

甘肃省地市级宜林荒山荒地造林生态效益物质量如表4-87所示。甘肃省宜林荒山荒地造林生态效益物质量与各地市宜林荒山荒地造林面积相关，宜林荒山荒地造林面积较大的平凉市、陇南市和庆阳市，生态效益各分项物质量均高于其他地市。

表4-87 甘肃省地市级宜林荒山荒地造林生态效益物质量

地 区	涵养水源（万立方米/年）	保育土壤					固碳释氧		林木积累营养物质			净化大气环境		
		固土（万吨/年）	氮（万吨/年）	磷（万吨/年）	钾（万吨/年）	有机质（万吨/年）	固碳（万吨/年）	释氧（万吨/年）	氮（百吨/年）	磷（百吨/年）	钾（百吨/年）	提供负离子（$\times10^{22}$个）	吸收污染物（万千克/年）	滞尘（亿千克/年）
白银市	9705.06	201.06	0.67	0.18	4.16	0.16	5.94	12.02	9.73	0.89	2.87	13.33	583.43	6.21
定西市	21362.15	456.72	2.34	1.37	16.77	0.29	16.84	36.15	20.35	2.09	7.22	64.33	1445.14	20.50
甘南州	3434.70	81.47	0.30	0.20	2.28	0.05	3.08	6.62	3.12	0.40	1.49	20.65	317.95	6.02
嘉峪关市	1971.75	38.79	0.11	0.04	0.69	0.03	1.98	4.39	2.24	0.27	1.56	8.35	143.39	2.06
金昌市	1297.66	22.95	0.08	0.02	0.48	0.02	1.46	3.29	1.77	0.21	1.33	3.67	91.41	0.94
酒泉市	5250.18	114.36	0.39	0.12	2.48	0.09	3.46	7.07	5.65	0.53	1.64	9.11	369.21	3.83
兰州市	208.41	3.52	0.01	<0.01	0.06	<0.01	0.12	0.25	0.15	0.02	0.05	0.34	9.82	0.11
临夏州	13808.80	248.98	0.76	0.38	5.72	0.14	9.63	20.83	12.39	1.20	4.46	36.25	797.55	10.45
陇南市	22577.92	453.04	2.48	2.20	22.48	0.13	25.71	59.51	21.86	2.74	11.73	128.10	2231.58	37.02
平凉市	35223.01	545.30	1.84	0.89	14.96	0.24	30.62	71.25	62.75	4.26	17.04	130.49	1643.87	21.02
庆阳市	31733.45	573.27	1.43	0.50	11.60	0.30	26.88	60.79	52.83	3.93	14.73	143.65	1799.78	20.80
天水市	25362.66	466.22	2.26	1.64	19.11	0.17	26.20	60.92	39.77	3.24	13.22	117.54	1772.40	26.41
武威市	3899.96	84.42	0.28	0.07	1.76	0.07	2.58	5.31	4.68	0.40	1.29	9.38	240.78	2.51
张掖市	2056.87	42.40	0.14	0.04	0.88	0.03	1.40	2.90	2.16	0.21	0.84	3.12	128.24	1.35

注：表中吸收污染物是森林吸收二氧化硫、氟化物和氮氧化物的物质量总和。

甘肃省地市级宜林荒山荒地造林生态效益价值量及排序如表4-88所示，甘肃省宜林荒山荒地造林每年的生态效益总价值量为493.82亿元。荒山荒地造林面积较大的平凉市、陇南市、天水市等地市的生态效益总价值量位于全省前列。生态效益价值量分布中，涵养水源功能和保育土壤功能生态效益所占比例较大，分别为41.46%和25.14%。

表4-88 甘肃省地市级宜林荒山荒地造林生态效益价值量及排序

排序	地区	涵养水源(亿元/年)	保育土壤(亿元/年)	固碳释氧(亿元/年)	林木积累营养物质(亿元/年)	净化大气环境(亿元/年)	生物多样性保护(亿元/年)	总价值(亿元/年)
1	平凉市	40.54	17.69	13.18	1.67	5.19	9.80	88.07
2	陇南市	25.99	25.77	11.02	0.64	8.99	8.53	80.94
3	庆阳市	36.53	14.17	11.34	1.41	5.18	10.11	78.74
4	天水市	29.19	22.21	11.27	1.08	6.45	8.42	78.62
5	定西市	24.59	20.46	6.85	0.57	5.01	6.17	63.65
6	临夏州	15.89	7.23	3.94	0.34	2.56	3.38	33.34
7	白银市	11.17	5.44	2.32	0.27	1.54	2.26	23.00
8	兰州市	6.04	3.22	1.36	0.15	0.95	1.32	13.04
9	甘南州	3.95	2.88	1.25	0.09	1.45	1.10	10.72
10	威武市	4.49	2.28	1.02	0.13	0.63	1.05	9.60
11	金昌市	2.27	0.93	0.82	0.07	0.50	0.62	5.21
12	张掖市	2.37	1.16	0.56	0.06	0.34	0.51	5.00
13	酒泉市	1.49	0.62	0.61	0.05	0.23	0.44	3.44
14	嘉峪关市	0.24	0.09	0.05	<0.01	0.03	0.04	0.45
合计		204.75	124.15	65.59	6.53	39.05	53.75	493.82

4.6.3.3 封山育林生态效益

甘肃省地市级封山育林生态效益物质量如表4-89所示。封山育林面积排在前五位的酒泉市、张掖市、白银市、陇南市和天水市，其封山育林生态效益各分项物质量均高于其他地市。

表4-89 甘肃省地市级封山育林生态效益物质量

地区	涵养水源（万立方米/年）	保育土壤					固碳释氧		林木积累营养物质			净化大气环境		
		固土（万吨/年）	氮（万吨/年）	磷（万吨/年）	钾（万吨/年）	有机质（万吨/年）	固碳（万吨/年）	释氧（万吨/年）	氮（百吨/年）	磷（百吨/年）	钾（百吨/年）	提供负离子（×10^{22}个）	吸收污染物（万千克/年）	滞尘（亿千克/年）
白银市	2150.61	47.02	0.16	0.04	1.00	0.04	1.29	2.56	2.25	0.20	0.62	2.42	133.39	1.36
定西市	1394.44	29.33	0.09	0.03	0.63	0.02	1.03	2.19	1.66	0.15	0.53	2.83	96.29	1.04
甘南州	631.24	14.86	0.03	0.02	0.26	0.01	0.57	1.21	0.62	0.07	0.29	3.38	55.17	1.08
嘉峪关市	864.51	18.90	0.07	0.02	0.40	0.02	0.52	1.03	0.90	0.08	0.25	0.97	53.62	0.55
金昌市	4784.71	104.60	0.37	0.09	2.23	0.09	2.87	5.69	5.01	0.45	1.39	5.39	296.77	3.02
酒泉市	1545.77	33.43	0.11	0.03	0.71	0.03	0.96	1.93	1.62	0.15	0.47	2.12	97.96	1.03
兰州市	245.48	5.37	0.02	<0.01	0.11	<0.01	0.15	0.29	0.26	0.02	0.07	0.28	15.23	0.16
临夏州	1224.27	25.96	0.08	0.03	0.56	0.02	0.82	1.70	1.31	0.12	0.41	2.19	79.80	0.89
陇南市	1710.04	30.54	0.07	0.08	0.89	0.01	1.79	4.18	1.69	0.21	0.95	8.47	161.98	2.20
平凉市	1262.60	18.91	0.05	0.02	0.39	0.01	1.15	2.68	1.99	0.14	0.63	4.70	58.76	0.75
庆阳市	1690.22	28.73	0.07	0.03	0.49	0.01	1.40	3.14	1.96	0.18	0.77	5.35	115.37	1.19
天水市	1555.02	29.37	0.08	0.03	0.65	0.02	1.43	3.25	2.67	0.20	0.80	5.89	94.10	1.15
武威市	1355.47	29.63	0.10	0.03	0.63	0.02	0.81	1.61	1.42	0.13	0.39	1.53	84.07	0.86
张掖市	2508.16	54.83	0.19	0.05	1.17	0.05	1.50	2.98	2.62	0.24	0.73	2.83	155.57	1.58

注：表中吸收污染物是森林吸收二氧化硫、氟化物和氮氧化物的物质量总和。

甘肃省地市级封山育林生态效益价值量及排序如表4-90所示，全省封山育林每年的生态效益总价值量为56.61亿元。封山育林面积较大的酒泉市、张掖市、白银市等地市的生态效益总价值量位于全省前列。生态效益价值量分布中，涵养水源功能和保育土壤功能生态效益所占比例较大，分别为46.58%和22.86%。

表4-90 甘肃省地市级封山育林生态效益价值量及排序

排序	地区	涵养水源（亿元/年）	保育土壤（亿元/年）	固碳释氧（亿元/年）	林木积累营养物质（亿元/年）	净化大气环境（亿元/年）	生物多样性保护（亿元/年）	总价值（亿元/年）
1	酒泉市	5.47	2.92	1.12	0.14	0.73	1.11	11.49
2	白银市	2.48	1.30	0.50	0.06	0.34	0.50	5.18
3	陇南市	1.97	1.01	0.77	0.05	0.54	0.56	4.90
4	天水市	1.79	0.79	0.61	0.07	0.28	0.48	4.02
5	庆阳市	1.95	0.66	0.59	0.05	0.30	0.46	4.01
6	兰州市	1.78	0.92	0.37	0.04	0.25	0.37	3.73
7	定西市	1.61	0.81	0.42	0.05	0.26	0.36	3.51
8	威武市	1.56	0.82	0.31	0.04	0.21	0.31	3.25
9	平凉市	1.45	0.47	0.50	0.05	0.18	0.35	3.00
10	临夏州	1.41	0.71	0.33	0.04	0.22	0.31	3.02
11	金昌市	1.00	0.52	0.20	0.02	0.14	0.20	2.08
12	甘南州	0.73	0.34	0.23	0.02	0.26	0.21	1.79
13	嘉峪关市	0.28	0.15	0.06	0.01	0.04	0.06	0.60
14	张掖市	2.89	1.52	0.58	0.07	0.39	0.58	6.03
合计		26.37	12.94	6.59	0.71	4.14	5.86	56.61

4.6.4 退耕还林工程不同林种类型生态效益

4.6.4.1 生态林生态效益

根据退耕还林工程不同林种类型，分别核算了甘肃省地市级生态林、经济林、灌木林生态效益的物质量和价值量。

甘肃省地市级退耕还林工程生态林生态效益物质量如表4-91所示。平凉市、陇

表4-91 甘肃省地市级退耕还林工程生态林生态效益物质量

地区	涵养水源（万立方米/年）	保育土壤					固碳释氧		林木积累营养物质			净化大气环境		
		固土（万吨/年）	氮（万吨/年）	磷（万吨/年）	钾（万吨/年）	有机质（万吨/年）	固碳（万吨/年）	释氧（万吨/年）	氮（百吨/年）	磷（百吨/年）	钾（百吨/年）	提供负离子（$\times 10^{22}$个）	吸收污染物（万千克/年）	滞尘（亿千克/年）
白银市	847.71	15.59	0.03	0.02	0.28	0.01	1.17	2.74	1.47	0.15	0.83	4.73	90.57	1.05
定西市	12992.05	316.29	2.04	1.59	16.66	0.13	16.41	37.78	17.33	1.91	7.50	90.47	1428.67	22.33
甘南州	3125.73	78.57	0.29	0.23	2.37	0.04	3.48	7.68	3.02	0.43	1.73	27.15	341.81	7.49
金昌市	1113.10	19.62	0.04	0.02	0.29	0.01	1.83	4.28	1.78	0.25	1.81	8.65	102.06	1.63
酒泉市	645.88	6.34	0.02	0.01	0.13	<0.01	1.57	3.78	1.54	0.22	1.83	4.42	62.39	0.64
兰州市	1018.74	20.15	0.06	0.03	0.48	0.01	1.32	3.06	1.58	0.18	0.93	6.02	121.56	1.32
嘉峪关市	77.47	0.98	<0.01	<0.01	0.02	<0.01	0.17	0.40	0.19	0.02	0.18	0.49	6.65	0.07
临夏州	6338.58	114.57	0.35	0.26	3.30	0.04	6.33	14.68	8.50	0.76	3.41	32.13	436.80	6.67
陇南市	28858.25	603.59	3.61	3.20	32.61	0.18	35.69	83.23	31.29	3.81	16.73	178.15	2969.64	50.42
平凉市	48958.19	762.50	2.59	1.24	21.23	0.34	43.76	102.25	91.40	6.15	24.74	188.34	2307.80	29.32
庆阳市	43068.78	804.19	2.07	0.69	16.52	0.43	38.14	86.43	76.01	5.65	21.34	212.73	2543.94	28.88
天水市	32366.35	605.87	2.95	2.07	24.77	0.23	34.32	80.01	54.92	4.35	17.76	159.10	2249.91	33.07
威武市	1337.46	27.57	0.08	0.02	0.54	0.02	1.46	3.29	2.40	0.22	1.08	8.56	95.19	1.12
张掖市	580.58	6.26	0.02	0.01	0.14	<0.01	1.38	3.32	1.39	0.19	1.62	4.15	58.93	0.64

注：表中吸收污染物是森林吸收二氧化硫、氟化物和氮氧化物的物质量总和。

南市、庆阳市生态林面积占各市总退耕面积的比例较高，分别为80.14%、79.99%和81.79%（表4-92），因此生态林生态林各分项物质量均高于其他地市。

表4-92 甘肃省地市级退耕还林工程不同林种类型退耕面积的相对比例

地 区	生态林比例(%)	经济林比例(%)	灌木林比例(%)
庆阳市	81.79	15.70	2.51
平凉市	80.14	17.65	2.21
陇南市	79.99	19.10	0.91
定西市	39.92	16.11	43.97
天水市	80.93	16.72	2.35
白银市	5.12	28.87	66.01
临夏州	31.76	26.29	41.95
张掖市	9.31	7.80	82.89
兰州市	13.42	6.96	79.62
酒泉市	12.70	5.47	81.83
武威市	19.05	2.83	78.12
甘南州	65.17	7.82	27.01
金昌市	41.30	5.84	52.86
嘉峪关市	17.04	23.20	59.76

甘肃省地市级退耕还林工程生态林生态效益价值量及排序如表4-93所示，全省退耕还林工程生态林每年的生态效益总价值量为544.60亿元。生态林营造面积、营造比例较大的平凉市、陇南市、庆阳市生态效益总价值量排在全省前列。虽然庆阳市生态林营造面积最大，但庆阳市土壤为风沙类土，土壤侵蚀严重，其保育土壤价值量显著低于平凉市和陇南市。生态林生态效益总价值量分布中，涵养水源功能和保育土壤功能的生态效益所占比例最高，分别为38.32%和25.64%。

表4-93 甘肃省地市级退耕还林工程工程生态林生态效益价值量及排序

排序	地区	涵养水源(亿元/年)	保育土壤(亿元/年)	固碳释氧(亿元/年)	林木积累营养物质(亿元/年)	净化大气环境(亿元/年)	生物多样性保护(亿元/年)	总价值(亿元/年)
1	平凉市	56.35	24.97	18.89	2.43	7.24	13.91	123.79
2	陇南市	33.22	37.14	15.38	0.92	12.23	11.64	110.53
3	庆阳市	49.57	20.14	16.11	2.04	7.21	14.54	109.61
4	天水市	37.25	28.74	14.79	1.49	8.09	11.13	101.49
5	定西市	14.95	19.39	7.01	0.49	5.45	5.71	53.00
6	临夏州	7.30	3.87	2.72	0.24	1.63	2.02	17.78
7	甘南州	3.60	2.95	1.44	0.09	1.80	1.20	11.08
8	威武市	1.54	0.69	0.61	0.07	0.28	0.55	3.74
9	金昌市	1.28	0.42	0.79	0.06	0.40	0.51	3.46
10	兰州市	1.17	0.60	0.57	0.05	0.33	0.43	3.15
11	白银市	0.98	0.36	0.51	0.04	0.26	0.35	2.50
12	酒泉市	0.74	0.17	0.69	0.05	0.16	0.39	2.20
13	张掖市	0.67	0.17	0.61	0.05	0.16	0.35	2.01
14	嘉峪关市	0.09	0.03	0.07	0.01	0.02	0.04	0.26
合计		208.71	139.64	80.19	8.03	45.26	62.77	544.60

4.6.4.2 经济林生态效益

甘肃省地市级退耕还林工程经济林的生态效益物质量如表4-94所示。退耕还林工程经济林营造面积排在全省前三位的平凉市、庆阳市和陇南市，经济林各项生态效益物质量均位于全省前列。

表4-94 甘肃省地市级退耕还林工程经济林生态效益物质量

地区	涵养水源（万立方米/年）	保育土壤					固碳释氧		林木积累营养物质			净化大气环境		
		固土（万吨/年）	氮（万吨/年）	磷（万吨/年）	钾（万吨/年）	有机质（万吨/年）	固碳（万吨/年）	释氧（万吨/年）	氮（百吨/年）	磷（百吨/年）	钾（百吨/年）	提供负离子（$\times10^{22}$个）	吸收污染物（万千克/年）	滞尘（亿千克/年）
白银市	9485.45	115.10	0.19	0.13	1.21	0.03	3.68	7.30	0.98	0.26	0.61	10.75	307.88	4.15
定西市	9221.46	111.90	0.19	0.12	1.18	0.03	3.57	7.09	0.95	0.26	0.60	10.45	299.31	4.03
甘南州	725.51	8.80	0.01	0.01	0.09	<0.01	0.28	0.56	0.08	0.02	0.05	0.82	23.55	0.32
金昌市	330.91	4.02	0.01	<0.01	0.04	<0.01	0.13	0.25	0.03	0.01	0.02	0.37	10.74	0.14
酒泉市	668.75	8.12	0.01	0.01	0.09	<0.01	0.26	0.51	0.07	0.02	0.04	0.76	21.71	0.29
兰州市	913.31	11.08	0.02	0.01	0.12	<0.01	0.35	0.70	0.09	0.03	0.06	1.03	29.64	0.40
嘉峪关	225.95	2.74	<0.01	<0.01	0.03	<0.01	0.09	0.17	0.02	0.01	0.01	0.26	7.33	0.10
临夏州	6979.40	84.69	0.14	0.09	0.89	0.03	2.71	5.37	0.72	0.19	0.45	7.91	226.54	3.05
陇南市	10956.84	132.96	0.22	0.15	1.40	0.04	4.25	8.43	1.13	0.30	0.71	12.42	355.63	4.79
平凉市	12165.04	147.62	0.25	0.16	1.56	0.04	4.72	9.36	1.26	0.34	0.79	13.79	394.85	5.32
庆阳市	11170.19	135.55	0.23	0.15	1.43	0.04	4.33	8.59	1.16	0.31	0.72	12.66	362.56	4.89
天水市	9099.98	110.43	0.19	0.12	1.16	0.03	3.53	7.00	0.94	0.25	0.59	10.31	295.37	3.98
威武市	339.38	4.12	0.01	<0.01	0.04	<0.01	0.13	0.26	0.04	0.01	0.02	0.38	11.02	0.15
张掖市	1194.44	14.49	0.02	0.02	0.15	<0.01	0.46	0.92	0.12	0.03	0.08	1.35	38.77	0.52

注：表中吸收污染物是森林吸收二氧化硫、氟化物和氮氧化物的物质量总和。

甘肃省地市级退耕还林工程经济林生态效益价值量及排序如表4-95所示，全省退耕还林工程经济林每年的生态效益总价值量为130.59亿元。经济林营造面积较大平凉市、庆阳市、陇南市的生态效益总价值量排在全省前列，而嘉峪关市经济林生态效益每年仅有0.39亿元。经济林生态效益总价值量分布中，涵养水源功能生态效益所占比例最大，为64.75%。

表4-95 甘肃省地市级退耕还林工程经济林生态效益价值量及排序

排序	地区	涵养水源(亿元/年)	保育土壤(亿元/年)	固碳释氧(亿元/年)	林木积累营养物质(亿元/年)	净化大气环境(亿元/年)	生物多样性保护(亿元/年)	总价值(亿元/年)
1	平凉市	14.00	2.63	1.82	0.04	1.30	1.83	21.62
2	庆阳市	12.86	2.42	1.67	0.04	1.19	1.68	19.86
3	陇南市	12.61	2.37	1.64	0.04	1.17	1.65	19.48
4	白银市	10.92	2.05	1.42	0.03	1.01	1.43	16.86
5	定西市	10.61	2.00	1.38	0.03	0.98	1.39	16.39
6	天水市	10.47	1.97	1.36	0.03	0.97	1.37	16.17
7	临夏州	8.03	1.51	1.04	0.02	0.75	1.05	12.40
8	张掖市	1.37	0.26	0.18	<0.01	0.13	0.18	2.12
9	兰州市	1.05	0.20	0.14	<0.01	0.10	0.14	1.63
10	甘南州	0.84	0.16	0.11	<0.01	0.08	0.11	1.30
11	酒泉市	0.77	0.14	0.10	<0.01	0.07	0.10	1.18
12	威武市	0.39	0.07	0.05	<0.01	0.04	0.05	0.60
13	金昌市	0.38	0.07	0.05	<0.01	0.04	0.05	0.59
14	嘉峪关市	0.26	0.05	0.03	<0.01	0.02	0.03	0.39
合计		84.56	15.90	10.99	0.23	7.85	11.06	130.59

4.6.4.3 灌木林生态效益

甘肃省地市级退耕还林工程灌木林生态效益物质量如表4-96所示。定西市、白银市和张掖市灌木林营造面积分别为10.17、8.76、5.13万公顷，占各市总退耕面积的比例较大，分别为43.97%、66.01%、82.89%（表4-92），因此生态效益各分项物质量均位于全省前列。

表4-96 甘肃省地市级退耕还林工程灌木林生态效益物质量

地区	涵养水源 (万立方米/年)	保育土壤					固碳释氧		林木积累营养物质			净化大气环境		
		固土 (万吨/年)	氮 (万吨/年)	磷 (万吨/年)	钾 (万吨/年)	有机质 (万吨/年)	固碳 (万吨/年)	释氧 (万吨/年)	氮 (百吨/年)	磷 (百吨/年)	钾 (百吨/年)	提供负离子 ($\times10^{22}$个)	吸收污染物 (万千克/年)	滞尘 (亿千克/年)
白银市	14022.23	306.55	1.07	0.28	6.53	0.26	8.41	16.68	14.67	1.33	4.06	15.81	869.74	8.86
定西市	16275.72	355.82	1.25	0.32	7.58	0.30	9.76	19.36	17.03	1.55	4.72	18.35	1009.51	10.28
甘南州	1620.41	35.43	0.12	0.03	0.75	0.03	0.97	1.93	1.70	0.15	0.47	1.83	100.51	1.02
金昌市	1938.72	42.38	0.15	0.04	0.90	0.04	1.16	2.31	2.03	0.18	0.56	2.19	120.25	1.22
酒泉市	6470.31	141.45	0.50	0.13	3.01	0.12	3.88	7.70	6.77	0.61	1.88	7.29	401.33	4.09
兰州市	6758.07	147.74	0.52	0.13	3.15	0.12	4.05	8.04	7.07	0.64	1.96	7.62	419.17	4.27
嘉峪关市	376.30	8.23	0.03	0.01	0.18	0.01	0.23	0.45	0.39	0.04	0.11	0.42	23.34	0.24
临夏州	7201.07	157.43	0.55	0.14	3.35	0.13	4.32	8.56	7.54	0.68	2.09	8.12	446.65	4.55
陇南市	337.89	7.39	0.03	0.01	0.16	0.01	0.20	0.40	0.35	0.03	0.10	0.38	20.96	0.21
平凉市	984.20	21.52	0.08	0.02	0.46	0.02	0.59	1.17	1.03	0.09	0.29	1.11	61.05	0.62
庆阳市	1154.16	25.23	0.09	0.02	0.54	0.02	0.69	1.37	1.21	0.11	0.33	1.30	71.59	0.73
天水市	826.37	18.07	0.06	0.02	0.38	0.02	0.50	0.98	0.86	0.08	0.24	0.93	51.26	0.52
威武市	6043.36	132.12	0.46	0.12	2.81	0.11	3.62	7.19	6.32	0.57	1.75	6.81	374.84	3.82
张掖市	8212.26	179.54	0.63	0.16	3.82	0.15	4.92	9.77	8.59	0.78	2.38	9.26	509.37	5.19

注：表中吸收污染物是森林吸收二氧化硫、氟化物和氮氧化物的物质量总和。

甘肃省地市级退耕还林工程灌木林生态效益价值量及排序如表4-97所示，全省退耕还林工程灌木林每年的生态效益总价值量为173.75亿元。灌木林营造面积较大的定西市、白银市、张掖市的生态效益总价值量排在全省前列。灌木林生态效益总价值量分布中，涵养水源和保育土壤功能生态效益所占比例最大，分别为47.84%和25.20%。

表4-97 甘肃省地市级退耕还林工程灌木林生态效益价值量及排序

排序	地区	涵养水源(亿元/年)	保育土壤(亿元/年)	固碳释氧(亿元/年)	林木积累营养物质(亿元/年)	净化大气环境(亿元/年)	生物多样性保护(亿元/年)	总价值(亿元/年)
1	定西市	18.73	9.84	3.76	0.47	2.55	3.76	39.11
2	白银市	16.14	8.51	3.24	0.40	2.20	3.26	33.75
3	张掖市	9.45	4.98	1.90	0.23	1.29	1.91	19.76
4	临夏州	8.29	4.37	1.67	0.20	1.13	1.67	17.33
5	兰州市	7.78	4.10	1.56	0.19	1.06	1.57	16.26
6	酒泉市	7.45	3.93	1.50	0.18	1.01	1.50	15.57
7	威武市	6.96	3.67	1.40	0.17	0.95	1.40	14.55
8	金昌市	2.23	1.18	0.45	0.06	0.30	0.45	4.67
9	甘南州	1.87	0.98	0.37	0.05	0.25	0.38	3.90
10	庆阳市	1.33	0.70	0.27	0.03	0.18	0.27	2.78
11	平凉市	1.13	0.60	0.23	0.03	0.15	0.23	2.37
12	天水市	0.95	0.50	0.19	0.02	0.13	0.19	1.98
13	嘉峪关市	0.43	0.23	0.09	0.01	0.06	0.09	0.91
14	陇南市	0.39	0.20	0.08	0.01	0.05	0.08	0.81
合计		83.13	43.79	16.71	2.05	11.31	16.76	173.75

甘肃省土地辽阔，东西狭长，地貌和气候类型多样，陇东地区为沟壑纵横的黄土高原，陇南以土石山区为主，水土流失严重，中部地区植被稀少，河西地区干旱少雨，荒漠化严重，降水量由东向西逐步递减。甘肃省东部与东南部地区相对于其他各地雨热条件较好，陇南和天水地区年平均降水量在450～900毫米之间，退耕还林工程新造林在该地区长势良好，相对于其他地区能够发挥更好的生态效益。另外，该地区坡耕地面积较大，坡耕地退耕后土壤全氮、有机质以及速效养分含量随恢复时间呈明显增加趋势，而且土壤速效养分积累速度比土壤全量含量更为明显，土壤容重、pH

值降低，土体中团聚体的数量增大，土壤结构不断得到改善（郭雨华，2009；郭永红等，2010）。

甘肃省中部地区年平均降水量在450毫米左右，且主要集中在7～9月，很容易形成水土流失及地质灾害，因此该地区迫切需要退耕还林发挥更大的涵养水源、保育土壤和生物多样性保护功能。甘肃中部地区实施退耕还林工程后，大面积营造生态林，林地形成了多层次结构，随着水分涵养和土壤肥力的提高，退耕地还林以及封山育林形成了良好的植被覆盖。

河西地区的地貌类型主要以戈壁荒漠为主，年平均降水量仅100毫米左右，风沙侵蚀也较为严重。由于气候和生态环境恶劣退，退耕还林生态效益相对中东部地区要低，但该地区因地制宜，营造了面积较大的灌木林并保证了较高的成活率，灌木林在固沙保土、涵养水源方面发挥了重要作用。有研究表明，民勤县自2002年开始实施退耕还林工程，全县森林覆盖率由退耕前的7.20%提高到10.68%，沙化土地的结皮比以前更加坚固，退耕还林工程的防风固沙效益得到充分体现（姜有虎，2009）。因此，河西地区应根据适地适树的原则，采用灌、草结合的模式，增加地表植被覆盖率，充分发挥灌草涵养水源、保育土壤的功能。

第五章

退耕还林工程生态效益特征与应用展望

退耕还林工程是党中央、国务院从中华民族生存和发展的战略高度出发，为合理利用土地资源、增加林草植被、再造秀美山川、维护国家生态安全、实现人与自然和谐共进而实施的一项重大生态工程，这也是迄今为止世界上最大的生态建设工程。截至2012年年底，全国退耕还林工程累计完成营造林任务近3000万公顷，退耕还林的面积核实率、造林合格率都在90%以上。

到目前为止，世界上进行退耕还林的国家主要有美国、中国、英国、法国、德国等，退耕的目标旨在改善生态环境，促进社会经济的改善和发展。1985年美国政府制定实施了“保护性储备计划”（简称CRP）的土地政策，旨在通过压缩耕地面积，控制粮食生产。欧洲退耕还林的目的也是为了解决农业现代化生产带来的粮食等农产品过剩问题。而中国退耕还林工程与欧美国家相比具有新的特点：一是退耕还林工程实施的对象主要是25度及25度以上的陡坡耕地，其目的是为了解决陡坡耕地生产力低下、水土流失严重等问题，而非控制粮食产量；二是退耕还林工程与当地经济发展相结合，实现生态效益、经济效益、社会效益“三赢”的目标；三是退耕还林工程营造具有生态防护功能又能产生一定经济效益的经济林，可以解决好退耕户因粮食减收引起的生活困难。

退耕还林工程自实施以来，工程区植被覆盖转好，促进了生态环境的恢复。Feng等（2013）在《Nature》上的研究表明，黄土高原地区的净初级生产力（NPP）和净生态系统生产力（NEP）持续稳定增加，该地区已经从2000年的碳源变成了2008年的碳汇。Deng等（2014）通过对收集到的与我国退耕还林工程直接相关的135篇已发表文献数据进行整合分析得出：第一，从长期来看，退耕还林显著增加了土壤碳储量；第二，上层土壤（0～20厘米）固碳速率高于下层土壤（20～100厘米）；第三，退耕年限是影响土壤碳储量变化的主要因子之一，且退耕前土壤碳储量越高，退耕后土壤固碳速率越低。

目前国内外退耕还林效益评估所采用的大都是森林生态系统服务功能评估的理论与方法。最早系统研究森林生态系统服务功能的是日本林野厅，从20世纪70年代开始，日本林野厅和三菱综合研究所采用代替法（RCM）分别在1972年、1991年、1993年和2000年4次进行全国范围及其东京圈内森林公益机能的价值评估，每年价值在1.28×10^5～7.50×10^5亿日元（和爱军，2002）。特别是Costanza等13位美国科学家对全球生态系统的服务功能与自然资本的价值进行了估算，把森林生态系统划分为热带森林和北方森林两类，以17种服务功能指标，按10种生物群系估算出全球生态系统服务功能的年总价值在16万亿～54万亿美元（Costanza et al., 1997），创造性地将森林生态系统服务研究带到一个新的高度。

进入21世纪，千年生态系统评估项目（MA）启动，1300多名科学家参与了生态系统服务功能的评估工作，这是在全球范围内首次联合对生态系统及其服务功能与人类福祉间相互联系的研究。此后，500多名自然、经济及社会科学家参与了UKNEA（UK National Ecosystem Assessment）（2011）项目，这是英国第一次以为社会和国家提供持续繁荣的利益来研究全国的自然环境。

我国从20世纪80年代初才真正开始对森林生态系统服务功能系统性地评估，虽然起步较晚，但成果丰硕。特别是王兵等（2008）制定了中华人民共和国林业行业标准《森林生态系统服务功能评估规范》(LY/T 1721-2008)，并利用全国森林生态站实测数据，结合全国第五次、第六次、第七次森林资源清查数据，采用分布式算法，分树种、龄级、起源等实现了森林生态系统服务功能价值的动态评估。Niu等（2012）还将生态区位商（ELQ）、恩格尔系数（EC）及支付意愿指数（WTP）引入森林生态系统经济评估中。以上评估为中国绿色GDP核算、森林多功能经营技术、生态补偿及市场决策等打下了坚实的科学基础。

美国、英国、法国、德国、澳大利亚等国家在进行工业化的同时，加速了城市化，农产品生产过剩，农民弃耕现象严重，所以也开展了类似退耕还林工程的生态建设工程（孔忠东等，2007）。但这些国家基本上没有专门针对退耕还林进行效益评估。目前国外对防护林综合效益的评估开展较多。国内现有退耕还林工程效益评估工作开展较晚，且主要局限于区域性效益监测。朱红春等（2003）以陕西省黄土高原地区生态退耕县为例，利用经济效益评估的指标计算方法，并采用定性与定量相结合的评估原则对坡耕地种树、种草、发展经济的效益进行了分析、评估，并提出了提高坡耕地退耕经济的途径。石培基（2006）从退耕者所得到的经济效益角度，采用比较分析法和费用效益法，以甘肃省4个县为例进行实证研究，评估了退耕还林政策对退耕者经济效益的影响。

Liu等（2008）在美国科学院院刊上发表的“Ecological and Socioeconomic Effects of China's Policies for Ecosystem Services”一文中对中国退耕还林工程实施以来对生态环境和社会经济的影响进行了分析，文中认为中国退耕还林工程的实施对生态环境的改善具有滞后性，而对社会经济的影响更加直接。退耕还林工程的实施提高了植被覆盖率，增加了固碳量，减少了土壤侵蚀作用；然而这些影响并非全都是积极的，例如退耕还林工程虽然提高了森林面积，但由于退耕还林的树种结构单一，且与当地原始的森林结构不同，会造成生物多样性的降低。作者认为退耕还林工程虽然取得了阶段性的成果，但是其实施时间较短，一些还林的土地并未完全恢复为森林，其经济收益也还不能填补工程实施投入的资金。许多研究认为，如果补偿资金不能延续，一些已经退耕的土地可能面临复耕的威胁。因此需要长期政策和资金上的支持才能达到预期的效果。虽然工程实施面临许多挑战，但过去十几年的工作为今后的工作奠定了基础。针对工程实施过程中所暴露的问题，文章建议中央政府应调整战略规划，详细规划地方政府的工作，突破传统的自上而下的方法。多接受当地人民的反馈，纳入决策过程；工程资金来源主要靠中央和地方政府财政，这对一些地方政府造成财政负担，诸如建立捐赠基金，引入市场机制可以使问题得到缓解；加强补偿的有效性，补偿的额度和补偿的时间跨度应当综合考虑包括生态系统效益、风险、生态系统服务以及利益相关者的需求等因素；当前关于工程的研究应当加强长期性和交叉性，分散、短期、投机性的研究对于工程的有效实施起不到作用；对工程实施进行全面检测，可以及时反馈工程实施过程中存在的问题，有助于工程及时调整和改进。

本报告依托于12个退耕还林工程生态效益专项监测站、CFERN所属42个森林生态站，以及200多个辅助观测点、3000多块样地的海量数据集，对退耕还林工程6个重点监测省份的生态效益，包括涵养水源、保育土壤、固碳释氧、林木积累营养物质、净化大气环境、生物多样性保护进行了评估，评估结果将对国家科学决策提供重要依据。

5.1 退耕还林工程生态效益的特征

退耕还林工程生态效益，包括涵养水源、保育土壤、固碳释氧、林木积累营养物质、净化大气环境和生物多样性保护。退耕还林工程按照植被恢复类型，可分为三类：退耕地还林、宜林荒山荒地造林和封山育林。退耕还林工程生态效益有如下特征：

（1）退耕还林生态效益价值量分布中，涵养水源功能所占比例最大，达到了46.85%，这一比值高于第七次全国森林资源清查期间（2004～2008年）中国森林生态系统服务评估中涵养水源功能价值量占总价值量的比例（40.51%）（Niu *et al*., 2012）。退耕还林工程区一般在坡度大于25度的山坡地，工程实施后，能够增加土壤水分渗入，降低土壤水分蒸发量和减缓地表径流，从而大大提高林地的涵养水源能力。涵养水源生态效益还与营造林种有关，生态林无论在郁闭度还是地表覆盖方面都优于经济林，因此生态林营造面积比例较大的河北省和湖南省涵养水源功能高于其他省份（图5-1）。

（2）退耕还林生态效益价值量分布中，保育土壤功能所占比例为10.80%，这一比值高于第七次全国森林资源清查期间（2004～2008年）中国森林生态系统服务评估中保育土壤功能价值量占总价值量的比例（9.91%）（Niu *et al*., 2012）。退耕还林工程区形成乔、灌、草的植被体系，起到拦截降雨、阻滞径流、固定土壤和减少侵蚀量的作用，因此退耕还林工程生态效益中，保育土壤功能突出。保育土壤功能还与工程区地形地貌有关，一般山地和坡耕地相对于平原地区更易发生水土流失，营造林对山地和坡耕地土壤侵蚀模数的影响更大。因此山地和坡耕地保育土壤功能显著高于平原地区，如山坡地退耕面积较大的甘肃省保育土壤功能显著高于其他省份（图5-1），且保育土壤价值量占全省生态效益总价值量的比重较大（图5-2）。

（3）退耕还林工程重点监测省份营造林属于中、幼龄林，林木净生产力低，固碳释氧功能价值量占总价值量的比例（13.19%）低于《中国森林生态系统服务功能评估》（2008年）中的结果（15.57%）。另外，固碳释氧生态效益与所营造的林种类型有关，速生树种（如桉树、泡桐、杨树）生长速度快，净生产力大，固碳释氧量也高。因此以营造速生树种为主的湖北省和辽宁省，固碳释氧功能较高，且固碳释氧价值量占本省总价值量的比重较大（图5-2）。

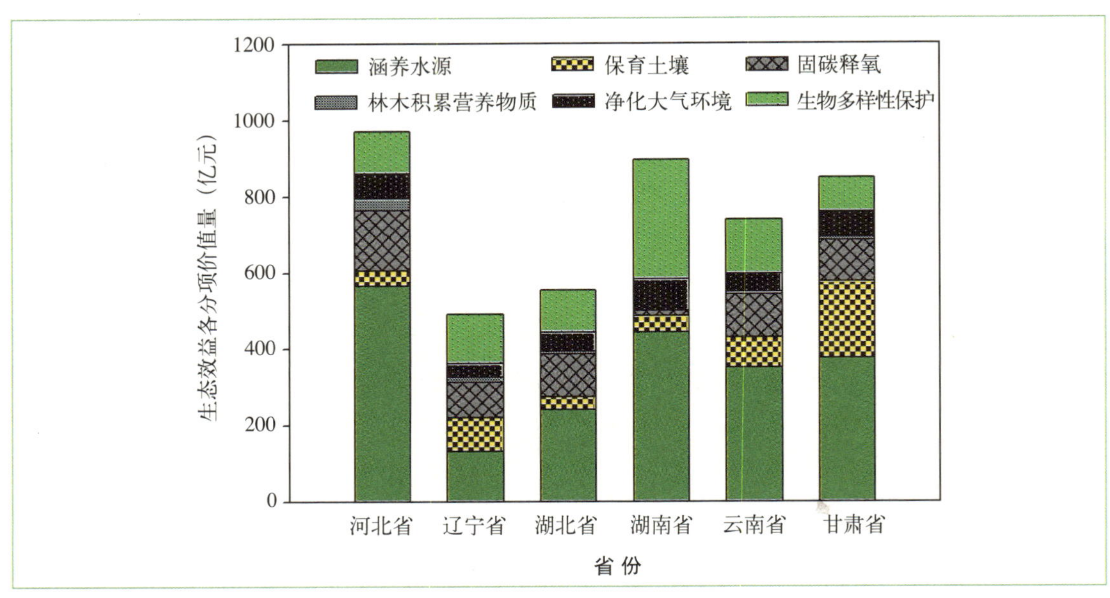

图5-1 重点监测省份生态效益各分项价值量

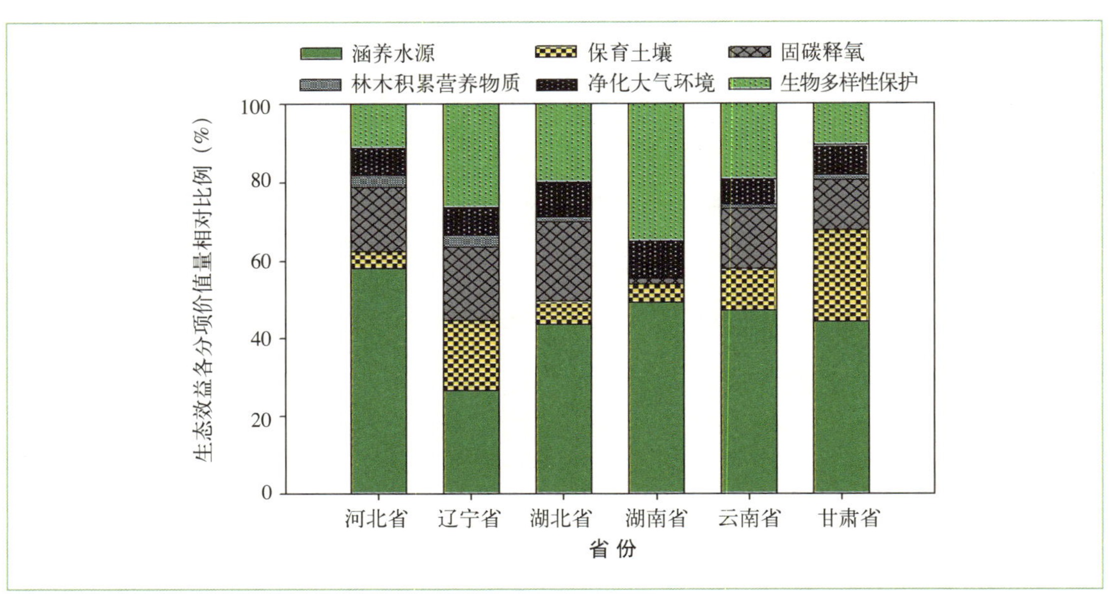

图5-2 重点监测省份生态效益各分项价值量相对比例

（4）退耕还林工程重点监测省份营造林基本以生态林、经济林为主，个别省份如甘肃省灌木林营造面积较大，因此退耕还林生物多样性不高，生物多样性保育价值占总价值量的比例（19.92%）低于《中国森林生态系统服务功能评估》（2008年）中的结果（24.01%）。湖南省属于大陆性亚热带季风湿润气候，光、热、水资源丰富，年平均降水量在1200～1700毫米之间，雨量充沛，因此退耕还林生物多样性相对较高，生物多样性保护价值占全省生态效益总价值量的比例高达35.05%，显著高于河北省和甘肃省（图5-2）。

（5）退耕还林工程三种植被恢复类型中，退耕地还林将山地和陡坡地农田退耕，退耕地还林土壤条件优良，人为管护率高，因此生态效益较高（图5-3）。宜林荒山荒地造林在近乎裸地上进行植树造林，宜林荒山荒地造林前后生态效益差异明显，且涵养水源价值量占总价值量的比例高于封山育林（图5-4）。封山育林是利用森林的更新能力，在自然条件适宜的山区，实行定期封山，禁止垦荒、放牧、砍柴等人为活动，以恢复森林植被的一种育林方式。由于封山育林区林种丰富，因此生物多样性保护价值占总价值量的比例高于宜林荒山荒地造林。

（6）退耕还林工程生态林是指在退耕还林工程中，主要营造水土保持林、水源涵养林、防风固沙林及竹林，以减少水土流失和风沙危害。生态林净化大气环境、生

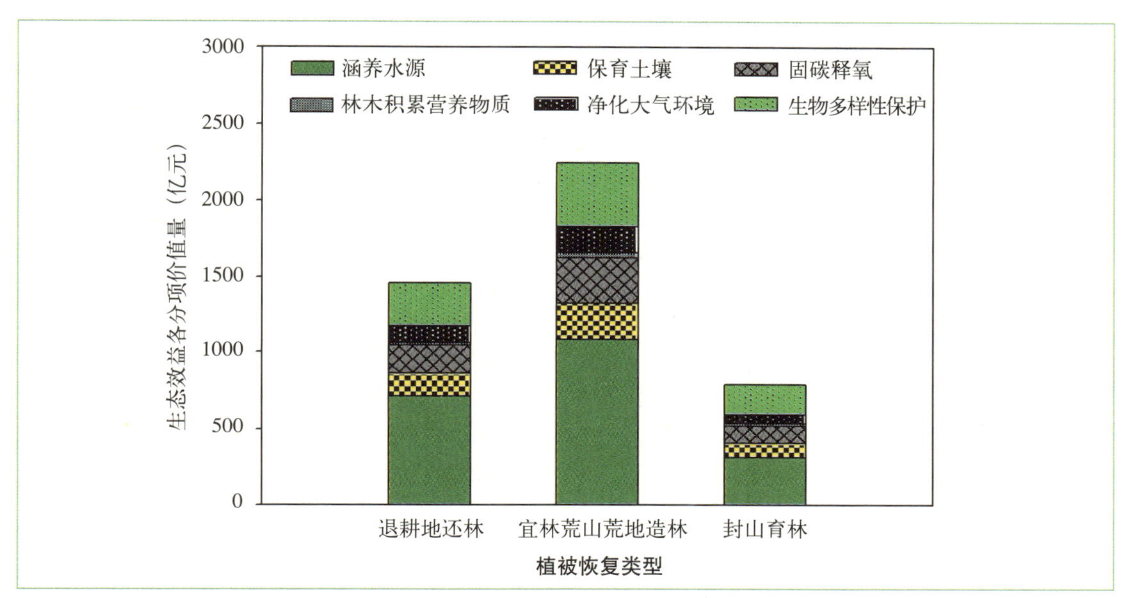

图5-3 三种植被恢复类型生态效益各分项价值量

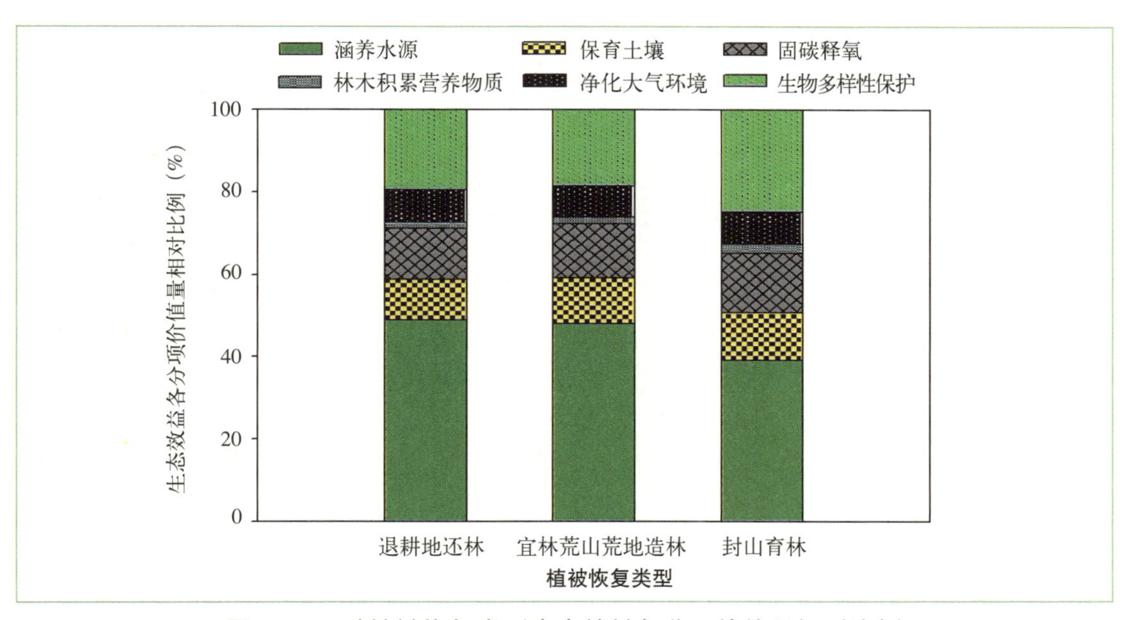

图5-4 三种植被恢复类型生态效益各分项价值量相对比例

物多样性保护价值占总价值量的比例一般高于经济林和灌木林（图5-5）。

（7）退耕还林工程经济林是指在工程实施中，营造以生产果品、食用油料、饮料、调料、工业原料和药材等为主要目的的林木。经济林涵养水源功能价值量占总价值量的比例高，而生物多样性保护价值所占比例低于生态林（图5-6）。退耕还林工程灌木林在北方地区，如甘肃省，营造面积较大，由于其贴近地表，增加了地表植被覆盖度，因此涵养水源生态效益较高。

（8）退耕还林工程地市级生态效益与各地市的地形、地貌、土壤等自然条件相

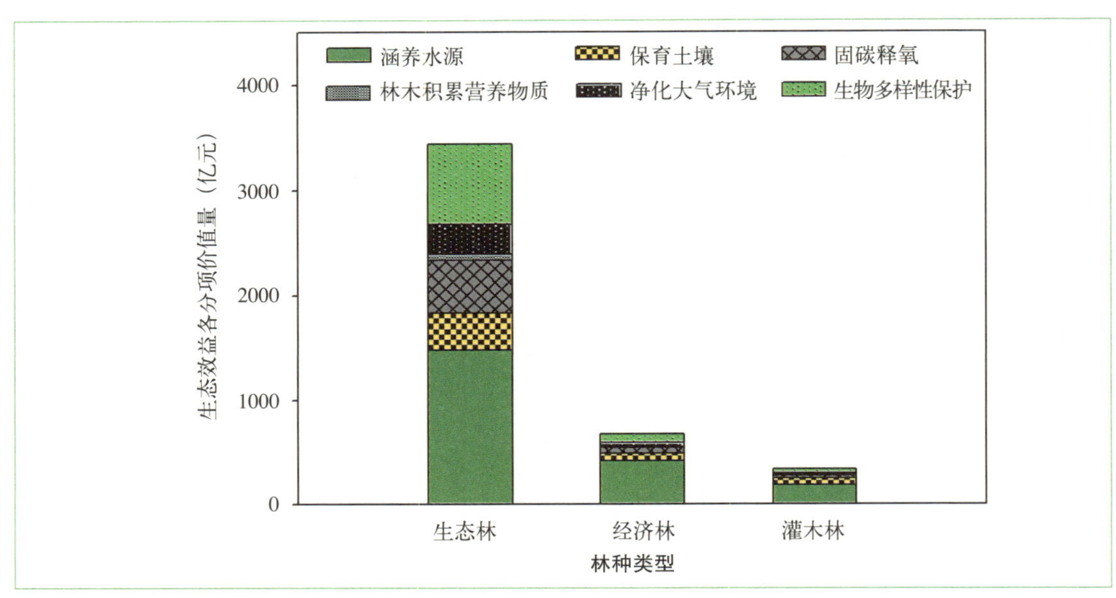

图5-5 三种林种类型生态效益各分项价值量

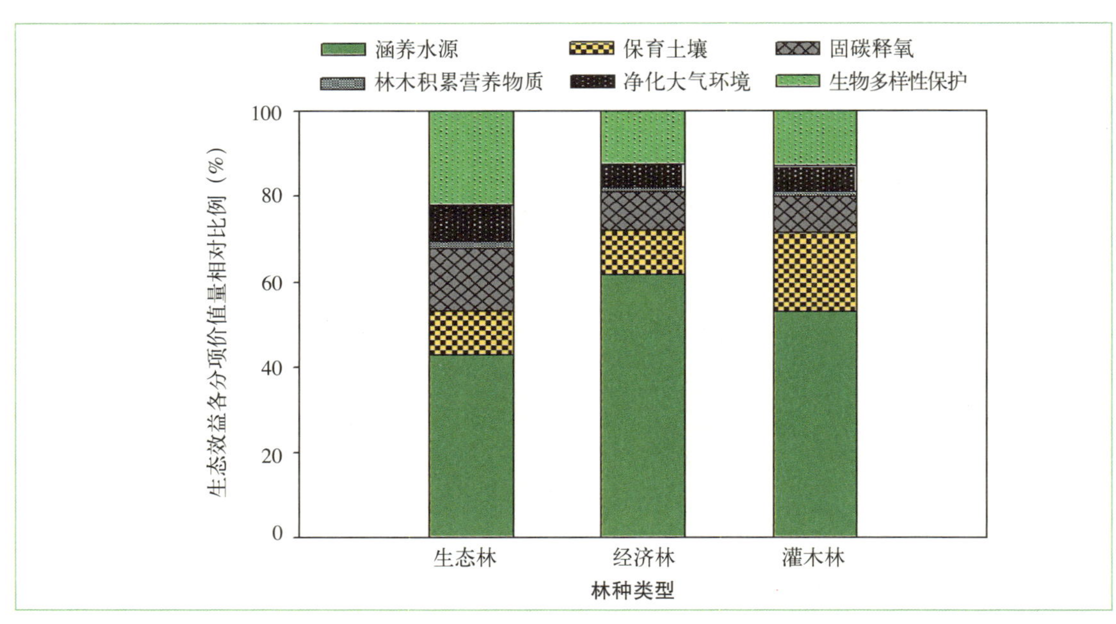

图5-6 三种林种类型生态效益各分项价值量相对比例

关。一般降水量丰富的地市，营造林涵养水源功能较高；山地、丘陵面积较大的地市，营造林保育土壤功能较高；水热条件、土壤条件较好的地市，其营造林固碳释氧功能较高；土地沙化严重的地市，其营造林滞尘功能较高。

5.2 与本省森林生态系统服务对比分析

根据第七次全国森林资源清查数据，2008年《中国森林生态服务功能评估》项目组评估了全国31个省（自治区、直辖市）的森林生态系统服务的物质量，重点监测省份退耕还林工程生态效益物质量与全国森林生态系统服务（2008年）各分项物质量的对比如表5-1和图5-7所示。

河北省退耕还林营造林面积大，且营造林主要以速生树种杨树为主，杨树林营造面积74.39万公顷，占全省退耕还林面积的39.85%，杨树生长速度快，因此河北省退耕还林工程各分项生态效益物质量占全省森林生态系统服务的比例均最高，其中涵养水源功能、固土功能、固碳功能、释氧功能、吸收污染物功能、滞尘功能物质量占全省森林生态系统服务的52.97%、36.30%、44.04%、36.22%、37.24%和42.85%。甘肃省退耕还林工程营造林中灌木林占总退耕面积的25.29%，因此甘肃省退耕还林工程生态效益物质量占全省森林生态系统服务的比例较低（图5-7）。

湖南省、云南省森林资源丰富，天然林分布广泛，根据最新的第八次全国森林资源清查数据，湖南省和云南省森林覆盖率分别为47.77%和50.03%，其中湖南省森林面积1011.94万公顷，天然林476.17万公顷；云南省森林面积1914.19万公顷，天然林1335.98万公顷。因此湖南省和云南省全省森林生态系统服务物质量位于全国前列，退耕还林工程生态效益物质量占各省森林生态系统服务物质量的比例较低。

重点监测省份退耕还林工程固碳功能物质量占各省森林生态系统服务物质量的比例较大，河北省、辽宁省、湖北省、湖南省退耕还林工程固碳功能物质量占全省固碳功能物质量的44.04%、21.26%、31.64%、22.59%。退耕还林工程营造林一般为中、幼龄林，生长速度快，固碳速率高，且营造林中生态林的比重较大，因此退耕还林工程固碳功能物质量占各省森林生态系统服务物质量的比重最大（图5-7）。

表5-1 退耕还林工程生态效益物质量与本省森林生态系统服务评估（2008年）对比表

地区	类型	涵养水源(亿立方米/年)	保育土壤					固碳释氧		林木积累营养物质			净化大气环境		
			固土(万吨/年)	氮(万吨/年)	磷(万吨/年)	钾(万吨/年)	有机质(万吨/年)	固碳(万吨/年)	释氧(万吨/年)	氮(万吨/年)	磷(万吨/年)	钾(万吨/年)	提供负离子($\times10^{22}$个)	吸收污染物(万千克/年)	滞尘(亿千克/年)
河北省	森林	92.80	8392.35	10.14	3.19	63.87	347.76	836.95	2349.42	32.32	1.19	21.37	2960.00	49060.01	623.32
	退耕	49.16	3046.44	3.57	1.02	24.11	1.34	368.60	850.96	11.12	0.48	7.13	1142.75	18272.16	267.09
辽宁省	森林	87.31	19438.32	46.01	22.19	364.27	906.88	996.04	3313.45	35.21	1.35	4.25	3880.00	64619.59	765.75
	退耕	11.47	3330.18	7.99	4.11	62.55	1.68	211.79	504.36	5.67	0.27	1.04	626.50	11789.30	143.08
湖北省	森林	166.82	10737.44	49.77	6.16	155.84	241.85	818.90	3410.10	12.76	1.00	9.91	5440.00	88612.49	1333.45
	退耕	20.97	1524.26	4.66	0.99	21.46	0.42	259.10	622.91	2.33	0.17	1.86	719.21	13637.08	203.30
湖南省	森林	297.99	17179.92	24.48	9.88	239.88	431.13	186.65	5120.30	15.71	3.04	11.45	8040.00	164751.20	2280.98
	退耕	38.54	2332.62	4.07	1.24	30.31	0.56	42.17	54.80	0.23	0.02	0.13	1208.22	23927.69	337.60
云南省	森林	520.22	75283.26	86.44	95.03	1025.63	1922.28	4010.55	13341.16	55.82	25.96	37.59	13900	278564.30	3615.17
	退耕	30.43	4353.72	4.83	3.75	65.45	1.56	256.53	606.55	2.49	0.71	1.19	666.15	14695.78	190.78
甘肃省	森林	99.34	19340.75	61.13	19.34	408.05	138.60	656.12	1719.70	11.75	1.09	4.30	2910.00	60866.44	737.74
	退耕	32.70	5852.59	21.18	11.78	162.38	3.04	258.81	575.32	3.76	0.33	1.27	1089.79	19680.38	262.39

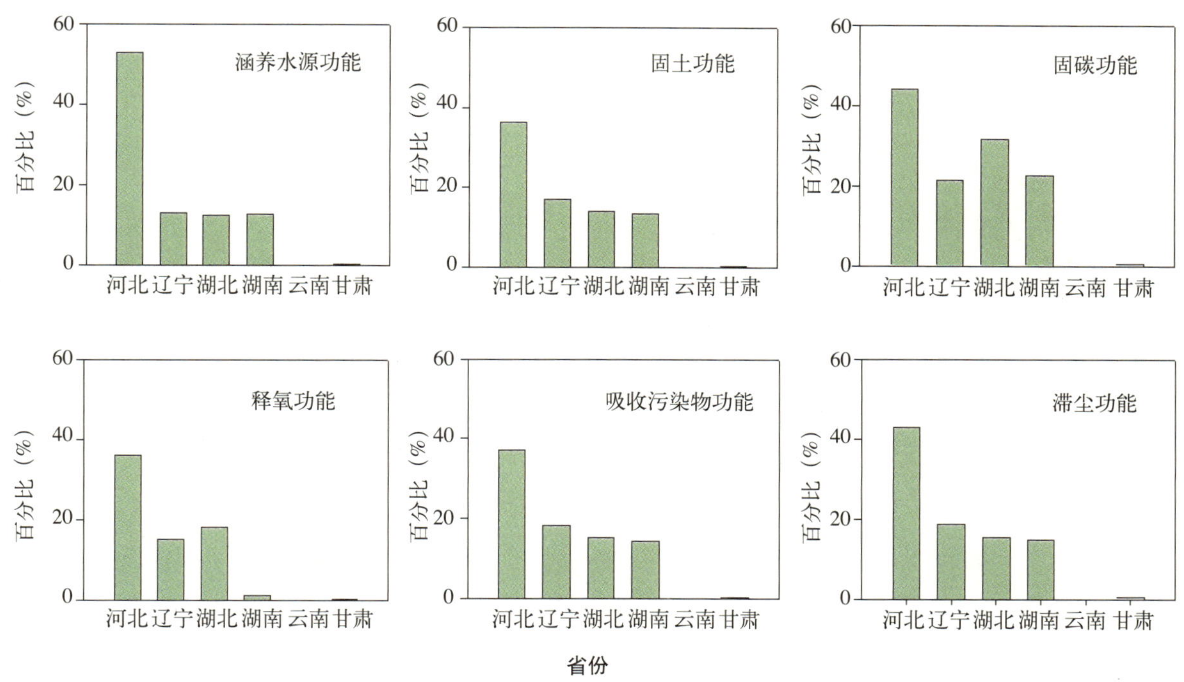

图5-7 退耕还林工程生态效益物质量占各省森林生态系统服务物质量的百分比

5.3 与经济社会发展关联度分析

森林作为陆地生态系统的主体，具有削减洪峰、涵养水源的巨大功能，人们形象地称之为“森林水库”。森林以其高耸的树高和繁茂的枝叶组成的林冠层，林下茂密的灌草植物形成的灌草层和林地上富集的枯枝落叶层和蓄积降水，从而对大气降水进行重新分配和有效调节，发挥着森林生态系统特有的水文功能。退耕还林工程营造的人工林虽然结构简单，林分类型单一，但相对于原来的农地或裸地荒地，其同样具有优良的涵养水源功能。

截至2013年年底，重点监测省份退耕还林工程每年涵养水源总物质量达183.27亿立方米，而我国三峡水利工程水库蓄水深度达175米时，库容为393亿立方米（设计库容），6个重点监测省份的退耕还林涵养水源量占到三峡水库设计库容的46.63%。由此可见，退耕还林工程所发挥的涵养水源功能不容小觑。

重点监测省份退耕还林工程每年固土总物质量为2.04亿吨。2011年，我国11大河流（长江、黄河、海河、淮河、珠江、松花江、辽河、钱塘江、塔里木河、黑河和闽江）的土壤侵蚀总量为7.37亿吨（中华人民共和国水利部，2011）。6个重点监测省份退耕还林工程总固土量相当于我国11大河流土壤侵蚀总量的27.68%，尤其是西部省份甘肃省，退耕还林工程保育土壤功能尤为重要。

重点监测省份退耕还林工程每年保肥总物质量达0.044亿吨，2013年我国农业总施肥量为0.59亿吨（中华人民共和国统计局，2013）。可以推算，6个重点监测省份退耕还林工程总保肥量相当于我国2013年农业化肥施入量的7.46%。退耕还林工程的实施，可以有效地减少土壤侵蚀量和人为施肥对环境的破坏，增加土壤保肥能力，其生态效益重大。

森林生态系统是地球陆地生态系统的主体，是陆地碳的主要储存库。森林对现在及未来气候变化和碳平衡都具有重要影响。6个重点监测省份退耕还林工程总固碳量为0.14亿吨（相当于0.51亿吨二氧化碳）。我国2013年标准煤消耗量为36.20亿吨（中华人民共和国统计局，2013）。退耕还林工程营造的速生林，生长速度快，固碳潜力大。

森林通过吸收同化、吸附阻滞等形式吸收大气污染物，退耕还林工程营造的一些针叶树种，如杉木、落叶松等，其吸收、利用和转化大气有毒有害气体的效率较阔叶树高，能够对大气起到净化作用。重点监测省份退耕还林工程每年总滞尘量为1404.24亿千克，吸附二氧化硫9.52亿千克，吸附氮氧化物为0.45亿千克。据统计，我国2011年废气污染物排放中，粉尘排放量为127.88亿千克，二氧化硫排放量为221.79亿千克，氮氧化物排放量为240.43亿千克（中华人民共和国统计局，2012）。据此推算，6个重点监测省份退耕还林工程总滞尘量相当于我国2011年粉尘排放量的11倍，吸附二氧化硫量、氮氧化物量分别占我国2011年二氧化硫排放量和氮氧化物排放量的4.29%和0.19%。

重点监测省份退耕还林工程生态效益总价值量占各省2013年GDP的比例如表5-2所示。退耕还林工程的实施带来了巨大的生态效益，如甘肃省退耕还林工程生态效益价值量占全省GDP的15.16%，而河北省退耕总面积（186.67万公顷）只比甘肃省（189.69万公顷）少3.02万公顷，但河北省退耕还林工程生态效益价值量只占全省

表5-2 退耕还林工程生态效益与各省传统GDP的关系

省 份	退耕还林工程生态效益（亿元）	GDP（万亿元）	退耕还林工程生态效益占GDP比重（%）
河 北	970.80	2.65	3.66
甘 肃	848.94	0.56	15.16
湖 南	897.40	2.22	4.04
云 南	739.49	1.03	7.18
湖 北	553.82	2.23	2.48
辽 宁	491.94	2.48	1.98

GDP的3.66%。退耕还林工程所产生的生态效益巨大，通过对退耕还林工程生态效益的评估，可以为生态效益定量化补偿提供依据。退耕还林工程生态效益占传统GDP比例较高的省份应提高各种补贴，加大投资的力度。同时，应积极推进将退耕还林工程生态效益纳入地方乃至国家经济核算中去，不断巩固退耕还林工程的成果。

5.4 评估结果的应用前景与展望

重点监测省份退耕还林工程生态效益评估，真实地反映了退耕还林工程已取得的成果。6个重点监测省份广大林业科技工作者进行了大量的退耕还林生态连清工作。本报告利用12个退耕还林工程生态效益专项监测站，42个中国森林生态系统定位观测研究网络（CFERN）所属森林生态站，200个以退耕还林、天然林保护、三北防护林等林业生态工程为观测目标的辅助观测点，以及3000多块固定样地的水、土、气、生海量数据集，采用分布式测算方法按照重点监测省份、三种植被恢复类型、三种不同林种类型的四级分布式测算等级将退耕还林工程资源划分为6327个相对均质的测算单元进行评估测算。评估结果具有重要意义。

5.4.1 退耕还林工程生态效益评估的应用

退耕还林工程生态效益评估有助于反映为巩固退耕还林成果而采取各项措施的成效，便于在工程管理中进一步完善有关政策措施，总结、推广先进技术模式，不断提高工程建设的质量和成效。不同地区可以有针对性地提出不同的生态、经济和社会效益目标，通过比较不同植被恢复模式（乔、灌、草及相互混交）、不同林种类型（生态林、经济林、灌木林）的生态效益，为下一步退耕还林工程营造林的选择和可持续管理提供了依据。

（1）退耕还林工程生态效益评估为生态效益定量化补偿提供依据

退耕还林工程是一项具有正外部性的社会经济活动，在此过程中，产生了两种矛盾：一是社会长远利益与退耕农户当前利益之间的矛盾；二是社会外部收益与退耕农户的边际私人收益之间的矛盾。

退耕还林工程生态效益评估有助于生态补偿制度的实施和利益分配的公平性。坚持谁受益、谁补偿原则，完善对重点生态功能区的生态补偿机制，推动地区间建立横向生态补偿制度。根据“谁受益，谁补偿，谁破坏，谁恢复”的原则，退耕还林工程区所提供服务较高的地区应该提高生态补偿的力度，以维护公平的利益分配和保护者应有的权益，这样做不仅有利于促进生态保护和生态恢复，而且有利于区域经济的协调发展和贫困问题的解决。

通过退耕还林工程生态效益评估可以反映不同植被恢复类型、不同林种类型生态效益的差异，从而为生态效益定量化补偿提供了依据。另外，应积极地将退耕还林工程生态效益纳入地方GDP核算体系，客观公正地评估退耕还林工程区为国民经济发展和人民生活水平提高所做出的贡献，准确地反映出生态系统的变化与经济发展对生态效益的影响，全面地凸显工程区对地区和国家可持续发展的支撑力，为国家制定生态系统和经济社会可持续发展政策提供重要的科学依据和理论支撑。

（2）退耕还林工程生态效益评估为森林可持续经营提供依据

通过比较不同植被恢复模式（乔、灌、草及相互混交）、不同林种类型（生态林、经济林、灌木林）的生态效益，为下一步退耕还林工程营造林的选择和可持续管理提供了依据。

河北省西北部防风固沙林区主要生态问题是植被破坏严重，降水少而集中，生态环境恶劣，水蚀、风蚀、干旱等灾害严重。为了更好地提高退耕还林工程生态效益，在保护现有天然植被的基础上，应合理调整产业结构，因地制宜地扩大人工植被面积，提高森林覆盖率。山地丘陵大力植树栽灌种草，营造水土保持林和防风固沙林，治理水土流失和风沙危害；在河川沟谷发展经济林和用材林。以人工造林和自然封育为主，选择耐旱、抗寒、适应性强的树种，如山杏、柠条、落叶松、油松、沙棘、紫穗槐等，通过鱼鳞坑整地或修整梯田，实施人工造林。

辽宁西部地区由于过度放牧，过度开垦，土地超载严重，土地沙化、草场退化问题突出，风沙危害、水土流失严重。因此该区域以防沙治沙、防治水土流失为主要目标，采取乔灌草相结合、林带林网片林相结合的手段，营造完善的防风固沙林体系。根据退耕地立地条件的不同，因地制宜地选择树种及确定造林模式。地势平缓，肥力较好的地块可以选择樟子松、落叶松、云杉等乔木树种与柠条、沙棘、山杏等灌木混交或与牧草、金银花、甘草、草麻黄等药用植物混交。在退耕还林中，把山杏选做经济树种发展，具有很高的生态效益和经济价值（孙永生，2002）。山杏在自然条件较好的地区树高可达14米，寿命长达200年左右。根系垂直分布5～6米。辽宁省自退耕还林工程实施以来，山杏营造面积高达16.53万公顷，选用寿命长、方便管理的山杏作为经济林主要营造树种取得了较高的生态效益。在风口、流沙较多、土壤贫瘠的耕地上可考虑柠条、沙棘、沙柳、枸杞等耐干旱、抗风蚀灌木与草（药）混交。研究表明，选用种间关系融洽的树种营造混交林，能较大幅度地提高林分的生长量，是提高较差立地上人工林生产力的一种有效手段（宋西德等，2001）。以沙棘为伴生树种，与其他树种混交，能显著促进混交树种的长势，克服“小老树”等不良生长现象（阮成江等，2000）。

湖北省江汉平原地势低平，自西北向东南倾斜，该地区主要生态问题是湿地资源遭到一定程度的破坏，洪涝渍等灾害几乎连年发生，春季常有北方冷空气侵入并长期滞留，长江两岸堤防受洪水威胁较大。因此，在发展生态农业和合理利用湿地的基础上，依据适地适树、生态效益和经济效益兼顾的原则，在广大农区、湖区恢复森林植被。利用水网湖区大面积沙滩地及低产田的资源条件，实施林下种草，草地放禽养畜，畜禽粪便促进林草生长，形成林草畜互惠共生的复合生态系统。对于堤岸防护林，造林时易选取不同树种和配置方式；对堤外缓坡、长堤坡段，选择耐水湿、生长快、根系发达的旱柳、枫杨等树种；堤内一般为缓坡、长堤，选择耐水湿的水杉、池杉等树种。

云南西部山地地区属南亚热带气候，该地区森林覆盖率低，纯林比例大，小面积森林火灾与森林病虫危害较为严重，水土流失问题比较突出。因此，退耕还林工程要以营造兼用型生态林为目标，发展生态经济型水源涵养林、水土保持林，增加森林覆盖率，控制水土流失。采取封山育林和人工造林相结合的措施。对由于人类砍伐、火灾等形成的次生林、疏林、灌木林等，进行封山育林。特别是陡坡地带的次生林、疏林和灌木林地，更要严格封山，逐步恢复和增强其防护功能。必要时可以在尽量不破坏表土层的情况下进行适当补植。宜林荒山和易引起水土流失的地段，营造水土保持林。比较平坦的地段，土壤比较肥沃，可营造生态经济型防护林。主要造林树种可选云南松、华山松、铁杉、三角杉、黄杉、红豆杉、秃杉、栓皮栎、麻栎、青冈栎、高山栲、黄毛青冈等。

云南省金沙江干热干旱河谷地区以中山地貌为主，地势陡峻，岩石破碎，加之干湿季节分明，风化强烈，夏季多暴雨，水土流失严重，山洪、泥石流等自然灾害频繁，其中尤以干热河谷地段最为突出，旱季长、气温高，易发生森林火灾。应以人工造林措施为主，在高温、土壤水分亏缺等人工造林与植被天然恢复极为困难的地段，选择剑麻作为先锋植物进行造林，待生境改善后，再栽植乔木、灌木树种；对土层较厚的阴坡地段，在雨季用容器苗造林，为固土稳坡、防止坡面侵蚀，应对坡下的冲沟及泥石流沟配套水土保持工程措施。

甘肃省东南和南部地区地势西高东低，该地区气候寒冷，干旱少雨，风大沙多，植被低矮稀疏，草场退化、沙化严重，水土流失逐步加剧。因此，退耕还林工程主要以封山禁牧，封造结合，灌草先行，恢复植被，提高水源涵养功能，防治水土流失和土地沙化为大纲。以封山育林、育草为主，结合人工造林种草，通过草场改良，营造防护林、水源涵养林，提高水源涵养功能，防治水土流失和土地沙化。主要造林树种有冷杉、云杉、白桦、红桦、沙棘；草种有中华羊茅、老芒麦、垂穗披碱草、草地早熟禾、草木樨、紫花苜蓿、无芒雀麦、猫尾草等。

甘肃省东部高原区属中温带半湿润气候，该地区植被覆盖度低，沟壑纵横，溯源侵蚀强烈，水土流失严重。因此需要加强塬面、沟头防护林，沟底防冲林和以道路为骨架的带、网、片、点相结合的农田防护林建设。同时采取综合措施防止沟谷冲刷和重力侵蚀，使塬面水不下沟，以达到控制塬面水土流失、保护良田的目的。采取封山育林育草、人工造林及辅助工程措施恢复植被。在塬面建设以主干道路为骨架，以水平条田为主体，以带、网、片、点相结合的农田防护林为网络，以塬边防护林为屏障的防护体系，使塬面成为粮、油、果的主要产区。在塬坡以道路建设和防护林营造为纽带，以水平梯田建设为主体，以山地果园经济林、地边地埂防护林（草）和沟边沟头防护工程为补充，使塬坡成为粮、果、林、草的重要生产区。在沟壑以营造固沟护坡防冲林和荒坡荒沟人工草地为主体，以治沟骨干工程土谷坊、石谷坊为补充，使其成为林、草的重点生产区。树种主要选择侧柏、油松、刺槐、沙棘、紫穗槐、青杨、毛白杨、小叶杨、杞柳、文冠果、泡桐、苹果、杏、桃等。

5.4.2 退耕还林工程亟待解决的问题

退耕还林工程的实践证明，这是一条符合科学发展观要求的正确道路，符合我国国情特别是生态脆弱地区的实际情况，顺应了广大农民的要求，受到了广大农民的支持，是一项利国利民的工程。当前退耕还林正处于一个关键转折时期，要贯彻党的十八大精神，落实科学发展观，建设生态文明，及时完善退耕还林工程政策，切实解决好退耕还林工程规划和巩固退耕还林成果的政策措施问题，建立起生态受保护，农民得实惠的长效机制，保障退耕还林成效。退耕还林工程虽然取得了巨大的成就，但在前期的实施过程中，仍有很多问题值得关注。

5.4.2.1 退耕还林后续产业发展问题

广大农民是退耕还林工程生态建设的主体，他们满意不满意、答应不答应，是搞好退耕还林工程建设、巩固退耕还林成果的基础。在宏观布局上如何处理好退耕还林与基本农田建设、能源建设、产业结构调整的关系。如何按照地域分异规律，构建退耕还林后续产业发展思路，这些都是退耕还林工作当前首先需要解决的问题。退耕农户增收难的问题依然突出。退耕还林农户大部分重造轻管，重国家补助收入，轻退耕投入，中耕、除草、施肥等营林抚育措施跟不上，造成产出低下；另外国家补助标准偏低，加之延长期到期面积的增加，退耕农户直接收入减少，部分还林地区因退耕树种单一，生长缓慢，效益严重滞后，致使林农增收渠道单一，收入增长慢，生活保障低。近年来，国家取消了农业税，逐步提高了粮食最低收购价格，并不断提高农民种粮的补贴标准，但对退耕还林农户的补助标准仍按2004年的补助标准执行，而且延长政策补助期限后对退耕农户的资金补助标准减少了一半，加之现在粮食价格已经大幅上涨，退耕农户所领取到的补助资金已经大大缩水，退耕农户多数感觉到应得利益受到了伤害，少数人甚至出现了毁林重新种粮的苗头。随着退耕还林补助的减少，退耕后续产业的发展迫在眉睫，如何开展后续产业，引进相应的企业，增加退耕农户的收入，降低退耕农户对国家补助的依赖，是退耕还林工程实现“稳得住、不反弹”的关键。

在新一轮退耕还林工程实施中，应加大对替代产业发展的扶持力度。加强对退耕农民的技术培训，进一步扶持畜牧养殖、林果和中药材等特色种植基地的建设，扶持兴办农、林、畜产品加工企业，发展乡村生态旅游，实施龙头带动战略，加速农业产业化进程，真正实现区域农村经济结构的转型。

5.4.2.2 退耕地缺少经营管理

部分地区重退耕、轻荒山荒地造林的思想严重。荒山造林工程质量差，加之自然灾害等问题导致苗木成活保存率低。存在返耕、复耕、林粮间作问题。退耕地树种选择上生态效益明显，经济效益欠缺，广大退耕农户的后期管理积极性不高，限制了预期收益的空间，不利于形成农村经济支柱，难以满足农民对退耕还林的效益需求，同时也从一定程度上影响了退耕农户加强退耕还林管理的积极性。退耕还林工程营造林以生态林为主，除国家的补助外无其他的经济收入，导致退耕农户不愿投入更多的资金进行林地的抚育和管理，加剧了退耕地成活、保存率的下降。

对退耕地上所种植的林木进行管护，直接关系到已退耕地是否能够如期发挥国家追求的生态效益和退耕农户自身追求的经济效益。针对部分退耕还林工程区新营造林管护难、管护率低的问题，建议有关部门通过举办技术培训班、开展技术咨询、印发宣传技术资料、走村入户、现场技术指导等多种途径，创新和改进抚育管理方式，根据实际情况推行“户退户抚、联户互抚、出资代抚、承包专抚”等多种抚育管理方式，促进林木快速生长，提高新营造林的成活率。

5.4.2.3 退耕还林工程监测与效益评估问题

退耕还林是土壤与植被协同演化的过程，国内对退耕还林后土壤、植被变化研究较多，对退耕还林工程效益评估在地区尺度进行的评估较多。在以省级尺度乃至国家尺度且在全面监测、调查的基础上进行生态效益、社会效益、经济效益的研究欠缺。退耕还林工程给地方的生态环境建设带来了三大效益，相比社会效益和经济效益能够看得见、摸得着，退耕还林工程的生态效益巨大，通过退耕还林生态效益评估可以让公众，特别是退耕农户切实感受到退耕还林工程潜在的成果，包括涵养水源、固碳释氧、净化大气环境等。

5.4.3 退耕还林工程生态效益评估展望

森林是陆地生态系统的主体，是人类进化的摇篮。森林在生物界和非生物界物质交换和能量流动中扮演着主要角色，对保持陆地生态系统的整体功能、维护地球生态平衡、促进经济与生态协调发展发挥着重要作用。森林不仅为人类提供木材、食品和能源等多种物质产品，又能为人类提供森林观光、休闲度假和文化传承的场所，还具有涵养水源、固碳释氧、保持水土、净化水质、防风固沙、调节气候、清洁空气、吸附粉尘等独特功能。因此，对退耕还林工程生态效益进行客观、科学、动态的评估，进而体现林业在经济社会可持续发展中的战略地位与作用，反映林业建设成就，服务宏观决策，成为目前一项重要而又紧迫的任务。

中国政府高度重视林业工作，始终把林业发展和国家林业重点工程建设放在重要战略位置。党的十八大报告将生态文明建设提高到“五位一体”的高度来论述，明确指出要增强生态产品的生产能力。近年来，国家林业局紧密结合国家及行业发展的需求，积极推动退耕还林工程长期生态定位观测研究站的建设。在退耕还林工程的网络化建设与管理上，我国已经处于国际领先地位，同时在资金投入、研究设备、研究手段和人才储备上得到了加强，为客观、科学、动态地评估退耕还林工程生态效益奠定了基础。

当前，退耕还林工程正处于重要的转折期。退耕还林工程生态效益评估已成为当前迫在眉睫的问题，退耕还林工程生态效益评估结果对于新一轮退耕还林工程具有重要的指导意义。退耕还林工程生态效益评估过程复杂，涉及林学、生态学、环境经济学、水土保持学以及公共经济学等多个学科。但目前，退耕还林工程生态效益评估主要是静态的评估，不能及时、全面地反映退耕还林工程在不同时段的变化趋势，且研究对象主要集中在小尺度范围之内，其研究结果不能被直接应用于较大尺度范围，国家和政府无法获得宏观尺度上的决策支持信息。因此，今后应在全面监测的基础上对退耕还林工程的生态效益、社会效益、经济效益做出全面、系统、科学、动态的评估，为国家管理部门的宏观决策提供科学、准确的依据。

参考文献

Constanza R, Arge R, Groot R, et al. 1997. The value of the world' s ecosystem services and natural capital[J]. Nature, 387: 253-260.

Daily G C. 1997. Nature' s services: societal dependence on natural ecosystems[M]. Washington DC: Island Press.

Dan Wang, Bing Wang,Xiang Niu. 2014. Forest carbon sequestration in China and its benefits[J]. Scandinavian Journal of Forest Research, 1: 1-9.

Fang J Y, Chen A P, Peng C H, et al. 2001. Changes in forest biomass carbon storage in China between 1949 and 1998[J]. Science, 292: 2320-2322.

Fang J Y, Wang G G, Liu G H, et al. 1998. Forest biomass of China: an estimate based on the biomass-volume relationship[J]. Ecological Applications, 8(4): 1084-1091.

Feng X, et al. 2013. How ecological restoration alters ecosystem services: an analysis of carbon sequestration in China' s Loess Plateau[J]. Scientific Reports, 3: 1-5.

IPCC. 2003. Good Practice Guidance for Land Use, Land-Use Change and Forestry[R]. The Institute for Global Environmental Strategies (IGES).

Klos R J. 2009. Drought impact on forest growth and mortality in the southeast USA: an analysis using forest health and monitoring data[J]. Ecological Applications, 19(3): 699-708.

Liu J G, Li S X, Ouyang Z Y, et al. 2008. Ecological and socioeconomic effects of China' s policies for ecosystem services[J]. PNAS, 105(28): 9477-9482.

MA (Millennium Ecosystem Assessment). 2005. Ecosystem and human well-Being: synthesis[M]. Washington DC: Island Press.

Niu X, Wang B, Liu S R. 2012. Economical assessment of forest ecosystem services in China: characteristics and implications[J]. Ecological Complexity. 11: 1-11.

Niu X, Wang B, Wei W J. 2013. Chinese forest ecosystem research network: a platform for observing and studying sustainable forestry[J]. Journal of Food, Agriculture and Environment. 11(2): 1008-1016.

Palmer M A, Morse J, Bernhardt E, et al. 2004. Ecology for a crowed planet[J]. Science, 304: 1251-1252.

Riemann R, Wilson B T, Lister A, et al. 2010. An effective assessment protocol for continuous geospatial datasets of forest characteristics using USFS Forest Inventory and Analysis (FIA) data[J]. Remote Sensing of Environment, 114 (10).

Sutherland W J, Armstrong B S, Armsworth P R, et al. 2006. The identification of 100 ecological questions of high policy relevance in the UK[J]. Journal of Applied Ecology, 43: 617-627.

Wang B, Cui X H, Yang F W. 2004. Chinese forest ecosystem research network (CFERN) and its development[J]. China E-Publishing, 4: 84-91.

Wang B, Wang D, Niu X. 2013a. Past, present and future forest resources in China and the implications for carbon sequestration dynamics[J]. Journal of Food, Agriculture and Environment, 11(1): 801-806.

Wang B, Wei W J, Liu C J, et al. 2013b. Biomass and carbon stock in Moso Bamboo forests in subtropical China: characteristics and implications[J]. Journal of Tropical Forest Science, 25(1): 137-148.

Wang B, Wei W J, Xing Z K, et al. 2012. Biomass carbon pools of Cunninghamia lanceolata (Lamb.) Hook. forests in subtropical China: characteristics and potential[J]. Scandinavian Journal of Forest Research: 1-16.

Woodall C W, Amacher M C, Bechtold W A, et al. 2011. Status and future of the forest health indicators program of the USA[J]. Environmental Monitoring and Assessment, 177(1-4): 419-436.

Woodall C W, Morin R S, Steinman J R, et al. 2010. Comparing evaluations of forest health based on aerial surveys and field inventories: Oak forests in the Northern United States[J]. Ecological Indicators, 10(3): 713-718.

Xiang Niu, Bing Wang. 2014. Assessment of forest ecosystem services in China: a methodology[J]. Journal of Food, Agriculture and Environment, 11 (3&4): 2249-2254.

Xue P P, Wang B, Niu X. 2013. A simplified method for assessing forest health, with application to Chinese fir plantations in Dagang Mountain, Jiangxi, China[J]. Journal of Food, Agriculture and Environment. 11(2):1232-1238.

《气候变化国家评估报告》编写委员会. 2007. 气候变化国家评估报[M]. 北京：科学出版社.

陈艳梅，钱金平. 2013.河北省山区土壤侵蚀动态变化趋势研究[J].水土保持研究, 13(6): 293-297.

邓德明，李书明，等. 2005.退耕还林工程建设成本与效益分析[J].湖南林业科技，32(3): 43-44.

费世民，彭镇华，等. 2004.我国封山育林研究进展[J].世界林业研究，17(5): 29-33.

冯长红，贺康宁，等.2009.封山育林模式与发展对策研究[J].中国生态农业学报，17(5): 1012-1016.

甘肃林业网.2012.甘肃省退耕还林工程综述“退”出来的天地.http://www.gsly.gov.cn/content/ 2012-11/5848.html.

甘肃省生态效益评估中心. 2012. 甘肃省2011年生态效益监测报告 [R].

高志强，刘纪远. 2008.中国植被净生产力的比较研究[J].科学通报，53(3): 317-326.

郭永红，张义华，张宏霞，等. 2010.天水市退耕还林（草）不同造林模式对土壤养分的影响[J].安徽农业科学，38(30): 16980-16983.

郭雨华. 2009.中国西北地区退耕还林工程效益监测与评价[D]. 北京林业大学.

国家林业局. 2003.森林生态系统定位观测指标体系(LY/T 1606-2003). 4-9.

国家林业局. 2004.国家森林资源连续清查技术规定. 5-51.

国家林业局. 2005.森林生态系统定位研究站建设技术要求 (LY/T 1626-2005). 6-16.

国家林业局. 2007a.干旱半干旱区森林生态系统定位监测指标体系 (LY/T 1688-2007). 3-9.

国家林业局. 2007b.暖温带森林生态系统定位观测指标体系 (LY/T 1689-2007). 3-9.

国家林业局. 2007c.热带森林生态系统定位观测指标体系 (LY/T 1687-2007). 4-10.

国家林业局. 2008a.国家林业局陆地生态系统定位研究网络中长期发展规划 (2008-2020年). 62-63.

国家林业局. 2008b.寒温带森林生态系统定位观测指标体系 (LY/T 1722-2008). 1-8.

国家林业局. 2008c.森林生态系统服务功能评估规范(LY/T 1721-2008). 3-6.

国家林业局. 2010a.森林生态系统定位研究站数据管理规范(LY/T1872-2010). 3-6.

国家林业局. 2010b.森林生态站数字化建设技术规范(LY/T1873-2010). 3-7.

国家林业局《退耕还林工程生态林与经济林认定标准》(林退发[2001] 550号).

国家林业局和财政部. 2009.国家级公益林区划界定办法 (林资发[2009]214号).

国家林业局和财政部. 2013.国家级公益林管理办法 (林资发(2013)71号).

国家林业局退耕还林办公室.2009.湖北省退耕还林生态效益显著.中国林业网http://www.forestry.gov.cn/portal/main/s/435/content-31003.html.

国家统计局.2008.云南省退耕还林工程成效显著.中金在线http://news.cnfol.com/081006/101,1606,4844681,00.shtml.

河南省人民政府.2007.河南省人民政府关于印发河南林业生态省建设规划的通知 (豫政[2007]第81号).

黄兵，宫渊波，等. 2006.两种经济林中的穿透雨与茎流特征研究[J]. 四川林业科技，

27(6): 65-68.

贾治邦. 2009.中国森林资源清查报告-第七次全国森林资源清查[M].北京：中国林业出版社.

姜有虎. 2009.民勤县退耕还林工程社会经济效益分析[J].河北农业科学,13(5): 96-97.

孔忠东,徐程杨,杜纪山.2007.退耕还林工程效益评价研究综述[J].西北林学院学报, 22(6): 165-168.

黎章矩. 2003.山核桃栽培与加工[M].北京：中国农业科学技术出版社.

李世东. 2004.中国退耕还林研究[M].北京：科学出版社.

李学辉,伍立群. 2008.云南省干热地区地表水资源状况分析[J].人民长江，39(24): 29-32

李育才. 2009.中国北方退耕还林工程建设效益评价研究[M].北京：蓝天出版社.

鲁绍伟. 2003.河北省坝上地区退耕还林政策分析[D]. 河北农业大学.

罗细芳，姚小华. 2005.生态经济林模式水土流失模型探讨[J].经济林研究， 23 (3) : 24- 27.

马宁，孙阁. 2011.河北退耕还林这十年[N].中国绿色时报.

苗世龙. 2004.浅议灌木林在同朔地区生态建设中的地位和作用[J].林业科技，3: 20-21.

牛香，王兵. 2012b.基于分布式测算方法的福建省森林生态系统服务功能评估[J].中国水土保持科学，10(2): 36-43.

牛香. 2012a.森林生态效益分布式测算及其定量化补偿研究——以广东和辽宁省为例[D]. 北京林业大学.

潘磊，史玉虎，熊艳平，等. 2006.秭归县退耕还林水源涵养效益计量[J].湖北林业科技，139: 1-4.

潘勇军. 2013.基于生态GDP核算的生态文明评价体系构建[D]. 中国林业科学研究院.

裴新富，甘枝茂，刘啸. 2003.黄河流域退耕还林有关技术问题研究[J].干旱区资源与环境，3 : 98- 102.

齐永红. 2005.退耕还林工程应重视灌木林的建设[J].林业科技，3: 21-22.

杞银凤.2006.云南省退耕还林实施现状与对策[J]. 林业调查规划，31(4): 134-136.

秦彩欣. 2009.承德县退耕还林工程综合效益评价研究[D]. 河北农业大学.

阮成江，李代琼，姜峻，等. 2000.半干旱黄土丘陵区沙棘的水分生理生态及群落特性研究[J]. 西北植物学报，4: 621-627.

山广茂，王兵.2013.吉林省森林生态系统服务功能及其效益评估[M].哈尔滨：东北林业大学出版社.

山西省人民政府.2013.山西省林业发展“十二五”规划. http://www.forestry.gov.cn/portal/main/s/72/content-582769.html. 2013-01-28

石培基，冯晓淼，宋先松，等. 2006.退耕还林政策实施对退耕者经济纯效益的影响评价—以甘肃4个退耕还林试点县为例[J].干旱区研究，23(3): 459-465.

宋西德，叶存望，张海. 2004.陕北地区退耕坡地植被恢复技术及效益评价[J].西北大学学报(自然科学版)，34(5)：607-610.

苏志尧. 1999.植物特有现象的量化[J].华南农业大学学报，20(1): 92-96.

唐克丽，等. 2004.中国水土保持[M].北京：科学出版社.

陶接来. 2009.湖南退耕还林十年成效分析与对策[J].湖南林业科技，36(5): 49-50.

汪邦稳，杨勤科，等.2007.延河流域退耕前后土壤侵蚀强度的变化[J].中国水土保持科学，5(4):27-33.

王兵，崔向慧，杨锋伟.2004.中国森林生态系统定位研究网络的建设与发展[J].生态学杂志，23(4): 84-91.

王兵，崔向慧. 2003.全球陆地生态系统定位研究网络的发展[J].林业科技管理，(2): 15-21.

王兵，丁访军.2010.森林生态系统长期定位观测标准体系构建[J].北京林业大学学报，32(6): 141-145.

王兵，丁访军.2012.森林生态系统长期定位研究标准体系[M].北京：中国林业出版社.

王兵，李少宁.2006. 数字化森林生态站构建技术研究[J].林业科学，42(1): 116-121.

王兵，宋庆丰. 2012. 森林生态系统物种多样性保育价值评估方法[J].北京林业大学学报，34(2): 157-160.

王兵. 2010.中国森林生态服务功能评估[M].北京：中国林业出版社.

王兵. 2011.广东省森林生态系统服务功能评估[M].北京：中国林业出版社.

王海涛，张敏敏，刘丽艳.2011.退耕还林工程建设10年成就回眸·生态篇[J].人民网 http://politics.people.com.cn/GB/70731/16461072.html.

汪松，解焱. 2004. 中国物种红色名录（第一卷：红色名录）[M]. 北京：高等教育出版社.

吴穹. 2011. 姊归县退耕还林工程效益评价[D]. 北京林业大学.

吴永彬. 2010. 广东省人工生态林造林树种选择及生态效益研究[D]. 华南农业大学.

向更生，刘华雄. 2006. 昭阳市退耕还林工程建设评估与思考[J].湖南林业科技，33(2): 51-54.

谢家祜，等. 1992.封山可以育林　育林应有补偿[J]. 河北林学院学报，7 (特刊) : 1-6

新疆维吾尔自治区人民政府. 关于同意新疆维吾尔自治区林业“十二五”发展规划的批复 (新政函〔2011〕第325号).

徐化成，郑均宝.1994. 封山育林研究[M]. 北京：中国林业出版社.

闫丽珍，闵庆文.2004.退耕还林中“经济林”和“生态林”的概念和比例问题[J]. 水土保持研究，11(3): 50-53.

杨传金，戴前石. 2011. 退耕地还林成果巩固中存在的问题及对策[J].中南林业调查规划，30(4): 11-14.

姚清亮. 2009. 河北省退耕还林工程效益评价研究[D]. 北京林业大学.

尹刚强. 2010. 湖南会同退耕还林生态环境效益研究[D]. 中南林业科技大学.

尹少华，宋笑月，等. 2010. 湖南省退耕还林工程生态效益评价[J]. 中南林业科技大学学报，30(5): 35-39.

俞海生，李宝军，等. 2003. 灌木林主要生态作用的探讨[J]. 内蒙古林业科技，4: 15-18.

云南省退耕还林办公室. 云南10年退耕还林工程建设成绩斐然[J]. 云南林业，30(6): 50-51.

张永利，等. 2010.中国森林生态系统服务功能研究[M]. 北京：科学出版社.

赵俊臣，许建初，齐康，等. 2001. 中国云南省天然林资源保护与退耕还林还草工程社区调研报告[M]. 昆明: 云南科技出版社.

赵润林. 2008. 辽宁省退耕还林工程生态效益监测开展情况报告.

赵树丛. 2012. 全面开创现代林业发展新局面—全国林业发展“十二五”规划新编[M]. 北京: 中国林业出版社.

赵显波. 2006. 辽宁省退耕还林工程投资综合效益分析[J]. 绿色财会，9: 30-31.

浙江省发展和改革委员会. 2011. 关于印发浙江省林业发展“十二五”规划的通知 (浙发改规划〔2011〕第1794号).

中国财经报. 2013. 用“生态GDP”核算美丽中国. http://finance.china.com.cn/roll/20130402/ 1365492.shtml. 2013-04-02.

中国科学院中国植被图编辑委员会. 2008. 中国植被机器地理格局——中华人民共和国植被图(1:1000000)说明书[M]. 北京：地质出版社.

中国绿色时报.2013.生态GDP:生态文明评价制度创新的抉择. http://www.gov. cn/gzdt/2013-02/26/ content_2340409.htm. 2013-02-26.

中国绿色时报. 2013. 一项开创性的里程碑式研究——探寻中国森林生态系统服务功能研究足迹.http://www.greentimes.com/green/news/yaowen/zhxw/content/2013-02/04/content_211358.htm. 2013-02-04.

中国森林生态系统定位研究网络. 2007. 河南省森林生态系统服务功能及其效益评估.

中国森林生态系统定位研究网络. 2010a. 大连市森林生态效益公报.

中国森林生态系统定位研究网络. 2010b. 福建省森林生态服务功能及其价值评估.

中国森林生态系统定位研究网络. 2010c. 广西壮族自治区森林生态系统服务功能及其价值评估报告.

中国森林生态系统定位研究网络. 2010d. 贵州省黔东南州森林生态系统服务功能评估.

中国森林生态系统定位研究网络. 2011a. 广东省森林生态系统服务功能及其效益评估

中国森林生态系统定位研究网络. 2011b. 辽宁省森林生态系统服务功能及其效益评估

中国森林生态系统定位研究网络. 2012. 吉林省森林生态系统服务功能及其效益评估
中国森林生态系统服务功能评估组. 2010. 中国森林生态服务功能评估[M]. 北京：中国林业出版社.
中华人民共和国国家统计局. 2012. 中国统计年鉴 (2012) [M]. 北京：中国统计出版社
中华人民共和国农业部. 2012.中国农业发展报告[M]. 北京：中国农业出版社.
中华人民共和国水利部. 2004. 全国水土保持监测公报 (2003).
中华人民共和国水利部. 2011. 2011年中国水土保持公报.
中华人民共和国卫生部. 2012. 中国卫生统计年鉴(2012) [M]. 北京：中国协和医科大学出版社.
中科院可持续发展战略研究组. 2013. 中国可持续发展战略报告——未来10年的生态文明之路[M]. 北京：科学出版社.
周文渊. 2011. 湖南省慈利县退耕还林工程生态效益评价研究[D]. 北京林业大学.
朱红春，张友顺. 2003. 陕北黄土高原坡耕地生态退耕经济效益评价与分析[J]. 水土保持研究，10(2): 41-43.
朱玉雯. 2008. 湖南省退耕还林工程综合效益评价研究[D]. 中南林业科技大学.

附　录

附件1　名词术语

生态文明 ecological civilization:

人类遵循人与自然、社会和谐协调，共同发展的客观规律而获得的物质文明与精神文明成果，是人类物质生产与精神生产高度发展的结晶，是自然生态和人文生态和谐统一的文明形态。

生态系统功能 ecosystem function:

生态系统的自然过程和组分直接或间接地提供产品和服务的能力，包括生态系统服务功能和非生态系统服务功能。

生态系统服务 ecosystem service:

生态系统中可以直接或间接地为人类提供的各种惠益，生态系统服务建立在生态系统功能的基础之上。

生态系统服务转化率 ecosystem service conversion:

生态系统实际所发挥出来的服务功能占潜在服务功能的比率，通常用百分比（%）表示。

退耕还林工程生态效益科学化补偿 ecological benefit compensation in conversion of cropland to forest：

在政府引导下，政府对实施退耕还林的农民或者其他使用者实施的一种科学化经济补偿，这种补偿既满足农民等基本生活需求，同时保证经济收入不发生明显下降，退耕还林经济补偿额年限应该由退耕后产业结构调整取得显著成效所需的时间来决定。

退耕还林工程生态效益全指标体系连续观测与清查（退耕还林生态连清）ecological continuous inventory in conversion of cropland to forest:

以生态地理区划为单位，以退耕还林监测站和国家现有森林生态站为依托，采用长期定位观测技术和分布式测算方法，定期对退耕还林工程生态效益进行全指标体系观测与清查，它与国家森林资源和退耕还林资源连续清查耦合，评估一定时期内退耕还林工程生态效益，进一步了解退耕还林的动态变化。

退耕还林工程生态效益监测评估 observation and evaluation of ecological effects of conversion of cropland to forest:

通过定位监测、野外试验等手段，运用森林生态效益评估的原理和方法，通过退耕后林地的生态环境与退耕前农耕地、坡耕地的生态环境发生的变化作对比，对退耕还林工程的净化大气、涵养水源、保育土壤、林木积累营养物质、固碳释氧、防风固沙、生物多样性等生态效益进行评估。

退耕还林工程生态效益专项监测站 special observation station of ecological effects of conversion of cropland to forest:

承担退耕还林工程生态效益监测任务的各类野外观测台站。

森林生态功能修正系数（FEF-CC） forest ecological function correction coefficient:

基于森林生物量决定林分的生态质量这一生态学原理，森林生态功能修正系数是指评估林分生物量和实测林分生物量的比值。反映森林生态服务评估区域森林的生态功能状况，还可以通过森林生态质量的变化修正森林生态系统服务的变化。

退耕还林工程三种植被恢复类型 types of vegetation restoration in conversion of cropland to forest program:

在退耕还林工程的实施过程中，根据不同的气候、水文及土壤立地条件，将植被恢复类型划分为退耕地还林、宜林荒山荒地造林和封山育林三种类型。其中，退耕地还林是将生产力地下的农田逐步恢复成有林地；宜林荒山荒地造林是在尚未达到有林地标准的荒山荒地进行人工造林；封山育林是利用森林的天然更新能力，禁止一切人类破坏活动，以恢复森林植被的一种育林方式。

贴现率 discount rate:

又称门槛比率，指用于把未来现金收益折合成现在收益的比率。

存贷款均衡利率 the equilibrium interest rate of deposit and lending rates:

指银行平均贷款利率和平均存款利率的均值。

绿色GDP green gross domestic product:

在现行GDP核算的基础上扣除资源消耗价值和环境退化价值。

生态GDP ecological gross domestic product:

在现行GDP核算的基础上，减去资源消耗价值和环境退化价值，加上生态系统的生态效益，也就是在绿色GDP核算体系的基础上加入生态系统的生态效益。

附表1 IPCC推荐使用的木材密度（D）（单位：吨干物质/立方米鲜材积）

气候带	树种组	D	气候带	树种组	D
北方生物带、温带	冷 杉	0.40	热带	陆均松	0.46
	云 杉	0.40		鸡毛松	0.46
	铁杉柏木	0.42		加勒比松	0.48
	落叶松	0.49		楠 木	0.64
	其他松类	0.41		花榈木	0.67
	胡 桃	0.53		桃花心木	0.51
	栎 类	0.58		橡 胶	0.53
	桦 木	0.51		楝 树	0.58
	槭 树	0.52		椿 树	0.43
	樱 桃	0.49		柠檬桉	0.64
	其他硬阔类	0.53		木麻黄	0.83
	椴 树	0.43		含 笑	0.43
	杨 树	0.35		杜 英	0.40
	柳 树	0.45		猴欢喜	0.53
	其他软阔类	0.41		银合欢	0.64

引自IPCC（2003）。

附表2 IPCC推荐使用的生物量转换因子（BEF）

编号	a	b	森林类型	R^2	备注
1	0.46	47.50	冷杉、云杉	0.98	针叶树种
2	1.07	10.24	桦 木	0.70	阔叶树种
3	0.74	3.24	木麻黄	0.95	阔叶树种
4	0.40	22.54	杉 木	0.95	针叶树种
5	0.61	46.15	柏 木	0.96	针叶树种
6	1.15	8.55	栎 类	0.98	阔叶树种
7	0.89	4.55	桉 树	0.80	阔叶树种
8	0.61	33.81	落叶松	0.82	针叶树种
9	1.04	8.06	樟木、楠木、槠、青冈	0.89	阔叶树种
10	0.81	18.47	针阔混交林	0.99	混交树种
11	0.63	91.00	檫木、阔叶混交林	0.86	混交树种

（续表）

编号	a	b	森林类型	R^2	备注
12	0.76	8.31	杂　木	0.98	阔叶树种
13	0.59	18.74	华山松	0.91	针叶树种
14	0.52	18.22	红　松	0.90	针叶树种
15	0.51	1.05	马尾松、云南松、思茅松	0.92	针叶树种
16	1.09	2.00	樟子松、赤松	0.98	针叶树种
17	0.76	5.09	油　松	0.96	针叶树种
18	0.52	33.24	其他松类和针叶树	0.94	针叶树种
19	0.48	30.60	杨　树	0.87	阔叶树种
20	0.42	41.33	铁杉、柳杉、油杉	0.89	针叶树种
21	0.80	0.42	热带森林	0.87	阔叶树种

引自Fang 等（2001）。

附表3　各树种组单木生物量模型及参数

序号	公式	树种组	建模样本数	模型参数	
1	$B/V=a(D^2H)^b$	杉木类	50	0.788432	-0.069959
2	$B/V=a(D^2H)^b$	马尾松	51	0.343589	0.058413
3	$B/V=a(D^2H)^b$	南方阔叶类	54	0.889290	-0.013555
4	$B/V=a(D^2H)^b$	红　松	23	0.390374	0.017299
5	$B/V=a(D^2H)^b$	云冷杉	51	0.844234	-0.060296
6	$B/V=a(D^2H)^b$	落叶松	99	1.121615	-0.087122
7	$B/V=a(D^2H)^b$	胡桃楸、黄波罗	42	0.920996	-0.064294
8	$B/V=a(D^2H)^b$	硬阔叶类	51	0.834279	-0.017832
9	$B/V=a(D^2H)^b$	软阔叶类	29	0.471235	0.018332

引自李海奎和雷渊才（2010）。

附表4 退耕还林工程生态效益评估社会公共数据表（推荐使用价格）

编号	名 称	单 位	数 值	来源及依据
1	水库建设单位库容投资	元/吨	8.44	根据1993～1999年《中国水利年鉴》平均水库库容造价为2.17元/吨，国家统计局公布的2012年原材料、燃料、动力类价格指数为3.725，即得到2012年单位库容造价为8.08元/吨，再根据贴现率转换为2013年的现价，即8.44元/吨。
2	水的净化费用	元/吨	3.07	采用网格法得到2012年全国各大中城市的居民用水价格的平均值，为2.94元/吨。
3	挖取单位面积土方费用	元/立方米	63.00	根据2002年黄河水利出版社出版的《中华人民共和国水利部水利建筑工程预算定额》（上册）中人工挖土方Ⅰ和Ⅱ类土类每100立方米需42个工时，按2013年每个人工150元/天计算。
4	磷酸二铵含氮量	%	14.00	化肥产品说明。
5	磷酸二铵含磷量	%	15.01	化肥产品说明。
6	氯化钾含钾量	%	50.00	化肥产品说明。
7	磷酸二铵化肥价格	元/吨	3300	磷酸二铵、氯化钾化肥价格根据中国化肥网（http://www.fert.cn）2013年春季平均价格；有机质价格根据中国农资网（www. ampcn. com）2013年鸡粪有机肥的春季平均价格。
8	氯化钾化肥价格	元/吨	2800	
9	有机质价格	元/吨	800	
10	固碳价格	元/吨	1281	采用欧盟二氧化碳市场得到2006年二氧化碳市场价31欧元/吨，再根据贴现率转换为2013年的现价，即1281元/吨。
11	制造氧气价格	元/吨	1299.07	采用中华人民共和国卫生部网站（http://www.nhfpc.gov.cn）2007年春季氧气平均价格（1000元/吨）。再根据贴现率转换为2013年的现价，即1299.07元/吨。
12	负离子生产费用	元/10^{18}个	9.46	根据企业生产的适用范围30平方米（房间高3米）、功率为6瓦、负离子浓度1000000个/立方米、使用寿命为10年、价格每个65元的KLD-2000型负离子发生器而推断获得，其中负离子寿命为10分钟，2013年电费为0.65元（千瓦时）。

（续表）

编号	名 称	单 位	数 值	来源及依据
13	二氧化硫治理费用	元/千克	1.85	采用中华人民共和国国家发展和改革委员会等四部委2003年第31号令《排污费征收标准及计算方法》中北京市高硫煤二氧化硫排污费收费标准，为1.20元/千克；氟化物排污费收费标准为0.69元/千克；氮氧化物排污费收费标准为0.63元/千克；一般性粉尘排污费收费标准为0.15元/千克；铅及其化合物排污费收费标准为30.00元/千克；镉及化合物排污费收费标准为20.00元/千克；镍及化合物排污费收费标准为4.62元/千克；锡及化合物排污费收费标准为2.22元/千克。
14	氟化物治理费用	元/千克	1.06	
15	氮氧化物治理费用	元/千克	0.97	
16	铅及化合物污染治理费用	元/千克	46.16	
17	镉及化合物污染治理费用	元/千克	30.77	
18	镍及化合物污染治理费用	元/千克	7.11	
19	锡及化合物污染治理费用	元/千克	3.42	
20	降尘清理费用	元/千克	0.23	
21	防风固沙生态认购价格	元/（公顷·年）	7973	根据《陕甘宁边区生态购买设计与操作途径》（延军平等，2002）中2002年认治沙漠出资额度为5000元/（公顷·年），再通过贴现率将2002年生态认购价格换算为2013年的生态认购价格，即7973元/（公顷·年）。
22	农作物、牧草价格	元/千克	2.00	农作物、牧草价格根据新农业农资网（www.xnynews.com/quote/list-297.html）2013年平均价格。
23	生物多样性保护价值	元/（公顷·年） 元/（公顷·年） 元/（公顷·年） 元/（公顷·年） 元/（公顷·年） 元/（公顷·年） 元/（公顷·年）	— — — — — — —	根据Shannon-Wiener指数计算生物多样性保护价值，采用2008年价格参数，即： Shannon-Wiener指数<1时，$S_{生}$为3000元/（公顷·年）； 1≤Shannon-Wiener指数<2，$S_{生}$为5000元/（公顷·年）； 2≤Shannon-Wiener指数<3，$S_{生}$为10000元/（公顷·年）； 3≤Shannon-Wiener指数<4，$S_{生}$为20000元/（公顷·年）； 4≤Shannon-Wiener指数<5，$S_{生}$为30000元/（公顷·年）； 5≤Shannon-Wiener指数<6，$S_{生}$为40000元/（公顷·年）； 指数≥6时，$S_{生}$为50000元/（公顷·年）。 通过贴现率换算为2013年的价格参数，贴现率计算公式为：$d = (1 + t_{n+1})(1 + t_{n+2})\ldots(1 + t_m)$，$t$为存贷款均衡利率，$d$为贴现率。